装配式建筑技术手册

（钢结构分册）

BIM 应用篇

江苏省住房和城乡建设厅
江苏省住房和城乡建设厅科技发展中心　编著

中国建筑工业出版社

图书在版编目（CIP）数据

装配式建筑技术手册. 钢结构分册. BIM 应用篇／江苏省住房和城乡建设厅，江苏省住房和城乡建设厅科技发展中心编著. —北京：中国建筑工业出版社，2022.10

ISBN 978-7-112-27826-8

Ⅰ.①装…　Ⅱ.①江…　②江…　Ⅲ.①钢结构—建筑设计—计算机辅助设计—应用软件—技术培训—手册

Ⅳ.①TU3-62

中国版本图书馆 CIP 数据核字（2022）第 156274 号

责任编辑：张　磊　宋　凯　王砾瑶　张智芊
责任校对：张　颖

装配式建筑技术手册（钢结构分册）BIM 应用篇

江 苏 省 住 房 和 城 乡 建 设 厅　编著
江苏省住房和城乡建设厅科技发展中心

*

中国建筑工业出版社出版、发行（北京海淀三里河路 9 号）
各地新华书店、建筑书店经销
北京建筑工业印刷厂制版
北京建筑工业印刷厂印刷

*

开本：787 毫米×1092 毫米　1/16　印张：22　字数：452 千字
2023 年 3 月第一版　　2023 年 3 月第一次印刷
定价：**98.00** 元
ISBN 978-7-112-27826-8
（39141）

《装配式建筑技术手册（钢结构分册）》编写委员会

主　　任：周　岚　费少云

副 主 任：刘大威　陈　晨

编　　委：蔡雨亭　张跃峰　韦伯军　赵　欣　俞　锋
　　　　　胡　浩

主　　编：刘大威

副 主 编：孙雪梅　舒赣平　曹平周　杨律磊

参编人员：徐以扬　朱文运　庄　玮　韦　笑　丁惠敏

审查委员会

岳清瑞　王立军　曾　滨　王玉卿　肖　瑾
黄文胜　汪　凯　杨学林　顾　强

设计篇

主要编写人员：舒赣平　张　宏　夏军武　范圣刚　董　军
　　　　　　　孙　逊　赵宏康　沈志明　谈丽华　江　韩
参编人员（按姓氏笔画排列）：
　　　　　　　王海亮　卞光华　朱灿银　庄　玮　宋　敏
　　　　　　　张　萌　张军军　罗　申　罗佳宁　周军红
　　　　　　　周海涛　赵学斐　郭　健　曹　石

制作安装篇

主要编写人员：曹平周　陈　韬　杨文侠　厉广永　吴聚龙
参编人员（按姓氏笔画排列）：
　　　　　　　丁惠敏　万家福　王　伟　石承龙　孙国华
　　　　　　　李　乐　李大壮　李国建　宋　敏　张　萌
　　　　　　　陈　龙　陈　江　陈　瑞　陈　磊　陈晓蓉
　　　　　　　周军红　费新华　贺敬轩　顾　超　徐以扬
　　　　　　　徐进贤　徐艳红　高如国　董　凯

BIM 应用篇

主要编写人员：杨律磊　张　宏　卞光华　谢　超　吴大江
参编人员（按姓氏笔画排列）：
　　　　　　　马少亭　韦　笑　叶红雨　刘　沛　许盈辰
　　　　　　　汪　深　沈　超　宋　敏　罗佳宁　陶星宇
　　　　　　　黑赏罡

序

  装配式钢结构建筑具有工业化程度高、建造周期短、自重轻、抗震性能好、材料可循环利用等优点,是典型的绿色环保型建筑,符合我国循环经济和可持续发展的要求。加快推进装配式钢结构建筑的应用与发展,对促进我国城乡建设绿色高质量发展和建筑业转型升级具有重要的推动作用。同时能做到藏钢于民,藏钢于建筑,加强国家对钢铁资源的战略储备,意义十分重大。近年来得益于国家和相关部门推动及经济发展的需求,我国钢结构行业取得了蓬勃发展,市场规模远超世界其他国家,行业发展前景非常广阔。尤其在全球高度重视温室气体排放的背景下,钢结构迎来了更好的发展机会。

  尽管取得了较大的发展成绩,但与世界先进水平相比,我国钢结构行业仍然大而不强,在自主创新能力、资源利用效率、产业结构水平、信息化程度、质量效益等方面还存在差距。装配式钢结构建筑应用和发展过程中,仍然存在一些问题需要进一步解决,如钢结构主体与围护系统的协调变形差、高性能与高效能钢材使用率低、钢结构一次性建造成本较高、从业人员技术水平有待提高等。

  江苏省是建筑业大省,建筑业规模持续位居全国第一,长期以来在推动装配式建筑的政策引导、技术提升、标准完善等方面做了大量基础性工作,取得了显著成效。为推动装配式钢结构建筑应用,江苏省住房和城乡建设厅及厅科技发展中心针对目前推广应用中存在的问题,在总结提炼大量装配式钢结构建筑研发成果与工程实践的基础上,组织编写了《装配式建筑技术手册(钢结构分册)》。全书系统反映了当前多高层装配式钢结构建筑的成熟技术体系、设计方法、构造措施和工艺工法,具有较强的实操性和指导性,可作为装配式钢结构建筑全行业从业人员的工具书,对于相关专业的高校师生也有很好的借鉴、参考和学习价值。相信本书的出版,将对装配式钢结构建筑应用与发展起到积极的促进作用。

中国工程院院士

2023 年 1 月

前　言

江苏省作为首批国家建筑产业现代化试点省份，自 2014 年以来，通过建立工作机制、完善保障措施、健全技术体系、建立评价体系、强化重点示范、加强质量监管等举措，推动全省装配式建筑高质量发展。装配式建筑的项目数量多、类型丰富。截至 2021 年底，江苏累计新开工装配式建筑面积约 1.249 亿平方米，占当年新建建筑比例从 2015 年 3% 上升至 2021 年的 33.1%。

装配式钢结构建筑是装配式建筑的重要组成部分，目前装配式钢结构建筑数量仍相对较少，钢结构住宅技术体系也不够完善。为提升装配式钢结构建筑从业人员技术水平，保障装配式钢结构建筑高质量发展，江苏省住房和城乡建设厅、江苏省住房和城乡建设厅科技发展中心组织编著了《装配式建筑技术手册（钢结构分册）》。手册在总结提炼大量装配式钢结构建筑研发成果与工程创新实践的基础上，从全产业链的角度，分设计篇、制作安装篇、BIM 应用篇进行编写，系统反映了当前多高层装配式钢结构建筑的成熟技术体系、构造措施和工艺工法等，在现行国家标准的基础上细化了相关技术内容。为了引导新一代信息技术与装配式钢结构技术的融合发展，手册围绕结构、外围护、设备管线和内装四大系统，在装配式钢结构全寿命周期系统地提供了 BIM 应用解决方案。手册选取近年来江苏有代表的工程案例汇编成章，编者力争手册具有实操性和指导性，便于技术人员学习和查阅。

"设计篇"主要由东南大学、中国矿业大学、南京工业大学、东南大学建筑设计研究有限公司、启迪设计集团股份有限公司、江苏丰彩建筑科技发展有限公司、中衡设计集团股份有限公司、南京长江都市建筑设计股份有限公司、江苏省建筑设计研究院股份有限公司、宝胜系统集成股份有限公司、中建钢构江苏有限公司、中通服咨询设计研究院有限公司编写。

"制作安装篇"主要由河海大学、中建钢构江苏有限公司、江苏沪宁钢机股份有限公司、江苏恒久钢构有限公司、中建安装集团有限公司、中亿丰建设集团股份有限公司、宝胜系统集成股份有限公司、江苏丰彩建筑科技发展有限公司、中铁工程装备集团钢结构有限公司、江苏新蓝天钢结构有限公司编写。

"BIM 应用篇"主要由中衡设计集团股份有限公司、东南大学、江苏省建筑设计研究院股份有限公司、中亿丰建设集团股份有限公司、中通服咨询设计研究院有限公司编写。

本手册以图表、算例、案例等表达形式，提供便于相关专业技术人员查阅的技术资料，引导从业人员在产品思维下，以设计、生产、施工建造等全产业链协同模式，通过技术系统集成，实现装配式建筑技术合理、成本可控、品质优越。

本手册的编写凝聚了所有参编人员和专家的集体智慧，是共同努力的成果。限于时间和水平，手册虽几经修改，疏漏和错误仍在所难免，敬请同行专家和广大读者朋友不吝赐教、斧正批评。

目　　录

第1章　应用策划 ·· 1

1.1　基本概述 ··· 1

1.1.1　BIM 概况 ·· 1

1.1.2　BIM 定义 ·· 1

1.2　运行环境 ··· 2

1.2.1　BIM 软件选择 ·· 2

1.2.2　BIM 常用软件 ·· 3

1.2.3　个人计算机配置方案 ·· 5

1.2.4　服务器配置方案 ··· 7

1.2.5　云平台方案 ··· 7

1.3　协同方法 ··· 9

1.3.1　协同应用 ·· 9

1.3.2　协同模式 ·· 9

1.3.3　设计方与项目各相关方（外部）的 BIM 协同 ····························· 12

1.4　标准化建筑设计 ·· 13

1.4.1　标准化构件 ·· 13

1.4.2　标准化与模块化设计 ··· 14

1.4.3　结构构件标准化率 ··· 15

1.5　构件编码系统 ·· 15

1.5.1　编码原则 ·· 15

1.5.2　编码示例 ·· 15

1.6　模型精细度 ··· 16

1.6.1　模型精细度的定义 ··· 16

1.6.2　国家标准的模型精细度定义 ··· 17

1.6.3　江苏省标准的模型精细度定义 ··· 18

1.6.4　上海市标准的模型精细度定义 ··· 19

1.6.5　不同模型精细度总结 ··· 19

1.6.6　本手册的模型精细度定义 ·· 20

1.7　建模标准 ·· 21

1.7.1　通用规则 ·· 21

    1.7.2　结构系统建模 ································· 22

    1.7.3　外围护系统建模 ······························· 23

    1.7.4　内装修系统建模 ······························· 25

  1.8　命名规则 ··· 25

    1.8.1　构件命名规则 ································· 25

    1.8.2　项目命名规则 ································· 26

    1.8.3　图纸命名规则 ································· 27

  1.9　BIM 团队 ··· 27

  1.10　模型信息交换 ······································· 28

  1.11　本章小结 ··· 29

第 2 章　初步设计 ··· 30

  2.1　基础应用 ··· 30

    2.1.1　基础应用流程图 ······························· 30

    2.1.2　基础应用输出成果 ····························· 31

  2.2　初步设计建模 ······································· 31

    2.2.1　数据准备 ····································· 31

    2.2.2　文件夹及模型拆分 ····························· 31

    2.2.3　模型标准 ····································· 31

  2.3　初步设计问题核查 ··································· 32

  2.4　初步设计管线综合 ··································· 34

  2.5　参数化设计 ··· 36

    2.5.1　基本概念 ····································· 36

    2.5.2　装配式建筑 BIM 技术特征 ····················· 36

    2.5.3　设计平台 ····································· 36

    2.5.4　设计方法 ····································· 40

    2.5.5　京东智慧城篮球馆案例 ························· 42

    2.5.6　参数化技术的优势 ····························· 59

  2.6　本章小结 ··· 59

第 3 章　施工图设计 ··· 60

  3.1　基础应用 ··· 60

    3.1.1　人员准备 ····································· 65

    3.1.2　人员协同 ····································· 65

    3.1.3　BIM 生成施工图应用文件 ····················· 67

    3.1.4　成果输出 ····································· 67

  3.2　施工图设计建模 ····································· 67

3.2.1 数据准备 ·· 67

3.2.2 模型标准 ·· 67

3.2.3 施工图设计阶段模型建立操作表 ··· 69

3.3 施工图设计问题核查 ··· 75

3.4 施工图设计管线综合 ··· 75

3.4.1 机电管线综合深化步骤及注意事项 ··· 75

3.4.2 机电管线综合深化基本原则 ·· 76

3.4.3 建筑空间净高分析步骤及注意事项 ··· 79

3.5 BIM 施工图生成方法 ··· 80

3.6 BIM 交底 ··· 81

3.7 基于 TS3D 平台的数字化设计 ··· 82

3.7.1 三维数字化设计平台 ·· 82

3.7.2 应用示例 ··· 82

3.8 正向设计 ··· 85

3.8.1 概述 ·· 85

3.8.2 人员架构 ··· 86

3.8.3 工作流程 ··· 86

3.8.4 标准样板 ··· 87

3.8.5 图纸内容 ··· 87

3.8.6 协作模式 ··· 90

3.8.7 时间安排 ··· 90

3.8.8 质量管控 ··· 90

3.8.9 模型应用 ··· 91

3.8.10 设计成果 ··· 92

3.9 本章小结 ··· 95

第 4 章 深化设计 ··· 96

4.1 模型策划与组织管理 ··· 96

4.1.1 模型整体策划应用流程 ··· 96

4.1.2 模型策划 ··· 96

4.1.3 模型组织管理 ··· 99

4.2 基于 Tekla 的钢结构构件深化 ·· 103

4.2.1 Tekla Structures 模型 ··· 103

4.2.2 Tekla Structures 清单和数据输出 ·· 110

4.2.3 Tekla Structures 图纸部分 ·· 118

4.3 二次结构深化 BIM 应用 ··· 133

　　4.3.1　应用流程 ··· 133

　　4.3.2　软件方案 ··· 133

　　4.3.3　建模方法及细度 ·· 134

　　4.3.4　应用步骤及成果 ·· 135

4.4　机电深化设计BIM模型管控要点 ···················· 138

　　4.4.1　命名规则 ··· 138

　　4.4.2　模型表达 ··· 140

　　4.4.3　模型元素基本信息 ······································· 141

4.5　机电深化设计BIM应用内容及成果 ················· 144

　　4.5.1　流程简介 ··· 144

　　4.5.2　实施重难点 ·· 145

　　4.5.3　实施案例——二三维一体化深化设计 ··········· 145

　　4.5.4　应用案例——综合支吊架 ···························· 148

4.6　其他深化设计BIM应用 ································· 152

　　4.6.1　应用流程 ··· 153

　　4.6.2　软件方案 ··· 153

　　4.6.3　应用步骤及成果 ·· 153

4.7　本章小结 ·· 174

第5章　施工建造 ··· 175

5.1　施工组织设计 ·· 175

　　5.1.1　基础数据 ··· 175

　　5.1.2　计划管理 ··· 183

5.2　建造设计 ·· 184

　　5.2.1　场地布置模型 ··· 184

　　5.2.2　构件制造 ··· 190

　　5.2.3　数字化安装 ·· 192

5.3　项目建造 ·· 194

　　5.3.1　资源管理 ··· 194

　　5.3.2　进度与成本管理 ·· 196

　　5.3.3　安全与质量管理 ·· 204

5.4　集成模型 ·· 208

　　5.4.1　建模方法 ··· 208

　　5.4.2　模型细度 ··· 210

　　5.4.3　设计模型延续 ··· 211

　　5.4.4　模型与信息沉淀 ·· 212

5.5　验收管理 ·· 214

    5.5.1　深化设计验收交付 ································· 214

    5.5.2　材料管理验收交付 ································· 215

    5.5.3　构件制作验收交付 ································· 215

    5.5.4　构件安装验收交付 ································· 216

    5.5.5　竣工验收交付 ······································· 216

5.6　施工阶段范例展示 ······································· 216

5.7　本章小结 ·· 223

第6章　运维阶段BIM技术应用 ··························· 224

6.1　BIM运维管理平台 ·· 224

6.2　BIM运维模型标准 ·· 224

6.3　数据采集 ·· 226

6.4　协议接口 ·· 227

6.5　可视化管理 ··· 228

    6.5.1　客户端展示 ·· 228

    6.5.2　网页端展示 ·· 229

    6.5.3　平台功能模块 ······································· 229

6.6　本章小结 ·· 232

第7章　BIM集成化平台应用 ······························· 233

7.1　BIM集成化平台建设内容 ······························ 233

7.2　某市政府级集成化应用平台示例 ··················· 234

    7.2.1　BIM端 ··· 234

    7.2.2　Web端 ··· 240

7.3　本章小结 ·· 245

附录A　信息模型精细度规定 ······························· 246

A.1　钢柱 ··· 246

A.2　钢梁 ··· 247

A.3　钢筋桁架楼承板 ·· 247

A.4　钢桁架 ·· 248

A.5　钢檩架 ·· 249

A.6　钢支撑 ·· 250

A.7　钢板墙 ·· 251

A.8　钢屋架 ·· 252

A.9　钢楼梯 ·· 252

A.10　天沟 ·· 253

A.11　桩 ·· 254

A.12　承台 ·· 255

A.13　地梁 ·· 255

A.14　柱脚 ·· 256

A.15　排水沟 ··· 257

A.16　钢门 ·· 258

A.17　钢窗 ·· 258

A.18　卷帘门 ··· 259

A.19　天窗 ·· 260

A.20　栏杆扶手 ·· 261

A.21　吊顶 ·· 261

A.22　暖通设备 ·· 262

A.23　给水排水设备 ·· 263

A.24　电气设备 ·· 264

A.25　风系统 ··· 265

A.26　水系统 ··· 265

A.27　电气系统 ·· 266

A.28　支吊架 ··· 267

附录 B　施工场布设施信息模型精细度规定 ·················· 268

B.1　基于 BIM 施工场布的建模要求 ·························· 268

B.2　基于 BIM 的土方平衡计算建模要求 ··················· 269

B.3　基坑工程 BIM 模型内容 ·································· 270

B.4　模板与脚手架 BIM 模型细度 ··························· 270

附录 C　钢结构建筑示例 ·· 273

C.1　东南大学 C-House 房屋 BIM 技术应用示范 ········· 273

　　C.1.1　项目概况 ··· 273

　　C.1.2　项目应用 ··· 273

C.2　宿迁市中心城区中小学建设项目厦门路学校 ········· 279

　　C.2.1　项目概况 ··· 279

　　C.2.2　施工图阶段 BIM 模型 ··································· 281

　　C.2.3　深化设计阶段 BIM 模型 ································ 285

C.3　和路雪太仓项目 BIM 技术的设计施工全过程应用 ··· 289

　　C.3.1　项目概况 ··· 289

　　C.3.2　工程重点及难点 ·· 289

　　C.3.3　BIM 技术的设计施工全过程应用 ·················· 289

C.4 钢结构梁腹板预留洞口深化设计 ……………………………………… 297

    C.4.1 项目背景 ………………………………………………………… 297

    C.4.2 需求分析 ………………………………………………………… 298

    C.4.3 BIM 管线综合原则 ……………………………………………… 298

    C.4.4 深化设计参考标准 ……………………………………………… 298

    C.4.5 深化过程 ………………………………………………………… 299

    C.4.6 深化成果 ………………………………………………………… 299

C.5 国产 BIM 软件 PKPM 应用方案（BIM 审图） …………………… 300

    C.5.1 项目背景 ………………………………………………………… 300

    C.5.2 BIM 审图相关标准 ……………………………………………… 301

    C.5.3 模型创建阶段 …………………………………………………… 301

    C.5.4 规范审查 ………………………………………………………… 303

C.6 国产 BIM 软件 PKPM 应用方案（装配式钢结构全流程案例） …… 304

    C.6.1 工程概况及结构设计 …………………………………………… 304

    C.6.2 装配式钢结构设计 ……………………………………………… 308

    C.6.3 钢结构深化设计 ………………………………………………… 319

附录 D 图表索引 ……………………………………………………………… 327

参考文献 ………………………………………………………………………… 337

第1章 应用策划

本章主要对国内外 BIM 技术的定义进行了相关阐述。对 BIM 技术应用的运行环境以及标准化建模方法进行了基础性的规定。对 BIM 全生命周期的应用提供了整体的框架，包括软硬件的相关参考要求、云管理平台的建设等。

1.1 基本概述

1.1.1 BIM 概况

近年来，在政府推动、市场需求、企业参与、行业助力和社会关注下，BIM 技术已经成为业界研究和应用的重点，备受关注，业内已经普遍认识到 BIM 技术对建筑业技术升级和生产方式变革的作用及意义。

BIM 技术通过建立数字化的 BIM 模型，涵盖与项目相关的大量信息，服务于建设项目的设计、施工、运营整个生命周期，为提高生产效率、保证工程质量、节约成本、缩短工期等发挥出巨大的作用。

1.1.2 BIM 定义

1. 国际上相关 BIM 定义

BIM 这个专业术语最早是 2002 年产生于美国，美国国家标准（National Building Information Modeling Standard，NBIMS）最早对 BIM 进行了定义。BIM 技术的应用涉及建设项目全生命周期的各阶段和众多参与方。国际上 BIM 的定义详见表 1-1。

国际上 BIM 的定义 表 1-1

名称			BIM 定义
美国	National BIM Standard-United States Version 3	Building Information Model	BIM 是一个设施（建设项目）物理和功能特性的数字化信息
		Building Information Modeling	BIM 是一个共享的知识资源，是一个分享有关这个设施的信息，从建设到拆除的全生命周期中的所有决策提供可靠依据的过程
		Building Information Management	在项目的不同阶段，不同利益相关方通过在 BIM 中插入、提取、更新和修改信息，以支持和反映其各自职责的协同作业

名称		BIM 定义
新加坡	新加坡 BIM 指南	BIM	包括模型使用、工作流和模型方法，用于从"模型"中获取具体的、可重复的和稳定的信息结果（见"模型"的定义）。模型方法影响模型生成的信息的质量。在获取需要的项目结果和决策支持中，什么时候与为什么使用和共享模型会影响 BIM 使用的效率和有效性

2. 国内相关 BIM 定义

目前国内很多规范都对 BIM 进行了相关的定义，本手册参考了国家、江苏省、上海市、广东省的相关标准，各标准对 BIM 的定义详见表 1-2。

国内对 **BIM** 的定义 表 1-2

名称		BIM 定义	
GB/T 51212—2016	《建筑信息模型应用统一标准》	Building Information Modeling; Building Information Model	在建设工程及设施全生命期内，对其物理和功能特性进行数字化表达，并依此设计、施工、运营的过程和结果的总称。简称"模型"
GB/T 51235—2017	《建筑信息模型施工应用标准》	同上	同上
DBJ/T 15—142—2018	《广东省建筑信息模型应用统一标准》	同上	同上
GB/T 51269—2017	《建筑信息模型分类和编码标准》	未对 BIM 进行定义	
JGJ/T 448—2018	《建筑工程设计信息模型制图标准》	未对 BIM 进行定义	
GB/T 51301—2018	《建筑信息模型设计交付标准》	未对 BIM 进行定义	
DGJ32/TJ 210—2016	《江苏省民用建筑信息模型设计应用标准》	Building Information Model	全生命期工程项目或其组成部分物理特征、功能特征及管理要素的共享数字化表达。简称"BIM"
《上海市建筑信息模型技术应用指南（2017 版）》		Building Information Modeling	是以三维可视化为特征的建筑信息模型的信息集成和管理技术

1.2 运行环境

1.2.1 BIM 软件选择

BIM 软件选择是企业 BIM 应用的首要环节。在选用过程中，应采取相应的方法和程序，以保证正确选用符合企业需要的 BIM 软件。基本步骤和主要工作内容如下：

1. 调研和初步筛选

全面考察和调研市场上现有的国内外 BIM 软件及应用情况。结合本企业的业务需求、企业规模，从中筛选出可能适用的 BIM 软件工具集。筛选条件可包括：BIM 软件功能、本地化程度、市场占有率、数据交换能力、二次开发扩展能力、软件性价比及技术支持能力等。如有必要，企业也可请相关的 BIM 软件服务商、专业咨询机构等提出咨询建议。

2. 分析及评估

对初选的每个 BIM 工具软件进行分析和评估。分析评估考虑的主要因素包括：是否符合企业的整体发展战略规划；是否可为企业业务带来收益；软件部署实施的成本和投资回报率估算；设计人员接受的意愿和学习难度等。

3. 测试及试点应用

抽调部分设计人员，对选定的部分 BIM 软件进行试用测试，测试的内容包括：在适合企业自身业务需求的情况下，与现有资源的兼容情况；软件系统的稳定性和成熟度；易于理解、易于学习、易于操作等易用性；软件系统的性能及所需硬件资源；是否易于维护和故障分析，配置变更是否方便等可维护性；本地技术服务质量和能力；支持二次开发的可拓展性。如条件允许，建议在试点工程中全面测试，使测试工作更加完整和可靠。

4. 审核批准及正式应用

基于 BIM 软件调研、分析和测试，形成备选软件方案，由企业决策部门审核批准最终 BIM 软件方案，并全面部署。

1.2.2　BIM 常用软件

软件选用原则建议依循项目特性、建筑物用途、业主的需求为优先考虑，再来考虑预算、软件特色以及兼容性。民用建筑（多专业）设计，可选用 Autodesk Revit；工业工程、公共建设或基础设施设计，可选用 Bentley、Revit；建筑师事务所，可选择 ArchiCAD、Revit 或 Bentley（表 1-3、表 1-4）。

常用 BIM 设计建模软件　　　　　　　　　　　　　　　表 1-3

软件工具					
公司	软件	专业功能	方案设计	初步设计	施工图设计
Trimble	SketchUp	造型	●	●	
Robert Mcneel	Rhino	造型	●	●	
Autodesk	Revit	建筑 结构 机电	●	●	●
	Showcase	可视化	●	●	

软件工具					
公司	软件	专业功能	方案设计	初步设计	施工图设计
Autodesk	Advance Steel	结构			●
	Civil 3D	地形 场地 道路		●	●
Graphisoft	ArichiCAD	建筑	●	●	●
Progman Oy	MagicCAD	机电		●	●
Bentley	AECOsim Building Designer	建筑 结构 机电			●
Trimble	Tekla Structure	钢构		●	●
Dassault System	CATIA	建筑 结构 机电	●	●	
建研科技	PKPM-BIMbase	建筑 结构 机电		●	●
盈建科	YJY	结构	●	●	●
鸿业	HYBIMSPACE	机电		●	●
探索者	BIMsys.	建筑 结构 机电		●	●
广联达	BIMMAKE	施工			●

常用 BIM 设计计算分析软件　　　　　　　　　　　　表 1-4

软件工具					
公司	软件	专业功能	方案设计	初步设计	施工图设计
Autodesk	Ecotect Analysis	性能	●	●	●
	Robot Structural Analysis	结构	●	●	●
CSI	ETABS	结构	●	●	●
	SAP2000	结构	●	●	●
MIDAS IT	MIDAS	结构	●	●	●
Bentley	AECOsim Energy simulator	能耗	●	●	●
	Hevacomp	水力 风力 光学	●	●	●
	STAAD.Pro	结构	●	●	●

软件工具					
公司	软件	专业功能	方案设计	初步设计	施工图设计
Dassault System	Abaqus	结构 风力	●	●	●
ANSYS	Fluent	风力	●	●	●
Mentor Graphics	Flovent	风力	●	●	●
Brüel&Kjær	Odeon	声学	●	●	●
AFMG	EASE	声学	●	●	●
LBNL	Radiance	光学	●	●	●
IES	ApacheLoads	冷热负载	●	●	●
	ApacheHVAC	暖通	●	●	●
	ApacheSim	能耗	●	●	●
	SunCast	日照	●	●	●
	RadianceIES	照明	●	●	●
	MacroFlo	通风	●	●	●
建研科技	PKPM	结构	●	●	●
盈建科	YJK	结构	●	●	●
鸿业	HYBIMSPACE	机电	●		●

1.2.3 个人计算机配置方案

BIM 应用对于个人计算机性能要求较高，主要包括：数据运算能力、图形显示能力、信息处理数量等方面。企业可针对先进的 BIM 软件，结合工程人员的工作分工，配备不同的硬件资源，以达到 IT 基础架构投资的合理性价比。

通常软件厂商提出的硬件配置要求只是针对单一计算机运行要求，未考虑企业 IT 基础架构的整体规划。因此，计算机升级应适当，不必追求高性能配置。建议企业采用阶梯式硬件配置，分为不同级别，即：基本配置、标准配置、专业配置。表 1-5 给出了典型性软件方案下推荐的硬件配置，其他选定的 BIM 软件可参考此表。

个人计算机硬件配置　　　　　表 1-5

项目	基本配置	标准配置	高级配置
BIM 应用	1. 局部设计建模 2. 模型构件建模 3. 专业内冲突检查	1. 多专业协调 2. 专业间冲突检查 3. 常规建筑性能分析 4. 精细渲染	1. 高端建筑性能分析 2. 超大规模集中渲染

项目	基本配置	标准配置	高级配置
适用范围	适合企业大多数工程人员使用	适合专业骨干人员、分析人员、可视化建模人员使用	适合企业少数高端 BIM 应用人员使用
Autodesk 配置需求（以 Revit 为核心）	操作系统： Microsoft® Windows® 7 64 位 Microsoft® Windows® 8.1 64 位 Microsoft® Windows® 10 64 位	操作系统： Microsoft® Windows® 7 64 位 Microsoft® Windows® 8.1 64 位 Microsoft® Windows® 10 64 位	操作系统： Microsoft® Windows® 7 64 位 Microsoft® Windows® 8.1 64 位 Microsoft® Windows® 10 64 位
	CPU：单核或多核 Intel Pentium、Xeon 或 i-Series 处理器或性能相当的 AMD SSE2 处理器	CPU：多核 Intel Xeon 或 i-Series 处理器或性能相当的 AMD SSE2 处理器	CPU：多核 Intel Xeon 或 i-Series 处理器或性能相当的 AMD SSE2 处理器
	内存：4GB RAM	内存：8GB RAM	内存：16GB RAM
	显示器：1280×1024 真彩	显示器：1680×1050 真彩	显示器：1920×1200 真彩或更高
	基本显卡：支持 24 位彩色 高级显卡：支持 Direct×11 及 Shader Model3 的显卡	显卡：支持 Direct×11 显卡	显卡：支持 Direct×11 显卡
达索配置需求（以 CATIA 为核心）	操作系统： Microsoft® Windows® 7 64 位 Microsoft® Windows® 8.1 64 位 Microsoft® Windows® 10 64 位	操作系统： Microsoft® Windows® 7 64 位 Microsoft® Windows® 8.1 64 位 Microsoft® Windows® 10 64 位	操作系统： Microsoft® Windows® 7 64 位 Microsoft® Windows® 8.1 64 位 Microsoft® Windows® 10 64 位
	CPU：单核或多核 Intel Pentium、Xeon 或 i-Series 处理器或性能相当的 AMD SSE2 处理器，推荐使用尽量最高的 CPU 配置	CPU：多核 Intel Xeon 或 i-Series 处理器或性能相当的 AMD SSE2 处理器，推荐使用尽量最高的 CPU 配置	CPU：多核 Intel Xeon 或 i-Series 处理器或性能相当的 AMD SSE2 处理器，推荐使用尽量最高的 CPU 配置
	内存：4GB RAM	内存：8GB RAM	内存：16GB RAM
	显示器：1280×1024 真彩	显示器：1680×1050 真彩	显示器：1920×1200 真彩或更高
	基本显卡：支持 24 位彩色 独立显卡：支持 OpenGL 显存 512MB 以上	专业显卡：如 Quado 或更高配置，显存 2GB 以上	专业显卡：如 Quado 或更高配置，显存 2GB 以上
ArchiCAD 配置需求	操作系统： Microsoft® Windows® 7 64 位 Microsoft® Windows® 8 64 位 Microsoft® Windows® 8.1 64 位 Microsoft® Windows® 10 64 位 Mac OS×10.10 Yosemite Mac OS×10.9 Mavericks	操作系统： Microsoft® Windows® 7 64 位 Microsoft® Windows® 8 64 位 Microsoft® Windows® 8.1 64 位 Microsoft® Windows® 10 64 位 Mac OS×10.10 Yosemite Mac OS×10.9 Mavericks	操作系统： Microsoft® Windows® 7 64 位 Microsoft® Windows® 8 64 位 Microsoft® Windows® 8.1 64 位 Microsoft® Windows® 10 64 位 Mac OS×10.10 Yosemite Mac OS×10.9 Mavericks
	CPU：双核 64 位处理器 内存：4GB	CPU：四核或更多核的 64 位处理器 内存：16GB 或更多内存	CPU：四核或更多核的 64 位处理器 内存：16GB 或更多内存
	显示器：1366×768 真彩或更高	显示器：1400×900 真彩或更高	显示器：1920×1200 真彩或更高
	显卡：兼容 OpenGL2.0 显卡	显卡：显存为 1024MB 或更大的 OpenGL2.0 显卡集成显卡	显卡：支持 OpenGL（3.3 版本以上）显存 2GB 以上独立显存

此外，对于少量临时性的大规模运算需求，如复杂模拟分析、超大模型集中渲染等，企业可考虑通过分布式计算的方式，调用其他暂时闲置的计算机资源共同完成，以减少对高性能计算机的采购数量。

1.2.4 服务器配置方案

数据服务器用于实现企业 BIM 资源的集中存储与共享。数据服务器及配套设施一般由数据服务器、存储设备等主要设备，以及安全保障、无故障运行、灾备等辅助设备组成。

企业在选择数据服务器及配套设施时，应根据需求进行综合规划，包括：数据存储容量、并发用户数量、使用频率、数据吞吐能力，系统安全性、运行稳定性等。在明确规划以后，可据此（或借助系统集成商的服务能力）提出具体设备类型、参数指标及实施方案。表 1-6 给出了当前集中数据服务器的硬件配置。

集中数据服务器硬件配置　　　　　　　　　　　表 1-6

项目	基本配置	标准配置	高级配置
小于 100 个并发用户	操作系统：Microsoft Windows Server 2012 R2 64 位	操作系统：Microsoft Windows Server 2012 R2 64 位	操作系统：Microsoft Windows Server 2012 R2 64 位
	Web 服务器：Microsoft Internet Information Server 7.0 或更高版本	Web 服务器：Microsoft Internet Information Server 7.0 或更高版本	Web 服务器：Microsoft Internet Information Server 7.0 或更高版本
	CPU：4 核及以上，2.6GHz 及以上	CPU：6 核及以上，2.6GHz 及以上	CPU：6 核及以上，3.0GHz 及以上
	内存：4GB RAM	内存：8GB RAM	内存：16GB RAM
	硬盘：7200 + RPM	硬盘：10000 + RPM	硬盘：15000 + RPM
100 个以上并发用户（多个模型并存）	操作系统：Microsoft Windows Server 2012 64 位，Microsoft Windows Server 2012 R2 64 位	操作系统：Microsoft Windows Server 2012 64 位，Microsoft Windows Server 2012 R2 64 位	操作系统：Microsoft Windows Server 2012 64 位，Microsoft Windows Server 2012 R2 64 位
	Web 服务器：Microsoft Internet Information Server 7.0 或更高版本	Web 服务器：Microsoft Internet Information Server 7.0 或更高版本	Web 服务器：Microsoft Internet Information Server 7.0 或更高版本
	CPU：4 核及以上，2.6GHz 及以上	CPU：6 核及以上，2.6GHz 及以上	CPU：6 核及以上，3.0GHz 及以上
	内存：8GB RAM	内存：16GB RAM	内存：32GB RAM
	硬盘：10000 + RPM	硬盘：15000 + RPM	硬盘：高速 RAID 磁盘阵列

1.2.5 云平台方案

BIM 云协同平台：供各 BIM 团队使用。可以采用云桌面等技术。由 BIM 顾问单位或者业主提供 BIM 协同建模平台，项目的不同阶段，或者同一阶段不同单位的 BIM 模型存储于 BIM 云协同平台上，各方进行协同操作，保证数据的唯一性、协调性、准确性。

云计算技术是一个整体的 IT 解决方案，也是企业未来 IT 基本架构的发展方向。其总体思想是：应用程序可通过网络从云端按需获取所要的计算资源及服务。对大型企业而言，这种方式能够充分整合原有的计算资源，降低企业新的硬件资源投入、节约资金、减少浪费。

随着云计算应用的快速普及，必将实现对 BIM 应用的良好支持，成为企业在 BIM 实施中可以优化选择的 IT 基本架构。但企业私有云技术的 IT 基础架构，在搭建过程中仍要选择和购买云硬件设备及云软件系统，同时也需要专业的云技术服务才能完成，企业需要相当数量的资金投入，这本身没有充分发挥云计算技术核心价值。随着公有云、混合云等模式的技术完善和服务环境的改变，企业未来基于云的 IT 基础架构将会有更多的选择，当然也会有更多的诸如信息安全等问题需要配套解决（表 1-7、表 1-8）。

云桌面软硬件配置   表 1-7

项目	标准配置	高级配置
操作系统	Microsoft Windows Server 2019 Standard	Microsoft Windows Server 2019 Standard
应用软件	Autodesk Revit 2020	Autodesk Revit 2020
CPU	6 核及以上，3.0GHz 及以上	8 核及以上，3.2GHz 及以上
内存	16GB RAM	32G RAM
vGPU	Frame Buffer 4096MB	Frame Buffer 8192MB
硬盘	高速 RAID 磁盘阵列	高速 RAID 磁盘阵列

集中数据服务器配置   表 1-8

项目	标准配置	高级配置
虚拟化平台	Citrix Xen Server 6.0, Citrix Workspace 7.15LTSR	Citrix Xen Server 6.0, Citrix Workspace 7.15LTSR
操作系统	Microsoft Windows Server 2019 Standard	Microsoft Windows Server 2019 Standard
应用软件	Autodesk Revit 2020	Autodesk Revit 2020
CPU	Intel 至强双路 12 核及以上，3.0GHz 及以上	Intel 至强双路 12 核及以上，3.2GHz 及以上
内存	RDIMMs 256GB ECC	RDIMMs 512GB ECC
GPU 加速	Nvidia Quadro RTX 6000	Nvidia Quadro RTX 8000
硬盘	高速 RAID 磁盘阵列	高速 RAID 磁盘阵列

BIM 云协同平台同时具有数据管理的功能：供非 BIM 建模团队使用，如业主、

相关顾问单位、咨询单位。由相关 BIM 建模单位把模型上传到协同管理平台。供业主或者其他方浏览、审核模型。

1.3 协同方法

1.3.1 协同应用

1. 各设计专业协同

基于 BIM 的装配式建筑协同设计中，所有的设计专业，包括建筑、结构、给水排水、暖通、电气等在 BIM 技术的整合下可以在同一个中央项目文件中进行工作，这可以方便地协调各专业的冲突问题，及时地纠正各专业设计中的空间冲突矛盾，也能确保信息在不同专业之间的有效传递，改善原有的专业间信息孤立的状况，进而实现优化设计的目的，详见图 1-1。

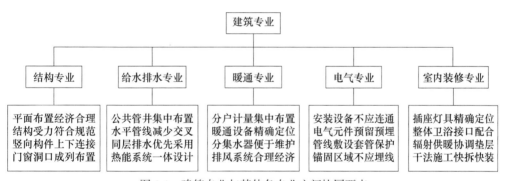

图 1-1　建筑专业与其他各专业之间协同要点

2. 设计、生产、施工等各阶段流程协同

装配式建筑构件生产单位和施工单位需要在方案设计阶段就介入项目，根据以往的装配式项目经验可以得出，若设计阶段与生产、施工阶段脱节，会导致建筑构件拆分不合理或构件在施工过程中存在碰撞无法顺利安装到位等问题。因此，生产单位、施工单位早期介入可以共同探讨加工图纸与施工图纸是否满足生产与建造的要求，同时设计单位可以及时获取生产与施工单位的意见反馈，做出相应的修改变更。建设装配式建筑全生命周期协同平台也是实现各流程协同的重要环节，通过协同平台软件，可以高效地实现不同阶段间的信息协同共享。

1.3.2 协同模式

1. 嵌入与引用模式

以 Autodesk Revit 软件为例，嵌入与引用的工作模式主要是指将参考文件以导入或者链接的方式在模型文件中进行外部参照，详见表 1-9。

导入与链接模式分类表　　　　　　　　　　　　　表 1-9

项目	导入模式	链接模式
定义	可以直接导入 CAD、gbXML、图像等文件格式	链接模式可以链接 CAD、Revit 以及 IFC 等文件格式
对比	1. 链接模式不会对 Revit 文件尺寸产生影响，导入模式相当于把模型嵌入项目文件，会极大增加文件尺寸。 2. 以链接的方式进行协同，如果在原文件中做出变更，Revit 文件也会同步更新	

2. 中心文件管理模式

中心文件管理模式在 Revit 中就是工作集模式，假设甲、乙两人同时工作在同一个中心文件上，甲、乙先分别创建自己的甲工作集和乙工作集。甲把甲工作集的所有者设为自己，乙把乙工作集的所有者设为自己，并在各自的工作集内创建构件模型。如果甲、乙之间的工作没有交集，那么他们的工作按部就班地进行。一旦甲需要修改编辑乙的构件模型，必须向乙发送请求，在乙同意把构件模型"借"出去之前甲都无法编辑该构件。一旦乙将构件模型交给甲，甲将拥有该构件的权限，并能自由编辑该构件，直到甲把构件模型的权限"还"给工作集。

中心文件的管理方式有两种，一种是基于本地局域网文件共享模式的中心文件，这种模式适用于设计团队同一地点集中办公，另一种是基于 Revit Server 的远程文件共享，适用于设计团队分布在不同地区的情况。

这种协同工作模式以工作集的形式对中心文件进行划分，项目设计人员在属于自己的工作集中进行设计工作，设计的内容可以及时在本地文件与中心文件进行同步，设计人员之间可以相互借用属于对方的构件模型图元的编辑权限进行交叉设计，实现信息的实时沟通。

3. 两种模式的差异性对比

实际应用中可以发现"中心文件"和"文件链接"两种模式各有优点和缺点，这两种模式的区别是，"中心文件"允许多人同时编辑一个项目模型，而"文件链接"是独享模型。两种模式具体区别详见表 1-10。

中心文件模式与文件链接模式分类表　　　　　　　表 1-10

项目	中心文件	文件链接
项目文件	一个中心文件，多个本地文件	主文档与一个或多个文件链接
同步方式	双向，同时更新	单向同步
项目其他成员构件	通过借用后编辑	不可以编辑
工作模板文件	同一模板	可采用不同模板
性能	模型较大时速度慢，对硬件和网络带宽要求高	模型较大时速度相对较快
稳定性	当前版本跨专业协同时稳定性较低	稳定性高
权限管理	需要完善的工作机制、清晰明确的工作界面划分	无权限管理机制
适用情况	专业内部协同，单体内部协同	专业之间协同，各单体之间协同

4. 数据交换

对于 Revit 软件来说，与其他软件的交互方法有多种，比如有基于自身软件的原生交互格式，另外还有 IFC 格式标准，详见表 1-11。

数据交互方式分类表 表 1-11

交互方式	文件格式	传递完整度	适用性
原生交互	.rvt、.rte、.rfa、.nwc 等格式	兼容性好	便于同公司软件间交互
IFC 交互	ifc（IFC 2×2，IFC 2×3，IFC4）格式	可能有损	可以实现跨平台信息交互

（1）原生交互

Revit 原生的交互格式包括项目文件格式 .rvt、样本文件格式 .rte、族文件格式 .rfa 以及可以为 Autodesk 公司项目管理软件 Navisworks 提供的 .nwc 格式。原生交互格式对于 Autodesk 公司的软件之间的交互应用可以做到信息无损交互，这也是原生交互的优势。

（2）IFC 交互

针对 BIM 模型数据如何有效整合并储存，由 buildingSMART（https：//technical.buildingsmart.org/）组织发起，让所有信息基于一个开放的标准和流程进行协同设计、运营管理。其主要数据交换及单元格式便是 buildingSMART 的前身 IAI（International Alliance for Interoperability）于 1997 年所提出的 IFC（Industry Foundation Class）数据标准。

IFC 自 1997 年 1 月发布 IFC1.0 以来，已经历了 9 个主要的改版，其中 IFC2×3 是目前大多数市面上的 BIM 软件支持的版本。IFC 格式标准为了能够完整的描述工程所有对象，透过面向对象的特性，以继承、多型、封装、抽象、参照等各种不同的关系来描述数据间的关联性。IFC 文件有二种格式，纯文本的 STEP 文件格式，基于 XML 的文件格式，基于 JSON 的文件格式，每种格式还有压缩与非压缩的存储方式。

为明确表达所有工程数据之关系，IFC 目前已针对既有对象加以定义，以 IFC4 为例具体定义对象及数量如表 1-12 所示，使用者尚可依照其规定自定义所需之对象，其组合可有效地描述记录所有工程信息，详见表 1-12。

IFC4 格式定义对象及数量统计表 表 1-12

格式	定义对象	数量
IFC4	实体（Entity）	766
	定义数据型态（Defined Types）	126
	列举数据型态（Enumeration Types）	206
	选择数据型态（Select Types）	59

格式	定义对象	数量
IFC4	内建函数（Functions）	42
	内建规则（Rules）	2
	属性集（Property Sets）	408
	数量集（Quantity Sets）	91
	独立属性（Individual Properties）	1691

截至 2018 年 6 月正式发布的 IFC4.1 版本和 2019 年 4 月发布的 IFC4.2 草案版本，IFC 格式仅能表现及存储与建筑相关的内容，还未包括市政、交通相关内容。IFC 格式标准的发展可以最大限度地解决不同公司 BIM 软件之间的交互问题，对装配式建筑行业的 BIM 协同应用也具有重要意义。

1.3.3 设计方与项目各相关方（外部）的 BIM 协同

1. 设计方与项目各相关方（外部）的 BIM 协同

项目建设期内，设计方与业主、建设主管部门、审图机构、监理、勘察、施工、加工制造以及各专项设计（包括规划、地下管廊、道桥、地铁、高铁、景观、幕墙、装饰、建筑物理、绿建等）各相关方存在大量的建设项目信息交换需求，其中部分信息交换可通过 BIM 技术协同完成。根据不同的项目参与方及协同特点，因地制宜地制定协同目标、对协同技术进行分析、搭建符合项目规模和特点的 BIM 协同平台、制定协同沟通原则和协同数据安全保障措施等，使 BIM 技术在各参与方的协同中发挥最大价值。

2. BIM 各相关方协同总则

设计方通过应用 BIM 技术，对项目中业主、监理、勘察、施工、加工制造以及各专项设计（包括规划、地下管廊、道桥、地铁、高铁、景观、幕墙、装饰、建筑物理、绿建等）实施流程的分析、描述，形成适合 BIM 项目实施的指导性文件，保证项目能够顺利开展并有效协同。

3. 各相关方协同目标

为 BIM 各相关方协同的实施提供一套完整的流程或实施要点规范，使各相关方项目经理和实施人员能够理解在项目实施过程各阶段的关键要素、工作内容和工作职责，并能够按图索骥，从本规范中得到工作开展的相关指引，提高管理效率，提升管理效益。

4. 项目相关方及协同特点

项目相关方：业主、监理、勘察、施工、加工制造以及各专项设计（包括规划、地下管廊、道桥、地铁、高铁、景观、幕墙、装饰、建筑物理、绿建等）。协同特点：由于项目相关方归属于不同的责任主体，为理清责权关系，往往采取相关方成果交付的方式进行协调，没有达到协同的目的。同时项目各相关方 BIM 协同能力、软件平台等不尽相同或一致，给各方协同造成了障碍。为此应采用既满足协同要求，又能分清责权主体的协同方法。

5. 搭建 BIM 项目相关方协同平台工作环境

BIM 协同平台能够帮助项目团队实现对建筑工程全生命周期的监管，及时、透明、全面地让各专业各职能部门掌握项目情况。平台应用无时间、地域和专业限制，便捷的应用方式，轻松打通 BIM 应用各环节。一般具有如下功能：

（1）图文管理系统：建立专业间设计条件图交流规则，实现专业间图纸交流自动触发；建立项目设计成果自动收集子系统，形成完善的设计成果资源库，实现设计成果的共享及再利用。

（2）电子签名系统：建立设计单位电子签名数据库系统，提供设计图纸的单项、多项及批量签名功能；同时实现签名后的设计成果的安全管理。

（3）图纸安全系统：建立图纸安全管理系统，提供不同等级的图纸加密解决方案，保证设计成果不被非法利用；建立项目设计成果的自动收集子系统，保证项目设计成果能及时有效收集。

（4）打印归档系统：建立单位统一的设计成果打印归档系统，提供图纸拆图、打印管理功能；建立设计资源库检索子系统，提供通过条形码、图纸单元信息等方式的图纸海量定位查找功能。

（5）即时通信系统：建立以项目团队为基础，带有专业角色的实时通信系统。

1.4 标准化建筑设计

1.4.1 标准化构件

建筑是一个复杂的系统，其结构体、围护体、分隔体、装修体和设备体本身就由各种不同的部品所构成，再加上这五个系统相互之间还要进行关联和连接，使得建筑策划、设计、生产、装配、使用、维修和拆除都越来越复杂。在这种情况下，应当将建筑中的构件进行归并，使得尽量多的构件相同或相近，并使得连接方式尽量归并，可以大大地减少不同的构件类型，方便设计、生产、装配等各个环节。

为了解决建筑工业化生产所要求的构件少和建筑多样性之间的矛盾，在建筑设计中可以将构件区分为标准构件与非标准构件。需要说明的是，建筑标准构件与非标准构件之间通过一定的规则也可以实现互换和融合。譬如，当标准构件生产到最后几步时，如果将每个构件单独加工处理，即可在同一基础之上获得多样化标准构件，可以保证大的尺度上的一致，又能得到各不相同的非标准构件，这样可以大幅降低非标准构件的成本，同时可以保证构造连接的一致性，是一种较为可行的非标准构件设计生产方法。

针对装配式钢结构建筑来说，结构体的构件设计应遵循尽量标准化的原则，但其自身重量较轻，装配难度较小，可以适当容纳一部分非标准构件；围护体的构件设计应在标准化与非标准化之间取得均衡，通过标准构件的不同排列组合或是特殊造型的非标准构件来满足建筑立面、建筑属性的要求；分隔体的构件设计应尽量符合标准化的要求，减少种类与数量，提高用材效率（图1-2）。

图 1-2　标准化的结构体构件

1.4.2　标准化与模块化设计

装配式建筑标准化设计是指以"构件法建筑设计"为基础，在满足建筑使用功能和空间形式的前提下，以降低构件种类和数量作为标准化设计手段的建筑设计思想。标准化设计是装配式建筑设计的核心思想，它贯穿于设计、生产、施工、运维的整个流程。标准化建筑设计旨在提高建造效率、降低生产成本、提高建筑产品质量。

模块化设计是实现建筑标准化设计的重要基础。以装配式钢结构住宅建筑为例，通过模块化设计将不同功能空间的模块进行集成组合，以满足住宅全生命周期灵活使用的多种可能。同样标准的建筑单体可以进行横向与竖向的多样化组合，在满足空间、功能的要求之余，丰富装配式建筑的立面效果（图1-3）。

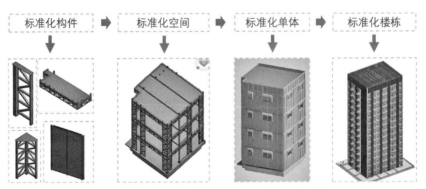

图 1-3　标准化建筑单体模块的不同组合形式

标准化的建筑设计、标准化的构件设计与 BIM 技术相结合，可以通过 BIM 数据库的方式管理各类型标准化模块。通过对标准化构件的梳理，可以进一步提高装配式建筑设计的效率，对于整个装配式项目而言，可以优化成本与工期。BIM 是标准化建筑设计成果承载的容器，而标准化设计是将 BIM 价值最大化体现的方法。

1.4.3 结构构件标准化率

结构构件标准化率是表达项目中结构构件种类和数量之间关系的数值，以百分数的方式体现。它是对建筑设计中结构构件的标准化程度指标的数值体现，是标准化设计的定量控制手段（图 1-4）。结构构件标准化率这一数值是自下而上得到的宏观数据，与具体的建筑构件的状态无关，但与整个构件群体的分布产生直接关联。

图 1-4　标准化率与标准化设计的关系

1.5　构件编码系统

1.5.1　编码原则

不同类型的构件同处于一个整体系统中，相互之间容易混淆，为了识别个体不同的构件，因此需要对其进行命名，并对各相关属性信息进行准确的定义。但是由于相互之间存在信息的交换工作，为了信息处理和接收各方能够正确地理解而不会产生误解，因此需要进行统一的编码系统，由此提高信息的传输效率和准确度。而这一工作应当在设计阶段就得到贯彻执行，这样才能在后续的生产、建造及运维中发挥作用。

信息分类编码是两项相互关联的工作。一是信息分类，二是信息编码，先分类后编码，只有科学实用的分类才可能设计出便于计算机和人识别、处理的编码系统。一套完善的编码规则是实现信息联动的重要手段，它需要具有唯一性、合理性、简明性、完整性与可扩展性的特点。编码规则的统一是实现装配式建筑全流程信息管理的唯一途径。

1.5.2　编码示例

本手册基于"构件法"思想的构件分类方式，介绍了某市装配式建筑信息服务与监管平台构件编码规则，图 1-5、图 1-6 中所示柱子的编码为：C-HOUSE—01—JG-GJGGJ-XGZ—1/0.000—A/2—0，表 1-13 对此段编码的具体含义做出了详细的解释。

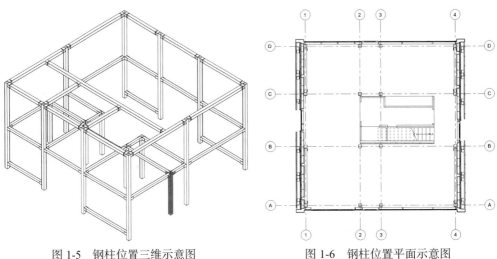

图 1-5　钢柱位置三维示意图　　　　　图 1-6　钢柱位置平面示意图

构件编码字段释义表　　　　　　　　　　表 1-13

字段	示例	含义	说明
项目编号	C-HOUSE	相关建筑的项目编号	
楼栋编号	01	编码构件所在的楼栋编号	
构件类型编号	JG-GJGGJ-XGZ	构件所属类别，如结构-钢结构构件-型钢柱	
标高编号	1/0.000	构件在 1 层，标高为 0.000	构件如跨楼层，标高编号为：1/0.000～2/4.000
轴线编号	A/2	构件所在横轴为 A 轴，纵轴为 2 轴	
位置编号	0	横轴与纵轴区间内只有一个钢柱实例	

1.6　模型精细度

1.6.1　模型精细度的定义

模型精细度是 BIM 模型在不同阶段的模型表达程度。目前国内很多标准对模型精细度有不同的定义，本手册列举了国家与江苏省、上海市的相关 BIM 标准。综合相关标准的定义，确定本手册的模型精细度标准（表 1-14）。

模型深度表达方式 表 1-14

国家		江苏		上海		说明
方案设计	Gx/Nx	方案设计	L1.0	方案设计		无区别
初步设计	Gx/Nx	初步设计	L2.0	初步设计	—	无区别
施工图设计	Gx/Nx	施工图设计	L3.0	施工图设计	—	无区别
深化设计	Gx/Nx	施工与监理	L4.0	施工准备	—	有区别
竣工移交	Gx/Nx	运营与维护	L5.0	施工实施	—	有区别
				运维		有区别

1.6.2 国家标准的模型精细度定义

国家标准把模型精细度分为几何表达精度与信息深度，在不同阶段对应不同的精度与深度。模型精细度是建筑信息模型中所容纳的模型单元丰富程度的衡量指标。几何表达精度是模型单元在视觉呈现时，几何表达真实性和精确性的衡量指标。信息深度是模型单元承载属性信息详细程度的衡量指标。

1. 模型精细度基本等级划分（表 1-15）

模型精细度基本等级划分 表 1-15

等级	英文名	代号	包含的最小模型单元
1.0 级模型精细度	Level of Model Definition 1.0	LOD 1.0	项目级模型单元
2.0 级模型精细度	Level of Model Definition 2.0	LOD 2.0	功能级模型单元
3.0 级模型精细度	Level of Model Definition 3.0	LOD 3.0	构件级模型单元
4.0 级模型精细度	Level of Model Definition 4.0	LOD 4.0	零件级模型单元

2. 几何表达精度（表 1-16）

几何表达精度的等级划分 表 1-16

等级	英文名	代号	等级要求
1 级几何表达精度	Level 1 of geometric detail	G1	满足二维化或者符号化识别需求的几何表达精度
2 级几何表达精度	Level 2 of geometric detail	G2	满足空间点位、主要颜色等粗略识别要求的几何表达精度
3 级几何表达精度	Level 3 of geometric detail	G3	满足建造安装流程、采购等精细识别需求的几何表达精度
4 级几何表达精度	Level 4 of geometric detail	G3	满足高精度渲染展示、产品管理、制造加工准备等高精度识别需求的几何表达精度

3. 信息深度（表 1-17）

信息深度的等级划分　　　　　　　　　　　　　　　　表 1-17

等级	英文名	代号	等级要求
1 级信息深度	Level 1 of information detail	N1	宜包含模型单元的身份描述、项目信息、组织角色等信息
2 级信息深度	Level 2 of information detail	N2	宜包含和补充 N1 等级信息，增加实体系统关系，组成及材质，性能或属性等信息
3 级信息深度	Level 3 of information detail	N3	宜包含和补充 N2 等级信息，增加生产信息、安装信息
4 级信息深度	Level 4 of information detail	N3	宜包含和补充 N3 等级信息，增加资产信息和维护信息

模型精细度示例见表 1-18。

国标相关模型精细度示例　　　　　　　　　　　　　　表 1-18

工程对象		方案设计	初步设计	施工图设计	深化设计	竣工移交
钢结构	钢梁	—	G2/N1	G2/N2	G3/N3	G3/N4
	钢柱	—	G2/N1	G2/N2	G3/N3	G3/N4
	钢骨梁	—	G2/N1	G2/N2	G3/N3	G3/N4

1.6.3　江苏省标准的模型精细度定义

江苏省 BIM 标准《江苏省民用建筑信息模型设计应用标准》DGJ32/TJ 210—2016 中把项目全生命周期分为勘察设计阶段、施工与监理阶段、运营与维护阶段。勘察设计阶段中分为方案设计阶段、初步设计阶段、施工图设计阶段。用 L1.0、L2.0、L3.0、L4.0、L5.0 对应不同阶段的模型精细度（表 1-19）。

建筑信息模型精度等级　　　　　　　　　　　　　　　表 1-19

阶段		模型	模型精度等级	阶段用途
勘察设计阶段	方案设计	方案设计模型	L1.0	项目规划评审报批、建筑方案评审报批、设计估算
	初步设计	初步设计模型	L2.0	专项评审报批、节能初步评估、建筑造价概算
	施工图设计	施工图设计模型	L3.0	建筑工程施工许可、施工准备、施工招标投标计划、工程预算
施工与监理阶段		施工深化模型竣工模型	L4.0	施工深化、工程施工、构件采购、辅助决算
运营与维护阶段		运维模型	L5.0	工程投入使用管理、维修养护、维护费用统计

1.6.4 上海市标准的模型精细度定义

上海市 BIM 标准《上海市建筑信息模型技术应用指南》（2017 版）中把项目全生命周期分为方案设计阶段、初步设计阶段、施工图设计阶段、施工准备阶段、施工实施阶段、运维阶段（表 1-20）。

建筑项目各阶段基于 BIM 技术的基本应用 表 1-20

阶段	阶段工作内容描述
方案设计	本阶段目的是为建筑设计后续若干阶段的工作提供依据及指导性文件。主要内容是根据设计条件，建立设计目标与设计环境的基本关系，提出空间建构设想、创意表达形式及结构方式的初步解决方法等
初步设计	本阶段目的是论证拟建工程项目的技术可行性和经济合理性，是对方案设计的进一步深化。主要工作内容包括：拟定设计原则、设计标准、设计方案和重大技术问题以及基础形式，详细考虑和研究建筑、结构、给水排水、暖通、电气等各专业的本阶段设计内容
施工图设计	本阶段是设计向施工交付设计成果阶段，主要解决施工中的技术措施、工艺做法、用料等问题，为施工安装、工程预算、设备及构件的安放、制作等提供完整的模型和图纸依据
施工准备	本阶段是为建筑工程的施工建立必需的技术和物质条件，统筹安排施工力量和施工现场，使工程具备开工和连续施工的基本条件。其具体工作通常包括技术准备、材料准备、劳动组织准备、施工现场准备以及施工场外准备等
施工实施	本阶段是指自现场施工开始至竣工的整个实施过程。其中，项目的成本、进度和质量安全等管理是施工过程的主要任务，其目标是完成合同规定的全部施工安装任务，以达到验收、交付的要求
运维	本阶段是建筑产品的应用阶段，承担运维与维护的所有管理任务，其目的是为用户（包括管理人员与使用人员）提供安全、便捷、环保、健康的建设环境。主要工作内容包括设施设备维护与管理、物业管理以及相关的公共服务等

施工准备阶段的 BIM 应用价值主要体现在施工深化设计、施工场地规划、施工方案模拟及构件预制加工等优化方面。该阶段的 BIM 应用对施工深化设计准确性、施工方案的虚拟展示，以及预制构件的加工能力等方面起到关键作用。施工单位应结合施工工艺及现场管理需求对施工图设计阶段模型进行信息添加、更新和完善，以得到满足施工需求的施工作业模型。

1.6.5 不同模型精细度总结

当前，"模型细度""模型粒度""模型颗粒度""模型精度""模型精细度"等，很多类似的术语在用（表 1-21）。在有的语境里，这些术语表达相同、相近的概念；在有的语境里，又有差别，分别表达不同含义，且有时组合使用。编者认为，本质上这些术语是为了表达不同建筑系统在不同阶段的模型元素特征，提出这些术语的目的如下：

模型深度表达术语   表 1-21

国家	江苏	上海	广东
模型精细度	建模精度	模型深度	模型细度
分为几何表达精度，信息深度	分为几何信息，非几何信息	分为模型内容，基本信息	分为几何信息，非几何信息

（1）使模型创建者可以清楚建模的目标；

（2）模型应用者清楚模型的详尽程度和可用程度；

（3）使工程建设项目的各参与方在描述 BIM 模型应当包含的内容以及模型的详细程度时，能够使用共同的语言和相同的等级划分规范；

（4）用于确定 BIM 模型的阶段成果、表达用户需求以及在合同中规定业主的具体交付要求。

1.6.6　本手册的模型精细度定义

本手册的 BIM 模型分为三个大类：建筑模型、场布设施模型、运维模型。本手册在国标的基础上，增加了施工阶段的场布设施模型标准。场布设施为辅助类模型，不归为建筑模型精细度。运维模型的标准因项目而异，通常情况下根据项目情况及业主需求进行定制。其中建筑模型分为方案设计模型、初步设计模型、施工图设计模型、深化设计模型、竣工模型。详见表 1-22。

项目全生命周期阶段划分   表 1-22

阶段	阶段细分		涉及专业
设计阶段	方案设计	LOD100	建筑
	初步设计	LOD200	建筑、结构、暖通、给水排水、电气、内装、其他
	施工图设计	LOD300	建筑、结构、暖通、给水排水、电气、内装、其他
	深化设计	LOD350	钢结构、幕墙、门窗、PC、机电、其他
		LOD400	
施工阶段	场布设施		基坑维护、土方开挖、机械设备、施工模拟、模板
竣工阶段	竣工模型	LOD500	模型深度同 LOD400
运行维护	运维模型		

注：LOD350 与 LOD400 的区别：LOD350 是主要的支撑构件，LOD400 是节点安装构件。如吊顶，LOD300 时吊顶龙骨与面层统一建一层厚度，LOD350 面层跟龙骨分别建模，LOD400 在此基础上增加相关安装构件及吊杆。LOD400 与 LOD500 的区别：模型深度上没有区别，LOD400 是没有施工前的模型，在施工过程中，模型有变更及调整，最后成为 LOD500 的竣工模型。

1.7　建　模　标　准

1.7.1　通用规则

在建立构件编码系统的基础上，要实现对装配式钢结构建筑构件的全流程管理，还需要相应的软件管理平台对构件系统的数据进行处理。以某市政府级集成化应用平台为例，对上传平台的模型数据有一定的要求，因此在模型数据产生的前端要设置相应的建模规则以便可以生成符合平台要求的数据文件。以 Revit 软件为例，针对装配式建筑建模规则详见表 1-23。

Revit 建模通用规则表　　　　　　　　　　　　表 1-23

序号	对应元素	规则内容	图例
1	建筑楼层	创建项目时，软件默认会把标高属性栏中的"建筑楼层"勾选上，若创建了辅助标高且不需要导出此标高层的相关信息时，要取消勾选	
2	轴网	目前 Revit 预制装配率插件仅识别直线正交轴网，其他例如弧线轴网、圆形轴网等尚不能识别	—
3	墙体结构	在绘制外墙或内隔墙时，需根据实际情况在左侧属性栏结构选项卡中判断是否勾选"结构"与"启用分析模型"选项	

1.7.2 结构系统建模

结构系统建模主要包括预制钢柱、预制钢梁等，表 1-24 以常规预制钢柱、钢梁的做法为例，介绍装配式钢结构建筑结构系统建模的一般规则。

结构系统建模规则表 表 1-24

结构构件	建模规则	图例
预制钢柱	1. 选用 Revit 结构柱工具并选择合适的柱族。 2. 在属性选项卡中输入"宽度""高度""壁厚"等参数并选择结构柱的材质即可。 3. 如族库文件没有可匹配的钢柱类型，可自行通过自定义族中的"公制结构柱族"创建，完成后载入项目即可	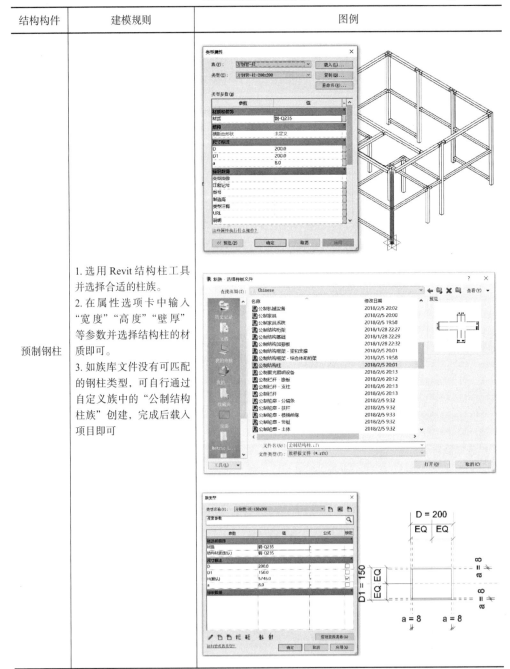

结构构件	建模规则	图例
预制钢梁	1. 选用 Revit 梁工具并选择合适的结构梁族。 2. 在属性选项卡中输入截面尺寸并选择结构梁材质绘制即可。 3. 如族库文件没有可匹配的钢梁类型,可自行通过自定义族中的"公制结构框架－梁和支撑"创建,完成后载入项目即可	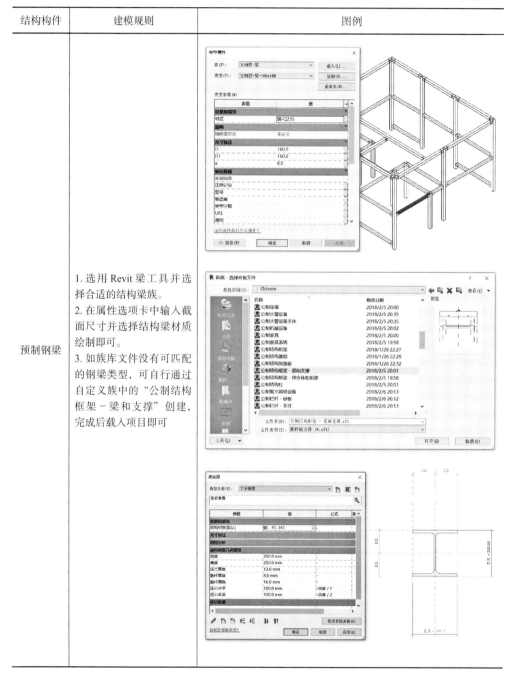

1.7.3 外围护系统建模

外围护包括各类预制外挂墙板、预制屋顶板等,一般做法详见表 1-25。

外围护构件	建模要求	图例
预制外挂墙板	1. 一般来说 Revit 中墙体系统族的建模无法满足较高精度的模型要求，通常采用自定义族的方式进行建模。 2. 可选择"公制常规模型"进行绘制，如果是较为复杂的复合墙板，可采用嵌套族的方式解决。 3. 编辑完成后，载入项目即可	
预制屋顶板	1. 同墙体系统族类似，屋顶系统族可编辑度较低，一般难以满足预制屋顶板的建模需求，因此通常采用自定义族的方式进行建模。 2. 可选择"公制常规模型"进行绘制，如果是较为复杂的复合屋顶板，可采用嵌套族的方式解决。 3. 编辑完成后，载入项目即可	

1.7.4 内装修系统建模

内装修系统主要包括内隔墙、集成式卫生间、集成式厨房、装配式吊顶及楼地面干式铺装（成品地板等），详见表1-26。

内装修系统建模规则表   表 1-26

内装修构件	建模规则
内隔墙	绘制方法可参照外围护系统的建模规则，根据模型精度等级与构件复杂程度选择系统族或自定义族进行绘制
集成式卫生间、集成式厨房	一般来说采用自定义族的方式建模会相对方便，可以将各卫生、厨房构件绘制完成后导入项目，组成模型部件
装配式吊顶、干式铺装	装配式吊顶与干式铺装的绘制采用 Revit 吊顶系统族与楼板系统族绘制即可

1.8 命名规则

BIM 命名规则十分重要，每家设计单位都要有自己的命名规则，可以是参考行业内部通用的，也可以是个性化定制的，命名规则都应满足现有国标规范的要求，如《建筑信息模型设计交付标准》GB/T 51301—2018 中关于命名规则的相关内容。规范命名的意义就在于：在整个工程过程中，参与工程的各方便地进行检索文件以利用文件内数据，并最终形成条理清晰、脉络顺畅的数据系统，方便工程实践的进行。

1.8.1 构件命名规则

1. 自定义族文件命名规则

【专业】-【构件类别】〖一级子类〗-〖二级子类〗-〖描述〗.rfa。具体规则详见表1-27。

自定义族文件命名规则表   表 1-27

序号	字段	含义	示例
1	【专业】	用于识别本族文件的专业适用范围，如适用于多专业，则多专业代码之间用短横线 "-" 连接	例如建筑专业 -A，结构专业 -S 等
2	【构件类别】	为建筑各大类模型构件的细分类别名称	例如防火门、平开门、人防门等
3	〖一级子类〗	为模型构件细分类别下、进一步细分的一级子类别名称	例如防火门下的双扇、单扇等
4	〖二级子类〗	模型构件细分类别、一级子类别下，进一步细分的二级子类别名称	例如双扇防火门下的矩形观察窗居中
5	〖描述〗	必要的补充说明，也可当作〖三级子类〗使用	例如双扇防火门下的亮窗

注明：1.【】为必选项，〖〗为可选项。

    2.【专业】代码具体内容请参见《建筑信息模型设计交付标准》GB/T 51301—2018。

2. 系统族命名规则

因系统族在 Revit 中只能创建类型，所以只需要标准化类型名称即可。具体规则详见表 1-28。

系统族命名规则表 表 1-28

序号	构件类型	命名规则	示例
1	墙	【专业】-【功能／定位】-【厚度／网格尺寸】-〖材质／描述〗	A- 外部 -300mm- 干挂石材，其中 A 为建筑专业代码，"外部"为定位，300mm 为墙体厚度，"干挂石材"为材质及描述
2	楼板	【专业】-【功能／定位】-【厚度】-〖材质／描述〗	A- 建筑面层 -100mm- 水泥砂浆，其中 A 为建筑专业代码，"建筑面层"为其楼板功能，100mm 为板厚，"水泥砂浆"为描述
3	屋顶	【专业】-【功能】-【厚度】-〖材质／描述〗	A- 保温屋顶 -300mm- 复合空腔木屋顶板，其中 A 为建筑专业代码，"保温屋顶"为其功能，300mm 为板厚，"复合空腔木屋顶板"为描述
4	天花板	【专业】-【功能／定位】-【厚度／网格尺寸】-〖材质／描述〗	A- 办公区 -600mm×600mm- 扣板，其中 A 为建筑专业代码，"办公区"为其功能及定位，600mm×600mm 为网格尺寸，"扣板"为样式描述
5	楼梯	【专业】-〖样式／功能／定位〗-【材质】-【厚度】-〖描述〗	A-Q 区办公梯 - 木质面层 -20mm，其中 A 为建筑专业代码，Q 区办公梯为其功能及定位，木质面层为材质，20mm 为楼梯板厚

注明：1.【】为必选项，〖〗为可选项。

2.【专业】代码具体内容请参见《建筑信息模型设计交付标准》GB/T 51301—2018。

1.8.2 项目命名规则

项目命名的具体规则详见表 1-29。

项目文件分类及命名规则表 表 1-29

文件类型	命名逻辑	通用规则
Revit 主文档	按协同设计规则需要命名，易识别、记忆、操作、检索	所有字段仅可使用中文、英文（A - Z，英文或汉语拼音）、下划线、中划线和数字；字段之间应通过中划线"-"隔开，请勿使用空格；在一个字段内，可使用字母大小写方式或下划线"_"来隔开单词；项目子项编号后带"#"字符；使用单字节的点"."来隔开文件名与后缀，除此以外，该字符不得用于文件名称的其他地方；日期格式：年月日，中间无连接符，例如 20190701；不得修改或删除文件名后缀
Revit 相关文件	Revit 相关文件（DWG、NWC 等）名称与对应的 Revit 主设计文件名称 /Revit 图纸名称 /Revit 视图名称等保持一致或基本一致，必要时增加"说明注释"关键字、或增加数字序号／版本号、日期等	
其他文件	与 Revit 设计文件相对独立的其他文件，按工作需要命名，易识别、记忆、操作、检索	

注：相关文件具体命名要求请参见《建筑信息模型设计交付标准》GB/T 51301—2018。

1.8.3 图纸命名规则

Revit 图纸命名规则和传统 CAD 出图的图纸命名规则相近，命名规律可参照传统 CAD 图纸命名规则执行。图纸命名规则：【专业设计阶段简称】-【专业】【图纸编号】-【图纸名称】。具体规则详见表 1-30。

图纸命名规则表 表 1-30

字段	示例
【专业设计阶段简称】	例如建施、结施、暖施、水施、电施等
【专业】【图纸编号】	例如 A201、A202、A301 等
【图纸名称】	例如"首层平面图""1# 楼梯首层平面图"等

注：【】为必选项。

BIM 命名规则与设计人员的设计行为、项目数据管理模式、协同工作流程、最终交付的 BIM 成果密切相关，且影响重大。详见表 1-31。

命名规则对 BIM 全流程的影响汇总表 表 1-31

影响	内容
设计行为	对设计行为的影响，BIM 设计经常需要在多文件、多专业间进行文件链接、数据信息工作项与传递、数据统计、视图显示与构件样式（涉及建筑设计制图标准等）控制等，那么统一、规范的数据级 BIM 命名规则，将有效地提高上述工作的工作效率和成果质量，意义重大
项目数据管理模式	BIM 设计各阶段将产生大量 BIM 项目文件以及由 BIM 项目文件导出、打印产生的大量相关延伸 BIM 成果文件（BIM 浏览模型、BIM 碰撞报告、BIM 模拟分析报告、PDF 图纸、DWG 图纸等），加上项目前期的基本资料、往来文档、最终交付和归档文件等。高效地存储、共享、管理、检索海量项目文件，BIM 文件级命名规则将起到重要作用
协同工作流程	BIM 构件的数据级命名规则、文件级命名规则，对 BIM 设计在多文件、多专业间的文件链接关系、BIM 信息传递、BIM 协同工作流程（包括提资、校审、碰撞检查、施工模拟等）影响重大
BIM 成果	命名规则对 BIM 成果的影响，除 BIM 模型质量、BIM 图纸（信息完整、图面美观等）等的影响外，最重要的影响体现在，由 BIM 模型成果能否高效得到其他需要的、满足需要的 BIM 成果（BIM 浏览模型、BIM 算量统计、CAD 图纸、各项经济技术指标等）

1.9 BIM 团队

BIM 团队应由 BIM 顾问、初步设计 BIM 团队、施工图设计 BIM 团队、深化设计 BIM 团队、施工建造 BIM 团队、运维 BIM 团队组成。BIM 总顾问可以由具备相关能力的各阶段团队兼任。BIM 总顾问存在的意义：

（1）提供项目 BIM 全生命周期应用策划方案。

（2）监督各阶段的 BIM 模型精细度，保证模型传递的连贯性、流畅性。如初步设计阶段的模型，传递到施工图设计阶段，施工图设计 BIM 团队应能在初步设计阶段的模型上直接深化（至少保证大部分模型可以，需要各方统一模型标准）。

（3）拆分模型，提供云平台解决方案，跨单位协同建模。各团队的 BIM 模型实时共享，各团队之间的 BIM 模型不进行传统方式网络传输（如邮件发送，U 盘拷贝等方式）。

1.10 模型信息交换

BIM 应用流程设计完成后，应详细定义项目参与者之间的信息交换。让团队成员（特别是信息创建方和信息接收方）了解信息交换内容，这对于 BIM 应用至关重要。应采用规范的方式，在项目的初期定义信息交换的内容和细度要求。

下游 BIM 应用受上游 BIM 应用产生信息的影响，如果下游需要的信息在上游没有创建，则必须在本阶段补充，所以项目组要分清责任，但没有必要在每次信息交换过程中包含全部的项目元素，应该根据需要定义支持 BIM 应用的必要模型信息。

每个项目可以定义一张总的信息交换定义表，也可以根据需求按照责任方或分项 BIM 拆分成若干个，但应该保证各项信息交换需求的完整性、准确性。

信息交换需求的定义可参考如下过程：

1. 从总体流程中标示出每个信息交换需求

应该从总体流程中标示出每个信息交换需求，特别是不同专业团队之间的信息交换。从总体流程上应该标示出信息交换的时机，并将信息交换节点按照时间顺序排列，这样能确保项目参与者知道，随着项目的进展 BIM 应用成果交付的时间。

2. 确定项目模型元素的分解结构

确定信息交换后，项目组应该选择一个模型元素分解结构，可参考国家标准《建筑信息模型分类和编码标准》GB/T 51269—2017，也可选择其他分解结构。

3. 确定每个信息交换的输入、输出需求

由信息接收者定义信息交换的范围和细度，例如："设计模型"是"设计建模"的输出，是"专业协调"的输入。如果某项信息交换的输入或输出由多个团队完成，并对信息交换需求有差异，则在一张信息交换定义表中分开描述信息交换需求。如果信息接收者不明确，由项目组集体讨论确定信息交换范围。

同时需要确定的还有模型文件格式。需由有经验的工程技术人员（或外聘技术专家）指定应用的软件及其版本，确保支持信息交换的互操作可行性。

如果必要的模型内容在模型分解结构中没有体现，或有特殊的软件操作提示，应该在备注中说明。

4. 为每项信息交换内容确定责任方

信息交换的每行信息都应该指定一个责任方负责信息的创建。负责信息创建的责任方应该是能高效、准确创建信息的团队。此外，模型输入的时间应该由模型接收方来确认，并在流程总图中体现。

1.11　本章小结

本章主要是对项目整个 BIM 应用基础作了相应规定，主要规定了 BIM 技术的相关运行环境，包括软硬件基础、BIM 协同设计应用方法、建模标准、模型精细度等。对以下各章规定的 BIM 应用具有指导意义，提供了 BIM 整体应用的策划方案。

第2章 初 步 设 计

本章主要是对 BIM 技术应用的初步设计环节进行了相关阐述，包括应用的流程、建模方法、成果输出、参数化设计等。初步设计阶段 BIM 技术应用最主要的工作是根据本手册第 1 章制定相应的项目 BIM 技术应用策划方案，开启项目 BIM 技术应用的初始环节，从源头上规定好相应的协同工作方法，是整个项目 BIM 技术推进的关键阶段。

2.1 基 础 应 用

由于 BIM 技术在方案设计阶段的应用点较少，且只有建筑单专业，故本手册对方案阶段的 BIM 技术应用不做阐述。

初步设计阶段是介于方案设计和施工图设计之间的过程，是对方案设计阶段的细化阶段，在本阶段除了建筑专业，结构、机电专业介入，BIM 技术的应用具备启动条件，建筑、结构、机电专业基于协同设计原则进行建模。

初步设计是本手册规定的 BIM 技术应用的第一阶段，为了 BIM 技术在下面阶段的衔接，启动之前，应编制项目 BIM 技术策划方案，对 BIM 全生命周期应用进行系统性的把控。

初步设计阶段 BIM 基础应用点：专业建模、专业问题核查、碰撞问题核查、机电初步管线综合等。

2.1.1 基础应用流程图

基础应用流程图详见图 2-1。

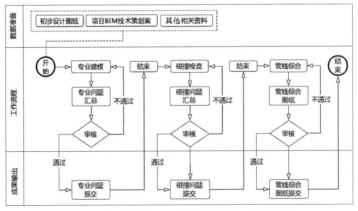

图 2-1 初步设计 BIM 基础型应用工作流程图

2.1.2 基础应用输出成果（表2-1）

初步设计 BIM 基础应用成果输出 表 2-1

类型	描述
BIM 模型	建筑、结构、机电、BIM 模型
问题报告	专业问题报告、碰撞问题
初步设计 BIM 管线综合图纸	平面图、剖面图、净高估算、预留洞口图、复杂区域安装方案图、典型场所空间布局、主干管道排布方案、建筑功能场所面积统计、项目施工及安装风险点识别

2.2 初步设计建模

2.2.1 数据准备

初步设计各专业图纸：建筑、结构、暖通、给水排水、电气专业图纸。

项目 BIM 技术策划方案：其内容应包括模型拆分、文件夹组织、BIM 团队、模型精细度标准、模型命名规则、问题报告核查点、问题报告格式、管线综合标准、机电系统设置等。

专业 BIM 样板文件：包括建筑 BIM 样板文件、结构 BIM 样板文件、机电 BIM 样板文件。BIM 样板文件里应该包含相关钢结构建筑的族文件、视图样板等。

2.2.2 文件夹及模型拆分

模型拆分示例见图 2-2。

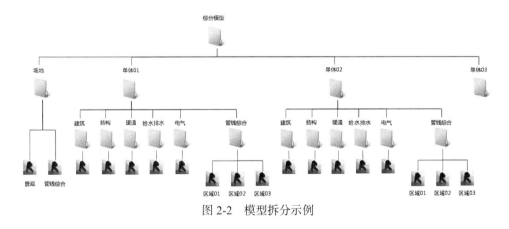

图 2-2 模型拆分示例

2.2.3 模型标准

初步设计阶段模型等级为 LOD200，模型标准详见表 2-2。

初步设计阶段模型标准 表 2-2

专业	模型内容	基本信息
建筑	主要建筑构造部件的基本尺寸、位置：非承重墙、门窗（幕墙）、楼梯、电梯、自动扶梯、阳台、雨篷、台阶等。 主要建筑设备的大概尺寸（近似形状）、位置：卫生器具等。 主要建筑装饰构件的大概尺寸（近似形状）、位置：栏杆、扶手等	增加主要建筑构件材料信息。 增加建筑功能和工艺等特殊要求：声学、建筑防护
结构	基础的基本尺寸、位置：桩基础、筏形基础、独立基础等。 混凝土结构主要构件的基本尺寸、位置：柱、梁、剪力墙、楼板等。 钢结构主要构件的基本尺寸、位置：柱、梁等。 空间结构主要构件的基本尺寸、位置：桁架、网架等。 主要设备安装孔洞大概尺寸、位置	增加特殊结构及工艺等要求：新结构、新材料及新工艺等
暖通	主要设备的基本尺寸、位置：冷水机组、新风机组、空调器、通风机、散热器等。 主要管道、风道干管的基本尺寸、位置，及主要风口位置。 主要附件的大概尺寸（近似形状）、位置：阀门、计量表、开关、传感器等	系统信息：热负荷、冷负荷、风量、空调冷热水量等基础信息。 设备信息：主要性能数据、规格信息等。 管道信息：管材信息及保温材料
给水排水	主要设备的基本尺寸、位置：水泵、锅炉、换热设备、水箱水池等。 主要构筑物的大概尺寸、位置：阀门井、水表井、检查井等。 主要干管的基本尺寸、位置。 主要附件的大概尺寸（近似形状）、位置：阀门、仪表等	系统信息：水质、水量等。 设备信息：主要性能数据、规格信息等。 管道信息：管材信息
电气	主要设备的基本尺寸、位置：机柜、配电箱、变压器、发电机等。 宜增加其他设备的大概尺寸（近似形状）、位置：照明灯具、视频监控、报警器、警铃、探测器等	系统信息：负荷容量、控制方式等。 设备信息：主要性能数据、规格信息等。 电缆信息：材质、型号等

2.3 初步设计问题核查

基于协同原则的 BIM 技术，建立囊括各专业的 BIM 综合模型，核查专业之间的设计、建造冲突，使建造过程更加合理有效。BIM 问题核查内容详见表 2-3。

BIM 问题核查常见内容 表 2-3

构件类别		问题类别	核查内容
土建类	柱	设计一致问题	建筑与结构平面图，截面是否一致
		图纸准确问题	柱平面图尺寸标注与绘制尺寸是否一致
			柱平面图，柱的标注是否完整，有无遗漏
	墙	设计一致问题	结构墙，建筑与结构平面图，截面是否一致
			结构墙，机电预留孔洞套管核对
			外墙机电预留洞口是否与机电图纸一致
			内墙机电预留洞口是否与机电图纸一致

构件类别		问题类别	核查内容
土建类	墙	图纸准确问题	机电管线如需穿玻璃幕墙，是否有相关技术处理、节点做法
			建筑墙，标号、材料是否都表达清楚
	梁	设计碰撞问题	梁高是否影响门窗预留洞口
			梁高是否影响门的开启
		设计一致问题	梁平面图宽度尺寸标注与绘制宽度是否一致
		设计合理问题	梁与梁之间搭接是否合理
			梁预留洞口是否合理
			楼板有高差处，高处与低处跨标高梁设计是否合理
	板	设计一致问题	建筑与结构楼板边线是否一致
			建筑与结构楼板预留洞口是否一致
	楼梯	设计一致问题	建筑图纸与结构图纸是否一致
		设计合理问题	楼梯间是否有梁影响楼梯疏散宽度
			楼梯间是否有梁影响楼梯设计净高要求
	汽车坡道	设计一致问题	建筑图纸与结构图纸是否一致
		设计合理问题	结构墙是否影响坡道宽度
			梁是否影响坡道净高，坡道净高最低处核查
	吊顶	设计一致问题	吊顶平面图纸房间划分是否与建筑图纸一致
			内装机电末端预留孔洞与机电图纸是否一致
		设计合理问题	吊顶饰面板网格划分是否合理，是否有尺寸太小不易切割安装部分
			吊顶如设置有加强层，加强层是否对机电管线造成安装影响
	电梯井道	设计合理问题	电梯井道是否有结构板、梁影响空间
			是否有结构构件影响电梯门的预留洞口
	设备管井	设计合理问题	如各楼层设备管径尺寸一致，核查其在垂直方向是否对齐
			是否有结构构件影响设备管井净空间
	门	设计一致问题	平面图门的绘制宽度与标注宽度是否一致
			平面图与立面图门的位置是否一致
		设计合理问题	相邻较近的门是否存在开启互撞问题
			防火卷帘设置处，是否有结构构件影响防火卷帘箱的安装
	窗	设计一致问题	平面图门的绘制宽度与标注宽度是否一致
			平面图与立面图窗的位置是否一致
		设计合理问题	内墙位置是否影响外窗的开启
机电类	风管	图纸准确问题	风管尺寸、标高、系统、材质以及安装要求等标注信息是否准确
			风管阀门、阀件、保温等附件是否遗漏，或者表达是否准确
			立管位置及尺寸是否对应合理，以及管井大小是否合理

构件类别		问题类别	核查内容
机电类	风管	图纸准确问题	设备标号是否准确，材料统计表是否完整
			风口及其他附件信息是否准确，材料统计表是否完整
			大样详图是否准确、完整
		设计一致问题	风管系统原理图是否与平面图一致
			与其他专业之间的相应图纸是否一致
		设计合理问题	设计高度是否满足使用要求
		设计碰撞问题	风管是否与结构碰撞，以及二次墙、顶板预留孔洞是否合理
			风口、风阀等末端位置是否布置合理，是否与其他专业碰撞
	水管	图纸准确问题	水管尺寸、标高、系统、材质以及安装要求等标注信息是否准确
			水管阀门、阀件、保温等附件是否遗漏，或者表达是否准确
			立管位置及尺寸是否对应合理，以及管井大小是否合理
			设备标号是否准确，材料统计表是否完整
			阀门及其他附件信息是否准确，材料统计表是否完整
			大样详图是否准确、完整
		设计一致问题	水管系统、流程图是否与平面图一致
			与其他专业之间的相应图纸是否一致
		设计合理问题	设计高度是否满足使用要求
		设计碰撞问题	水管是否与结构碰撞，以及一次墙、梁、顶板预留套管是否合理
			喷头、卫具等末端位置是否布置合理，是否与其他专业碰撞
	电气	图纸准确问题	桥架尺寸、标高、系统、材质以及安装要求等标注信息是否准确
			电箱的尺寸、位置，系统等信息是否准确
			桥架立管位置及尺寸是否对应合理，以及管井大小是否合理
			电箱、设备等材料统计表是否准确完整
			灯具、烟感、指示灯等信息是否准确
			大样详图是否准确、完整
		设计一致问题	桥架系统、流程图是否与平面图一致
			设备用电量是否与其他机电专业一致
		设计合理问题	设计高度是否满足使用要求
		设计碰撞问题	桥架是否与结构碰撞，以及一次墙、梁、顶板预留套管是否合理
			灯具、烟感、指示灯等点位位置布置是否合理，是否与其他专业碰撞

2.4 初步设计管线综合

管线调整指对施工图机电管线进行合理的优化排布，并不改变原有的设计方案。管线调整原则如下：

（1）尽量利用梁内空间。绝大部分管道在安装时均为贴梁底布管，梁与梁之间存在很大的空间，尤其是当梁很高时。在管道十字交叉时，这些梁内空间可以充分利用。在满足弯曲半径及管件安装高度条件下，空调风管和有压水管均可以通过翻转到梁内空间的方法，避免与其他管道冲突，保持路由通畅，满足层高要求。有条件时，消防水管、给水管、桥架、喷淋、多联机气液管等可穿梁布置。

（2）各种管线的平面布置避让原则：

1）有压力管道让无压（重力流）管道。无压管道内介质仅受重力作用由高处往低处流，其主要特征是有坡度要求、管道杂质多、易堵塞，所以无压管道要尽量保持直线，满足坡度要求，避免过多转弯，以保证排水顺畅。有压管道是在压力作用下克服沿程阻力沿一定方向流动，一般来说，改变管道走向，交叉排布，绕道走管对其产生的影响较小。

2）可弯管道让不可弯管道。

3）小管径管道让大管径管道。通常来说，大管道由于造价高、尺寸大、重量大等原因，一般不会做过多的翻转和移动。应先确定大管道的位置，而后布置小管道的位置。在两者发生冲突时，应首先考虑调整小管道，因为小管道造价低且所占空间小，易于更改路由、安装较方便。

4）附件少的管道避让附件多的管道。安装多附件管道时注意管道之间留出足够的空间（需考虑法兰、阀门等附件所占的位置），这样有利于施工操作以及今后的检修、更换管件。

5）金属管避让非金属管。因为金属管较容易弯曲、切割和连接。

6）施工简单的管道避让施工难度大的管道。

7）垂直面排列管道原则。

8）无腐蚀介质管道在上（如消防水、给水），腐蚀介质管道在下。

9）气体介质管道在上（如送回风、消防排烟），液体介质（如消防水、给水）管道在下。

10）高压管道在上，低压管道在下。

11）金属管道在上，非金属管道在下。

12）不经常检修的管道在上，经常检修的管道在下。

（3）考虑机电末端空间。整个管线的布置过程中应考虑到以后送回风口、灯具、烟感探头、喷淋头等的安装，合理地布置吊顶区域机电各末端在吊顶上的分布（按末端点位图）以及电气桥架安装后布线的操作空间。同时，还要考虑到保温层厚度、施工维修所需要的间隙（50～100mm）、吊架角钢（50～160mm）、石膏板吊顶及龙骨所占空间（100mm）以及有关设备如吊柜空调机组和吊顶内灯具安装高度（管道在间隙安装不另外给高度）、装修造型等各种有关因素。

2.5 参数化设计

2.5.1 基本概念

参数化设计是指用若干参数来描述相对复杂的几何形体，通过参数控制来获得满足要求的设计结果。参数化设计本质是一种几何约束关系，设计师只要给定输入参数，其他几何元素就会通过这种约束关系由计算机自动求解生成。

在参数化设计中，主要的设计内容是函数，也就是设计逻辑。参数化设计其实是在设计函数逻辑，可以把这个函数逻辑认为是设计师的思路和逻辑。这个逻辑可能是基于力学的，也可能是基于几何的，还可能是基于环境甚至社会行为的。不管设计逻辑如何，一个完整的参数化设计过程必须包含"输入参数 – 设计逻辑 – 设计输出"这三个步骤。通过建立约束关系，原本一个具有数百万乃至无限自由度的几何对象，可以被缩减到仅剩下几个自由度。因此可以通过少数的几个输入参数来控制整体几何的输出，几何对象也就被"参数化"了。

利用参数和程序控制三维模型，比手工建模进行模糊的调整更加精确、更具逻辑性。参数化设计可以在方案和初步设计阶段快速针对一个或多个参数对建筑形体、受力状态的影响进行快速分析和优化。

建筑结构的"参数化建模"与"参数化设计"是有本质区别的。"建模"的目的在于模型的建立，是"设计"中的一个过程，"设计"的目的则是通过运用"优化"后的参数来达到设计师要求的目标。以结构设计为例，这一目标可以是刚度、应力、应变能、材料用量或者多方面的结合。总之，设计师需要有意识地选取控制参数，利用参数化模型，结合设计理念和分析工具来寻找满足设计目标的设计结果。

2.5.2 装配式建筑 BIM 技术特征

BIM 技术应用于装配式建筑设计中，具有参数化、集成化、标准化以及支持全生命周期等特性，为建筑设计与建造的一体化提供了重要的支持，使复杂多维的数字模型的建构已不成问题。建筑设计人员借助 BIM 软件平台，构造出具体的参数化模型，这种方式的构建不只是几何空间和几何形状的组合，还涵盖众多参数数据，对保障建筑设计质量，提高整体工作效率与水平有着重要的意义。

装配式构件设计，是建筑设计的一个重要环节。对于装配式钢结构建筑，通过标准化钢构件的组合，对于钢构件的设计、采购、施工、再利用具有指导意义。显然参数化技术能够将 BIM 技术与装配式钢结构紧密联系起来。

2.5.3 设计平台

建筑参数化设计是一个新兴的科目，目前并没有完全针对建筑开发的参数化设计软件。自从基于 Rhinoceros 软件的 Grasshopper 插件被开发出来之后，其基于节点可视化图形编程的特性，使得不具备编程能力的设计人员也能很快掌握这种参数化设计方式。因此 Rhinoceros + Grasshopper 很快便成为目前最为主流的建筑参数化设计平台之一。

1. Rhinoceros

（1）软件概述及建筑应用

犀牛软件（Rhinoceros）是 Robert McNeel & Assoc 公司于 1998 年 8 月正式推出的基于 PC 平台的强大 3D 造型软件，可以与 AutoCAD、SketchUp 等建筑设计软件交互使用。通过交互使用能够打造出优良的模型，人性化的操作流程也让广大的设计人员受益匪浅。犀牛软件最为重要的部分是其基于 NURBS 曲线的设计方式。NURBS 建模技术可以精确描述一条空间曲线，并通过曲线来精确描述 3D 曲面和3D 实体。简单地说 NURBS 可以理解为曲面物体的一种造型方法（图 2-3）。

（a）Rhinoceros 软件 LOGO　　　　　　（b）NURBS 曲线

图 2-3　Rhinoceros 软件

目前 Rhinoceros 已经在建筑设计行业得到广泛的应用，Zaha Hadid、Peter Cook等人都对 Rhinoceros 在建筑实践上的应用做了一些最初的尝试。国内最新的一些建筑设计方案许多也都使用到了 Rhinoceros 辅助设计。例如哈尔滨大剧院、广州歌剧院、上海中心大厦等，都是采用参数化设计手法的大型建筑（图 2-4）。

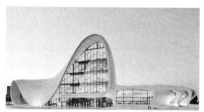

（a）北京银河 SOHO（Zaha Hadid）　　　（b）阿利耶夫文化中心（Zaha Hadid）

（c）哈尔滨大剧院（MAD）　　　　　（d）上海中心大厦（Gensler）

图 2-4　Rhinoceros 在建筑实践上的应用

（2）Rhinoceros 界面

Rhinoceros 目前有安装于 Windows 系统和安装于 MAC 系统的两种版本，可以从以下地址：https：//www.rhino3d.com/download 下载相应版本进行安装，输入从 McNeel 公司购买的 CD-Key，按照安装提示即可完成安装。

打开 Rhinoceros（以 Rhinoceros6 SR21 为例）的用户界面，可以看到如图 2-5 所示的布局。Rhinoceros6.0 的用户界面同时结合了传统 CAD 界面和 3D 建模软件的优点，非常易于上手。

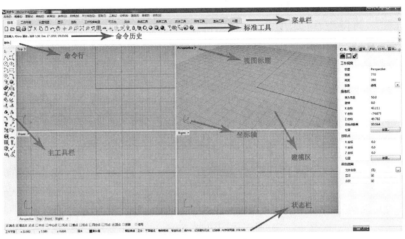

图 2-5　Rhinoceros 用户界面

Rhinoceros 的几个主要功能区的作用如下：

1）菜单栏

包含了 Rhinoceros 的绝大部分命令，并将其分类，放于不同菜单下。

2）标准工具栏

标准工具栏中集成了一系列经常使用的命令和设置，可以直接用鼠标点击图标执行命令来代替菜单选择或命令输入。

3）命令行和命令历史窗口

Rhinoceros 的所有功能都可在命令行中输入相应命令执行，命令历史窗口记录了曾经使用过的命令历史，包括使用鼠标选取的命令。

4）建模区

默认是四个视图窗口，双击某个视图标题可将其放大，再双击一次可将其还原。

5）主工具栏

主工具栏位于界面的最左边，几乎提供了用户建模时需要用到的全部建模按钮。

6）状态栏

提供坐标、长度、当前图层和辅助选项等信息。

2. Grasshopper

（1）软件概述

Grasshopper 是 Rhinoceros 的一款编程插件，为用户提供了以计算机逻辑来组织模型创建和调控的操作。它产生于参数化设计潮流下 Rhinoceros 用户对于编程功能与性能方面的需求，也极大地推动了 Rhinoceros 乃至参数化设计技术与理论的普及。

为了寻求形体设计的突破，Rhinoceros 为用户开放了脚本编写功能，其脚本称为 RhinoScript，然而脚本的编写并不简单，这就限制了其强大计算功能的发挥。为了解决这一问题，Robert McNeel & Assoc 公司开发了一款名为"Grasshopper"的可视化节点式的编程插件。

简单地说 Grasshopper 可以将 Rhinoceros 建模的整个逻辑过程"切碎"，让用户自己拼装并将这一过程连接起来使其成为一个整体，但又不像 RhinoScript 那样需要用户掌握 VB 语言，它把编程语言变成可见的集成块，让用户像组装积木一样组装编程语言，这对于建筑师来说无疑是非常适用的。

通过这个过程 Grasshopper 就将我们搭建的模型通过在建模过程中的一些参数联系在一起，通过改变参数来调整模型的各种属性。并且根据建筑师控制的需要，可以随时优化程序，加入更多的参数。现在的版本已经支持逆向操作，更加方便对程序的修改。在大量使用之后，可以将自己的程序保存起来，并随时调用，用以往的经验应对新鲜的问题（图 2-6）。

（2）安装及运行 Grasshopper

在 Rhinoceros6 之前的版本，Grasshopper 需要用户在安装 Rhinoceros 之后再自行安装。在 Rhinoceros6 之后的版本软件已包含嵌入 Grasshopper，一次安装即可。

运行 Grasshopper 的过程相当方便，如图 2-7 所示，在 Rhinoceros 的命令栏中输入"Grasshopper"，然后回车，就能启动 Grasshopper。

图 2-6　Grasshopper 插件

图 2-7　Grasshopper 插件启动

总而言之，Rhinoceros ＋ Grasshopper 参数化工具的应用，不仅使一些非线性的设计成果成为可能，更极大地提高了设计工作的效率，因此，设计师可以更高效地把时间和注意力聚焦到设计本身，从而真正地提高了设计思维能力，也提高了生产力。

（3）Grasshopper 界面总览

启动 Grasshopper 后，其操作界面会在 Rhinoceros 窗口中出现，但独立于 Rhinoceros 界面，可自由进行位移、大小变化等常规窗口视图工作。图 2-8 对 Grasshopper 的主要界面的各部分进行介绍。

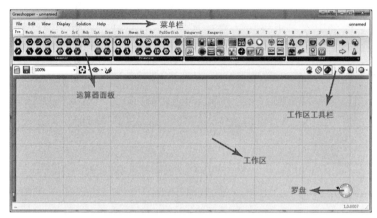

图 2-8　Grasshopper 用户界面

1）主菜单栏

同样采用了 Windows 经典的菜单栏模式，其操作也与 Windows 典型的菜单栏相同。

2）运算器面板

在运算器面板里，所有运算器处理对象的种类分为若干大类别，再按各自具体的功能分属到大类别下的子类别中，可添加用户自定义的插件集。

3）工作区工具栏

工作区工具栏提供了常用功能的快捷方式，这一工具栏中的所有功能在菜单栏中也可以运用。

4）工作区

这个区域是 Grasshopper 中各个要素进行操作的区域，它涉及 Grasshopper 绝大部分的功能。

5）罗盘

工作区里的所有内容都在罗盘中对应一个箭头，从罗盘的圆心指向对应的对象，通过罗盘可以了解工作区的内容分布情况，也能方便地进行查找。

2.5.4　设计方法

经过实践的研究积累，应用参数化技术处理复杂建筑结构的常用设计技法可以归纳为两个方面。

1. 点、线、面的控制

在复杂学科理论的指导下，以及高速发展的信息数字技术的支持下，使得设计结果具有复杂性、多解性、流动性等特点，加之 Zaha Hadid、Frank Gehry 等知名设计师在曲面建筑上的探索，曲面形式也逐渐成为越来越多建筑师的选择，并成为一种当下流行的美学范式。

Rhinoceros 中有四种基本对象：点、曲线、曲面和多边形网格（图 2-9）。其中，前三者属于 NURBS 对象，多边形网格属于 Polygon 对象。在这四种基本对象的基础上可以得到点云、直线、多义线、多重曲面、实体以及多重网格。在 Rhinoceros 中进行建模造型的核心对象是 NURBS 曲面。

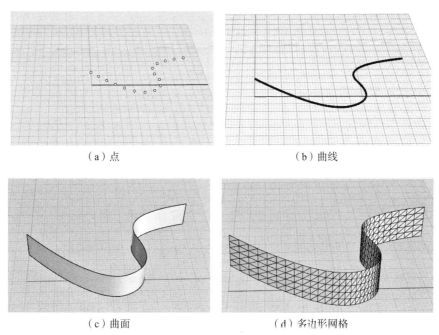

（a）点　　　　　　　　　　　　　　　（b）曲线

（c）曲面　　　　　　　　　　　（d）多边形网格

图 2-9　Rhinoceros 中的四种基本对象

从曲面形式构件的角度来说，任何复杂曲面都可以理解为"点－线－面"这一构形逻辑的产物，即通过点的连接产生线，再通过线带动面的调整，只要我们可以控制面的变化，就可以控制体的变化，同时控制了线就控制了由线放样的构件，这就控制了结构构件的变化。参数化一个最大的特点就是关联，它像一根线一样，把所有形体的内在逻辑联系起来，具体来说就是一个形体的基本构成元素或控制元素来源于上一个形体的某个元素。那么一个非常复杂的形态，追溯到源头甚至是一个点或者几条曲线。

这种点线控制曲面的方法是一种控制非线性问题的通用方法，无论在 Grasshopper 参数化平台上还是在其他软件上，其根本原因是这些软件都应用 NURBS 来描绘曲线和曲面，而 NURBS 的基本构成参数就是控制点、结点和权重，这是这种技法的核心原理。

具体工程项目中，总是存在一些参数的限制。因此，参数化设计的过程就成了有约束条件的求目标优解的设计过程。

2. 相同拓扑关系的形体阵列

在建筑设计中，相同的构件非常多，比如建筑材质砖和金属板；比如外墙的窗户和遮阳；比如幕墙系统和钢结构骨架等。在简单的建筑形体中，它们表现出的关系是大部分一致的：尺寸一致，角度一致，这种情况就很好处理。对于复杂的建筑形体问题就出现了，比如非线性的形体，窗户的角度要随着外表皮曲面的变化而改变方向和角度，再比如钢结构骨架的大小要随着形体的变化改变尺寸。但是它们虽然在改变，其拓扑关系却没有改变，只是一种形体的放大、缩小、扭转、折叠等的变化。那么参数化的特点正适合解决这样的问题，规定了形体的规则，其拓扑变化可以按照一定的规则让计算机来完成。

2.5.5 京东智慧城篮球馆案例

下文将以京东智慧城篮球馆为例进行结构建模，详细演示这个建模过程，并输出计算文件。

1. 项目概述

京东智慧城项目位于江苏省宿迁市宿豫区，地处宿迁电子商业产业园区，主要建设客服中心、研发平台、双创平台等载体，是京东集团打造功能完善的电子商务产业体系的重要组成部分（图 2-10）。

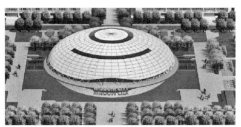

（a）整体 （b）篮球馆

图 2-10 京东智慧城项目效果图

其生活配套篮球馆位于建筑群中央位置，三面临水，屋盖为单层钢网壳结构。网壳平面投影近似椭圆，网壳长轴 80.8m，短轴 58.4m，高度为 18m。

本项目利用参数化软件 Rhinoceros ＋ Grasshopper 实现结构模型的生成，Rhinoceros 采用版本为 Rhinoceros6 SR21。

2. 参数化形体的生成

图 2-11 所示为建筑专业提资的平面及立面图纸，构成了该篮球馆的整体轮廓造型，相关文件位于 "model\ 篮球馆" 目录下。建模思路从建筑主体出发，通过建筑平面、立面提取建筑轮廓线，基于此来确定结构表皮的生成。

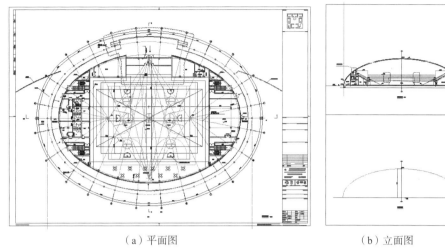

（a）平面图　　　　　　　　　　　（b）立面图

图 2-11　项目 CAD 图纸

（1）在 Rhinoceros 中 TOP 视图下，打开提资 dwg 文件（图 2-12）。

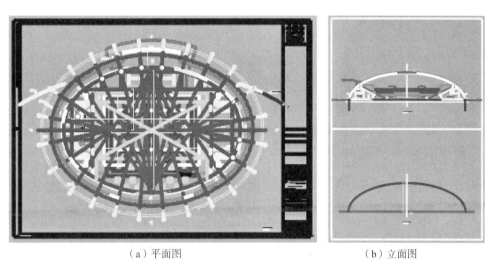

（a）平面图　　　　　　　　　　　（b）立面图

图 2-12　导入 DWG 文件后的 TOP 视图

（2）按住"Shift"键，连续选中轮廓曲线，输入隔离命令"Isolate"或单击"🖌"仅显示选中的轮廓曲线（图 2-13）。

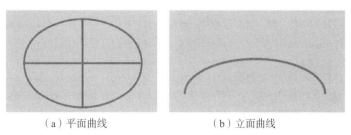

（a）平面曲线　　　　　　　　　（b）立面曲线

图 2-13　轮廓曲线

（3）移动轮廓曲线，输入命令"Move"，移动的起点为平面轮廓曲线交点，移动的终点为原点（0，0，0），并将立面轮廓曲线移动到相应位置（图2-14）。

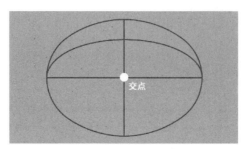

图2-14　移动立面轮廓曲线

（4）切换到视图"Perspective"，输入命令"Rotate3D"旋转立面轮廓曲线，设置旋转轴为X轴，旋转角度为90°（图2-15）。

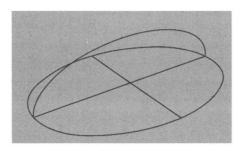

图2-15　旋转立面轮廓曲线

（5）为便于区分，将曲线赋予不同的属性颜色，如图2-16所示，黄色为模型立面轮廓曲线，红色为平面轮廓曲线，黑色的两条直线分别为网壳平面的长轴及短轴线。

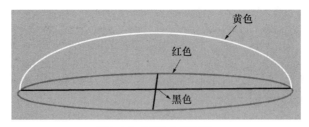

图2-16　更换曲线颜色

（6）分割平面轮廓曲线，选中平面轮廓曲线，输入"Split"命令或单击"　"，切割用物件选择短轴曲线。

（7）在Rhinoceros中利用菜单"曲面"—"沿着路径旋转"功能实现曲面的生成，对应Rhinoceros Script为"RailRevolve"，其参数设置：轮廓曲线选择图2-17中青色部分曲线，路径曲线选择立面轮廓黄色曲线，旋转轴则为短轴曲线。

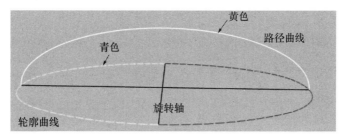

图 2-17　曲面生成

在 Grasshopper 中，"Rail Revolution"电池也可以实现以上相同功能，设定与以上相同的参数，拟合出表皮曲面（图 2-18）。

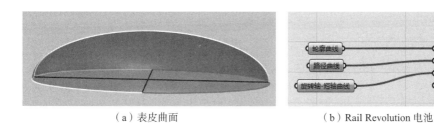

（a）表皮曲面　　　　　　　　　　　　　（b）Rail Revolution 电池

图 2-18　Grasshopper 生成表皮曲面

（8）Rhinoceros 中生成表皮曲面后，采用 Rhinoceros 曲面分析功能，输入"Zebra"命令，对曲面进行斑马纹分析，从分析结果可见，斑马纹路衔接流畅，至此参数化形体表皮生成（图 2-19）。

（a）表皮曲面　　　　　　　　　　　　　（b）曲面斑马纹分析

图 2-19　曲面斑马纹分析

3. 网格化处理

结构构件的设计都是基于网格结构进行的，合理的网格结构需要充分考虑建筑美学要求、结构受力特点和经济性能。

为适应复杂建筑造型方案调整和设计变化的需要，在项目网格划分过程中引入参数化技术，通过编写网格划分参数化程序，可高效地进行多种形式的网格划分、结构杆件布置，从而提高设计效率。

经过方案比选，采用单层网壳结构，网格形式采用凯威特 - 联方型。

凯威特 - 联方型单层网壳是由凯威特型和联方型网格混合而成的结构体系，近年来已成为大跨度空间结构领域的研究热点之一。一般上部为凯威特型，下部为联方型，这种结构形式克服了联方型中间网格尺寸过于密集，施工不便的缺点，并继承了凯威特型结构形式网格大小均匀，内力分布均匀的优点，因此这种杂合结构兼具结构形式美观、受力合理的特点。

本模型网格划分的具体思路是：建立本模型的水平环向曲线，利用切割平面将水平环向曲线划分在各个扇形区域内，在各个扇形区域内进行凯威特和联方的具体划分。

（1）水平环向曲线

无论是凯威特网格还是联方网格，作为划分网格的基础曲线，首先需要获取水平环向曲线（图 2-20）。

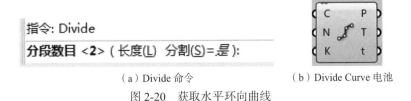

（a）Divide 命令　　　　　　　　（b）Divide Curve 电池

图 2-20　获取水平环向曲线

1）选取立面轮廓曲线的一半，在 Rhinoceros 中利用"Divide"命令。

2）在 Grasshopper 中选取该轮廓线，使用"Divide Curve"电池等距离切分立面轮廓曲线。

3）利用等分点建立水平面，应用"Brep|Plane"电池求得与表皮曲面的相交曲线，即为水平环向线，如图 2-21（a）所示，为 16 等分轮廓曲线求得的水平环向曲线，建立的电池图如图 2-21（b）所示。

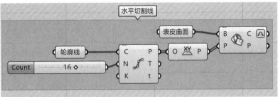

（a）水平环向曲线　　　　　　　　（b）建立水平环向曲线电池

图 2-21　求得水平环向曲线

（2）切割面切分

分析本模型京东篮球馆的表皮形态，网格形式采用 K6 型，即将表皮划分为 6 个扇形区域进行网格划分。

1）如图 2-22 所示，在平面长轴位置上建立 XZ 平面，并绕 Z 轴顺时针及逆时针各旋转角度 0.3π，用这三个切割面与表皮曲面相交，从而获得实现 K6 型的切割曲线。Grasshopper 中实现主要需要的电池有旋转电池"Rotate"以及相交功能模块下的"Brep|Plane"电池。

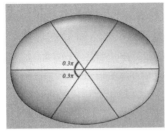

（a）K6 网格划分

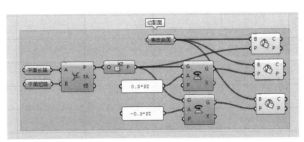

（b）建立切割曲线电池

图 2-22　生成切割曲线

2）将水平环向曲线及 K6 型切分曲线 Bake 至 Rhinoceros 中，在 Rhinoceros 中使用分割命令"Split"将水平环向曲线进行分割。

本模型中，水平环向曲线共分为 16 环，设定上层 12 环使用凯威特网格，下层 4 环使用联方型网格。分割后各扇形区域内环向曲线如图 2-23 所示。

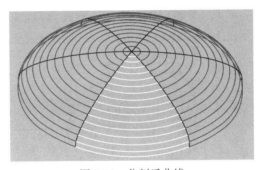

图 2-23　分割后曲线

（3）凯威特网格

1）分析凯威特网格特点可知，在每个扇形区域内，由内向外，每环分割频数增加 1，分割频数形成差为 1 的等差数列。Grasshopper 中实现等差数列相应电池为"Series"，设置其首项"Start"为 1，步长为 1，数目则为环向曲线的环数，如图 2-24（a）所示。

2）各环向曲线根据其分割频数可获得网格点，基于网格点，构件网格面及杆件，杆件由环向杆件及斜向杆件组成，如图 2-24（b）所示为实现凯威特网格的电池流程图。

（a）Series 电池

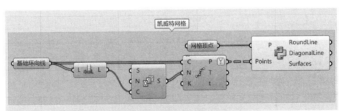

（b）凯威特网格电池流程图

图 2-24　生成凯威特网格

3）以上电池流程图中，输入端提供上层 12 个环向曲线，并提供该网格顶端顶点，使用 Python 开发包自编程序进行网格面及杆件的构建，输出端分别输出环向杆件 RoundLine、斜杆 DiagonalLine 及网格面 Surfaces，程序实现代码如下。

```
import math
from Grasshopper import DataTree
from Rhino.Geometry import Point3d, Line
import ghpythonlib.components as ghcomp   #蒙皮

Nx=Points.BranchCount   #环杆圈数
RoundLine=[]   #环向杆件
DiagonalLine=[]   #斜向杆件
Surfaces=[]   #网格面

#首层
#网格面
Surfaces.append(ghcomp.x4PointSurface(P,Points.Branch(0)[0],Points.Branch(0)
[1]))
#斜向杆件
DiagonalLine.append(Line(P,Points.Branch(0)[0]))
DiagonalLine.append(Line(P,Points.Branch(0)[1]))
#环向杆件
RoundLine.append(Line(Points.Branch(0)[0],Points.Branch(0)[1]))

#二层以下
for i in range(0,Nx-1):
    for m in range(0,len(Points.Branch(i))):
        #网格面
        Surfaces.append(ghcomp.x4PointSurface(Points.Branch(i)[m],Points.Branch
(i+1)[m],Points.Branch  (i+1)[m+1]))
        #斜向杆件
        DiagonalLine.append(Line(Points.Branch(i)[m],Points.Branch(i+1)[m+1]))
        DiagonalLine.append(Line(Points.Branch(i)[m],Points.Branch(i+1)[m]))
        #环向杆件
        RoundLine.append(Line(Points.Branch(i+1)[m],Points.Branch(i+1)[m+1]))
    for q in range(0,len(Points.Branch(i))-1):
        Surfaces.append(ghcomp.x4PointSurface(Points.Branch(i)[q],Points.Branch
(i+1)[q+1],Points.Branch  (i)[q+1]))
```

4）基于以上电池流程图，各扇形区域内凯威特网格划分结果如图 2-25 所示。

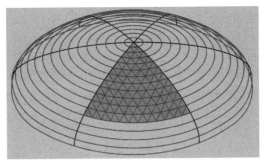

图 2-25　凯威特网格划分结果

（4）联方网格

1）在下层四环采用联方形式进行网格划分。各扇形区域内，联方网格形式为每环网格面数目相同，分割频数设为上一环凯威特网格的分割频数，取 12。

2）本模型联方网格采用的网格点选取方式如图 2-26 所示，奇数环以分割频数获取网格点，偶数环则以分割频数的两倍进行分割，间隔选取分割点作为网格点，同时需要加上两端边缘位置点作为网格点。

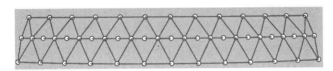

图 2-26　联方网格点

3）为实现以上方式选定网格点，本项目采用自编写 Python 脚本，输入端选择水平环向曲线以及分割频数，由以上分析为 12，输出网格点为 DataTree[Point3d] 数据类型，详细实现过程见图 2-27，编写代码如下所示。

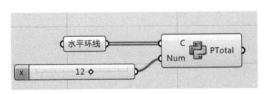

图 2-27　Python 脚本选定网格点

```
import math
from Grasshopper.Kernel.Data import GH_Path
from Grasshopper import DataTree
from Rhino.Geometry import Point3d, Line
import ghpythonlib.components as ghcomp

Nx=len(C)#环数
n=int(Num)
```

```
●  PTotal=DataTree[Point3d]()
●
●  for i in range(0,Nx):
     ●  #奇数环
     ●  if(i % 2) == 0:
          ●  PTotal.AddRange(ghcomp.DivideCurve(C[i],n,False)[0],GH_Path(i))
     ●  else:
          ●  #偶数环
          ●  PT=ghcomp.DivideCurve(C[i],n*2,False)[0]
          ●  pts=[]
          ●  pts.append(PT[0])#边缘点
          ●  m=1
          ●  #间隔取点
          ●  while(m<n*2):
               ●  pts.append(PT[m])
               ●  m=m+2
               ●  pts.append(PT[n*2])#边缘点
               ●  PTotal.AddRange(pts,GH_Path(i))
```

4）基于生成的网格点进行网格面及杆件的构建，以线段连接每环的网格点即可构建环向杆件，利用"PolyLine"电池实现（图 2-28）。

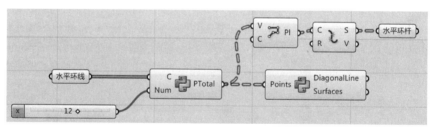

图 2-28　构建环向杆件

5）与凯威特网格实现过程相似，联方网格依然采用自编程序实现构建过程，划分结果如图 2-29 所示，附联方网格实现划分代码。

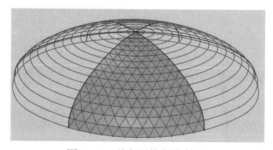

图 2-29　联方网格划分结果

```python
import math
from Grasshopper import DataTree
from Rhino.Geometry import Point3d, Line
import ghpythonlib.components as ghcomp    #蒙皮

Nx=Points.BranchCount    #环杆圈数
DiagonalLine=[]#斜向杆件
Surfaces=[] #网格面

#奇数层
for i in range(0,Nx-1,2):
    ps=len(Points.Branch(i))
    for m in range(0,ps-1):
        Surfaces.append(ghcomp.x4PointSurface(Points.Branch(i)[m],Points.Branch
(i)[m+1],Points.Branch(i+1)[m+1]))
        Surfaces.append(ghcomp.x4PointSurface(Points.Branch(i)[m],Points.Branch
(i+1)[m],Points.Branch(i+1)[m+1]))
        DiagonalLine.append(Line(Points.Branch(i)[m],Points.Branch(i+1)[m+1]))
        DiagonalLine.append(Line(Points.Branch(i)[m],Points.Branch(i+1)[m]))

    #添加边缘位置
    Surfaces.append(ghcomp.x4PointSurface(Points.Branch(i)[ps-1],Points.Branch
(i+1)[ps-1],Points.Branch(i+1)[ps]))
    DiagonalLine.append(Line(Points.Branch(i)[ps-1],Points.Branch(i+1)[ps-1]))
    DiagonalLine.append(Line(Points.Branch(i)[ps-1],Points.Branch(i+1)[ps]))

#偶数层
for j in range(1,Nx-1,2):
    ps=len(Points.Branch(j))
    for q in range(0,ps-2):
        Surfaces.append(ghcomp.x4PointSurface(Points.Branch(j)[q],Points.Branch
(j)[q+1],Points.Branch(j+1)[q]))
        Surfaces.append(ghcomp.x4PointSurface(Points.Branch(j+1)[q],Points.Branch
(j+1)[q+1],Points.Branch(j)[q+1]))
        DiagonalLine.append(Line(Points.Branch(j)[q],Points.Branch(j+1)[q]))
        DiagonalLine.append(Line(Points.Branch(j)[q+1],Points.Branch(j+1)[q]))

    #添加边缘位置
    Surfaces.append(ghcomp.x4PointSurface(Points.Branch(j)[ps-2],Points.Branch
(j)[ps-1],Points.Branch (j+1)[ps-2]))
    DiagonalLine.append(Line(Points.Branch(j)[ps-1],Points.Branch(j+1)[ps-2]))
    DiagonalLine.append(Line(Points.Branch(j)[ps-2],Points.Branch(j+1)[ps-2]))
```

4. 模型输出

经过以上表皮形体生成及网格化步骤处理后，具有网格面和杆件的参数化模型至此构建完成（图 2-30）。

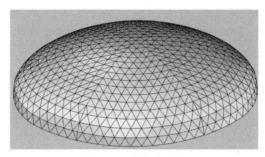

图 2-30　参数化模型

参数化模型需导入设计软件赋予结构特性方可进行结构分析，本项目采用 Grasshopper 平台通过 Python 编写转换 Midas Gen 设计软件的数据接口，可将建筑模型高效率转换为结构模型，提高设计效率。

该数据接口实现思路为用 Grasshopper 对线单元以及网格进行封装，同时赋予材料及截面属性，生成 mgt 文本可供 Midas 导入进行计算（图 2-31）。

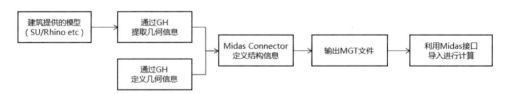

图 2-31　Midas 数据接口实现流程图

MGT 文本基本组成：

1）文件基础信息；

2）点数据（编号、坐标）；

3）杆件数据（杆件编号、首末端点编号、截面编号、材料编号）；

4）面单元数据（面单元编号、构成面顶点编号、截面编号、材料编号）；

5）材料属性列表；

6）截面属性列表。

（1）获取点数据

通过获取所有网格顶点及杆件单元的首末点即可获得点的集合。网格顶点通过 Grasshopper 中 Mesh 模块 "Deconstruct Mesh" 电池得到，杆件单元的首末点通过 Curve 模块 "End Points" 电池得到，将所有的点应用 "Merge" 电池建立一个点集合（图 2-32）。

为使杆件可具有不同截面类型，在输入杆件时通过 "Entwine" 电池将不同类型的杆件加以区分。

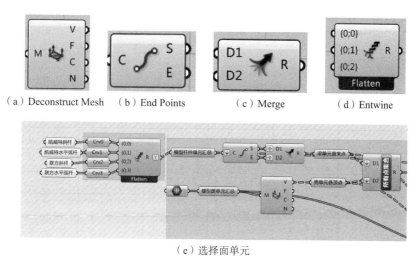

（a）Deconstruct Mesh （b）End Points （c）Merge （d）Entwine

（e）选择面单元

图 2-32　获取点数据

（2）编号

这里的点编号包含点编号、杆件单元首末点编号以及面单元顶点编号。

1）使用 Sets 模块的"Create Set"电池，该电池输出项有两项，S 端即 Sets，输出点集合，且该集合内每一项都唯一。M 端即 Maps，显示输入项中的每一个元素在集合中出现的地址索引位置（图 2-33）。

图 2-33　点编号索引

2）目前，输出端 M 输出数据将包含了所有杆件单元首末点和壳单元各顶点编号的信息组成一个数列 list，这里通过"Patition"电池将这个数列区分，区分开仅属于某一个杆件或某一个面单元的编号信息。区分条件设置为梁单元端点数目及壳单元顶点的数目（图 2-34）。

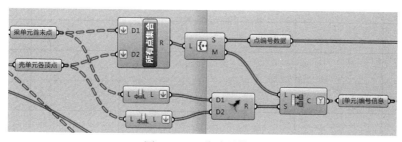

图 2-34　区分编号信息

3）单元编号信息包括梁单元和面单元，梁单元端点数目为2，本模型中所有面单元的顶点数目为3，利用点数量的差异可对单元编号信息数据进行梁单元和面单元的区分。利用 Math 模块中的"Smaller than"电池与数目2进行判断，由此可分别得到梁单元与面单元的编号数据（图2-35）。

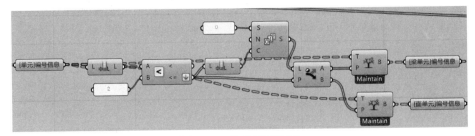

图 2-35　得到编号数据

由图 2-36 可清晰地看出各梁单元及面单元编号信息的数据结构，每一个编号都代表点编号数据中相对应的点。

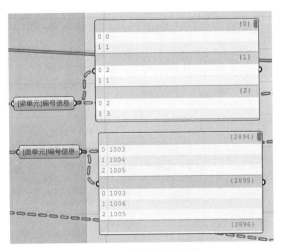

图 2-36　编号数据结构

（3）定义截面

截面模块分两部分，建立截面属性列表和对单元分配截面。

1）建立截面属性列表，由以上可知，本模型构建的截面类型数目为5，分为凯威特斜杆、凯威特水平弧杆、联方斜杆、联方水平弧杆的截面类型及面单元。

MGT 文本中截面属性的语法如图2-37所示，根据实际情况进行设置。

图 2-37　截面属性语法

2）对单元分配截面，以"Series"电池建立编号，分别代表截面属性列表中的各个截面类型。如凯威特斜杆截面编号为1，有360个，凯威特水平弧杆截面编号为2，有278个，输出的截面信息列表中则有360个1和278个2。

需要用到的电池主要有生成重复数据电池"Repeat Data"，求和电池"Mass Addition"，求和电池用来求得杆件单元的数目总和，并利用"Patition"电池进行分配列表的区分，从而分别求得梁单元及面单元的截面信息（图2-38）。

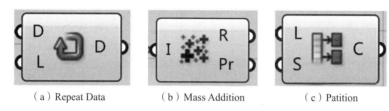

（a）Repeat Data （b）Mass Addition （c）Patition

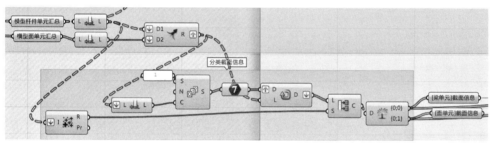

（d）电池流程图

图2-38　对单元进行截面的分配

（4）定义材料

与截面模块实现步骤相同，建立材料属性列表和对单元分配材料。MGT文本中材料属性的语法如图2-39所示。

图2-39　材料属性语法

（5）存储MGT文件

最终模型的输出需要编写MGT文本，导入MGT文件方可进行结构计算。文本编写利用Python脚本实现，上文内容已获得全部的输入信息，定义文本保存路径，文件名称及版本号。

利用"Boolean"电池控制文本的生成（图2-40）。

在Midas Gen中导入生成的MGT文件，导入后的计算模型如图2-41所示。

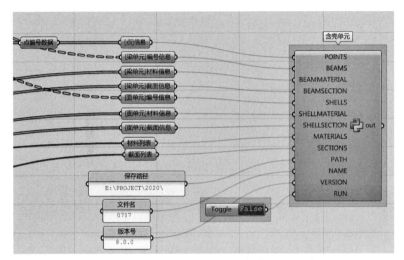

图 2-40　利用 "Boolean" 电池控制文本生成

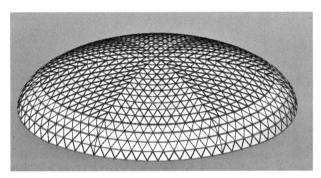

图 2-41　导入后的计算模型

生成 MGT 文本的实现代码：

```
●    import Rhinoceros as rc
●    import re
●
●    #写入文本信息
●    GH2MIDAS = open (PATH + NAME + '-GH2MIDAS-' + VERSION + '.mgt','w')
●    GH2MIDAS.write('*VERSION' + '\n' + VERSION + '\n' + '*UNIT' + '\n' + 'KN , M ,
KJ , C ' + '\n' + '*PROJINFO' + '\n' + 'USER=Microsoft' + '\n' + 'ADDRESS=Microsoft'
+ '\n' + '*REBAR-MATL-CODE' + '\n' + 'GB10(RC), HRB400, GB10(RC), HRB400' + '\n')
●    GH2MIDAS.close()
●
●    #写入点数据
●    def export_points(thepoints):
    ●    GH2MIDAS = open (PATH + NAME + '-GH2MIDAS-' + VERSION + '.mgt','a')
    ●    GH2MIDAS.write('*NODE' + '\n')
```

```
    #print len(thepoints)
    the_point_num = 1
    for item in thepoints:
        GH2MIDAS.write(`the_point_num` + ',' + `item.X` + ',' + `item.Y`+ ','
+ `item.Z` + '\n')
        the_point_num += 1
    GH2MIDAS.close()


#写入梁单元数据
def export_beams(thebeams,thematerial,thesection):
    GH2MIDAS = open (PATH +  NAME + '-GH2MIDAS-' + VERSION + '.mgt','a')
    GH2MIDAS.write('*ELEMENT' + '\n')
    branch_n = thebeams.BranchCount
    for item in range(0 , branch_n):
        GH2MIDAS.write(`item + 1` + ',' 'BEAM,' + `thematerial[item]` + ',' + `
thesection[item]` + ',' + `thebeams.Branch(item)[0] + 1` + ',' + `thebeams.
Branch(item)[1] + 1` + ',' +  '0' +'\n')
    GH2MIDAS.close()


#写入面单元数据
def export_shells(theshells,thematerial,thesection):
    GH2MIDAS = open (PATH +  NAME + '-GH2MIDAS-' + VERSION + '.mgt','a')
    #GH2MIDAS.write('*ELEMENT' + '\n')
    branch_n = theshells.BranchCount
    for item in range(0 , branch_n):
        shellpaths = str(theshells.Paths[item])
        shellsitem = re.sub('{|}','',shellpaths)
            GH2MIDAS.write(shellsitem + ',' + 'PLATE,' + `thematerial[item]` +
        ',' + `thesection[item]` + ',' + `theshells.Branch(item)[0] + 1` + ','
        + `theshells.Branch(item)[1] + 1` + ',' + `theshells.Branch(item)[2]
        + 1` + ', 0 ,' + '3' +'\n')
GH2MIDAS.close()


#写入材料数据
def export_material(material):
    GH2MIDAS = open (PATH +  NAME + '-GH2MIDAS-' + VERSION + '.mgt','a')
    GH2MIDAS.write('*MATERIAL' + '\n')
    list_n = material.Count
    for item in range(0,list_n):
        GH2MIDAS.write(`item + 1` + ',' + material[item] + '\n')
    GH2MIDAS.close()
```

```
#写入截面数据
def export_section(section):
    GH2MIDAS = open (PATH +  NAME + '-GH2MIDAS-' + VERSION + '.mgt','a')
    GH2MIDAS.write('*SECTION' + '\n')
    list_n = section.Count
    for item in range(0,list_n):
        GH2MIDAS.write(`item + 1` + ',' + section[item] + '\n')
    GH2MIDAS.close()
#通过 Boolean 执行
if str(RUN) == 'True':

    #export the points data to the txt.
    if POINTS != []:
        export_points(POINTS)
        print 'Points data export successfully!'
    else:
        print 'Warning! No points data!'

        #export the beams data to the txt.
    if str(BEAMS) != 'empty tree':
        export_beams(BEAMS,BEAMMATERIAL,BEAMSECTION)
        print 'Beams data export successfully!'
    else:
        print 'Warning! No beams data!'

    #export the shells data to the txt.
    if str(SHELLS) != 'empty tree':
        export_shells(SHELLS,SHELLMATERIAL,SHELLSECTION)
        print 'Shells data export successfully!'
    else:
        print 'Warning! No shells data!'
    #export the materials data to the txt.
    if MATERIALS != []:
        export_material(MATERIALS)
        print 'Materials data export successfully!'
    else:
        print 'Warning! No materials data!'

    #export the materials data to the txt.
    if SECTIONS != []:
        export_section(SECTIONS)
        print 'Sections data export successfully!'
```

```
●  else:
    ●    print 'Warning! No sections data!'

    ●  print 'the data has exported to ' + `PATH`
●  else:
    ●  print 'Double Click the Button to Run!'
```

2.5.6 参数化技术的优势

在实践应用参数化技术的过程中，参数化设计带给工程师、带给建筑工程设计过程的影响是多方面的。

首先是高效的成果表现。一旦形体的规则被确定下来，它的生成法则也就被计算机自动地计算出来，并且生成形体的过程是计算机自动完成的，不用设计师亲自去进行运算。一方面对于处理复杂的形体，它把具体的形体描述变成了抽象的逻辑表述，使设计师处理这方面问题更加方便。另一方面使得方案成型的速度变得很快。对于一个和多个形体的生成时间，在计算机看来几乎是相同的。在同一个形体逻辑下，高速地生成不同的结果，为设计师进行多方案比较带来无穷尽的可能性。

其次是高效的设计调整能力。一方面，对于设计前期，信息的分析不是非常全面和完整，信息也不是十分的稳定。对于增加的、减少的甚至是改变的设计信息，参数化设计要做的是适当的改变规则。对于传统设计很多情况就是要推倒重新来过，通过参数化设计调整方案的效率大大提高。另一方面，不同专业之间的信息交换也会带来大量的方案调整，快速的调整使得交流更加流畅、高效。

2.6 本章小结

本章主要规定了初步设计阶段的 BIM 应用方法，包括初步设计建模、问题核查、管线综合、参数化设计等。初步设计阶段一般情况下是项目 BIM 技术应用的第一个阶段，需要制定相关 BIM 应用标准来统筹、协调后面的相关阶段。

第3章 施工图设计

本章为项目 BIM 技术应用的第二阶段，也是设计阶段的最后一步。区别于初步设计阶段，此阶段的 BIM 模型深度更深，相应的建模要求更高，专业人员之间的协同更为紧密、成果输出内容更为丰富。此阶段 BIM 输出的内容需要与下阶段深化设计的 BIM 单位进行模型的交底与衔接，以便于模型在不同单位之间进行有效的传递。

3.1 基础应用

施工图设计作为建筑设计的重要阶段，是项目设计施工的过渡阶段。施工图 BIM 应用是对初步设计阶段 BIM 应用的进一步深化。其与初步设计阶段的 BIM 应用的区别在于，模型深度更深，各专业配合过程更紧密。

建立施工图设计阶段模型：

（1）交付物类别

应具备：建筑信息模型、工程图纸、项目需求书、建筑信息模型执行计划、建筑指标表、模型工程量清单。

宜具备：属性信息表。

（2）方案精细度

模型等级：LOD300。

阶段用途：建筑工程施工许可、施工准备、施工招标投标计划、工程预算（表 3-1）。

施工图设计阶段模型精度等级表 表 3-1

专业	内容	几何信息	非几何信息
建筑	基本信息	—	项目名称、建设地点、建设阶段、业主信息
	技术经济指标	—	建筑总面积、占地总面积、建筑层数、建筑高度、建筑等级、容积率并细化以上基础数据
	建筑类别与等级	—	防火类别、防火等级、人防类别等级、防水防潮等级
	特殊建筑（异形建筑）	建筑造型	必要的建筑构造信息

专业	内容		几何信息	非几何信息
建筑	宜具备信息		无	其他建设参与方信息 建筑功能和工艺等特殊要求：声学、建筑防护等
	场地		用地红线、高程、正北坐标、地形表面、建筑地坪、场地道路等	基准坐标、基准高程地理区位、水文地质、气候条件等
	建筑功能区划分		主体建筑、停车场、广场、绿地	建筑总面积、占地面积
	建筑空间划分		主要房间、出入口、垂直与水平交通等	—
	建筑主体		外观形状、位置	建筑层数、建筑高度、建筑等级、容积率等
	主要建筑构造部件	非承重墙	深化尺寸、定位信息	材质、材料信息、技术参数和性能（防火、防护、保温） 材料信息宜具备：施工或安装信息
		幕墙	嵌板形状、分隔定位	
		门窗	深化尺寸、定位信息	
		屋顶		
		阳台		
		雨篷		
		台阶		
		楼梯		
		电梯（自动扶梯）		
	其他建筑构件	天窗	基本尺寸、位置 宜具备：精确尺寸与位置	本阶段不需填写非几何信息
		地沟		
		坡道		
		散水		
		遮阳构件		
		出屋面管井		
		其他功能性构件		
	建筑设备和固定家具等	卫生器具	基本尺寸、位置 宜具备：精确尺寸与位置	宜具备：设备选型
	建筑装饰构件	装饰墙	基本尺寸、近似形状、位置 宜具备：精确尺寸与位置	宜具备：做法信息
		柱		
		板		
		线脚		
		其他装饰功能性构件		

专业	内容		几何信息	非几何信息
建筑	大型设备吊装孔及施工预留孔洞		基本尺寸（近似形状）、位置 宜具备：精确尺寸与位置	本阶段不需填写非几何信息
结构	基本信息		—	使用年限、抗震设防烈度、抗震等级、设计地震分组、场地类别、结构安全等级、结构体系
	结构设计说明		—	结构材料种类、规格、组成、物理力学性能；防火、防腐信息；对采用新技术、新材料的做法说明及构造要求，如耐久性要求、保护层厚度等
	结构荷载信息		—	风荷载、雪荷载、温度荷载、楼面恒活荷载
	结构初步模型		结构层数、结构高度	—
	主体结构构件	结构梁	深化尺寸、定位信息 宜具备：精确尺寸与位置	构件材质、强度等级 宜具备：结构施工或构件安装要求
		结构板		
		结构柱		
		结构墙		
		水平及竖向支撑		
	基础	桩	类型、深化尺寸、定位信息	
		筏板		
		独立基础		
	钢结构	复杂节点	深化尺寸、定位信息	钢材强度等级 宜具备：结构施工或构件安装要求
	其他 （宜具备）	构件预留孔洞	精确尺寸与位置	宜具备：结构施工或构件安装要求
		楼梯	深化尺寸、定位信息	
		坡道		
		排水沟		
		集水坑		
		预埋件	位置	
	主要结构洞口		尺寸、定位	—
给水排水	系统信息		—	系统形式、主要配置信息、选用类型及参数、水质、水量、水压 宜具备：选型、施工工艺或安装要求
	主要机房		占位几何尺寸、定位	—

续表

专业	内容		几何信息	非几何信息
给水排水	主要设备	泵	深化尺寸、定位信息 宜具备：精确尺寸与位置	主要性能数据、规格信息 宜具备：选型、施工工艺或安装要求
		锅炉		
		冷冻机		
		换热设备		
		水箱水池		
	主要干管	给水排水干管	深化尺寸、定位信息（比如管径、埋设深度或敷设标高、管道坡度） 宜具备：精确尺寸与位置	管材信息、设计参数（流量、水压等）、接口形式、规格、型号；系统施工要求、设备安装要求、管道敷设方式等 宜具备：选型、施工工艺或安装要求
		消防干管		
	管件	弯头	基本尺寸、位置	
		三通等		
	支管	给水排水支管	基本尺寸、位置	
		消防支管		
	管道末端设备	喷头等	粗略尺寸、形状、位置	—
	固定支架		粗略尺寸、形状、位置	
	主要附件	阀门	粗略尺寸、形状、位置	设计参数、材料属性等 宜具备：选型、施工工艺或安装要求
		计量表等		
	主要构筑物	水井表	粗略尺寸、位置	—
		检查井		
暖通	系统信息		—	选用类型及参数 冷负荷、热负荷、风量、空调冷热水量、系统形式、主要配置信息、工作参数要求等 宜具备：选型、施工工艺或安装要求
	主要机房		占位几何尺寸、定位	—
	主要设备	冷水机组	深化尺寸、定位信息 宜具备：精确尺寸与位置	主要性能数据、规格信息、技术要求、使用说明、安装要求等 宜具备：选型、施工工艺或安装要求
		新风机组		
		空调器		
		通风机		
		散热器		
	主要管道、风管干管		深化尺寸、定位信息	管材信息、保温材料、设计参数、规格、型号、系统施工要求、管道敷设方式 宜具备：选型、施工工艺或安装要求、连接方式等
	次要管道、风道		基本尺寸、位置	

专业	内容		几何信息	非几何信息
暖通	风道末端	风口等	基本尺寸、位置	本阶段不需填写非几何信息
	主要附件	阀门	粗略尺寸、形状、位置	
		计量表		
		传感器等		
	主要构筑物	风井	尺寸、定位	
		水管井		
	其他设备	伸缩器	基本尺寸、位置 宜具备：深化尺寸、定位信息	
		入口装置		
		减压装置		
		消声器		
		固定支架等	粗略尺寸、形状、位置	
电气	系统信息		—	选用类型及参数负荷容量、控制方法、系统形式、联动控制说明、主要配置信息 宜具备：选型、施工工艺或安装要求
	主要机房		占位几何尺寸、定位	—
	主要设备	机柜	深化尺寸、定位信息 宜具备：精确尺寸与位置	主要性能数据、规格信息、技术要求、使用说明、安装要求 宜具备：选型、施工工艺或安装要求
		配电箱		
		变压器		
		柴油发电机等		
	主要桥架、线槽		深化尺寸、定位信息 宜具备：精确尺寸与位置	材质、型号、电缆负荷信息、线路走向、回路编号、系统施工要求、管道敷设方式 宜具备：选型、施工工艺或安装要求、连接方式等
	其他设备	照明灯具	粗略尺寸、形状、位置 宜具备：精确尺寸与位置	宜具备：选型、施工工艺或安装要求
		视频监控		
		报警器		
		警铃		
		探测器等		

（3）施工图设计阶段具体应用点（表 3-2）

施工图设计阶段具体应用点　　　　　　　　　　　　表 3-2

模型应用	技术应用点
可视化应用	场地、构件建模还原与模拟，效果表现，虚拟现实等
性能化分析	节能、日照、风环境、光环境、声环境、热环境、交通疏散、抗震等
量化统计	面积明细表统计、材料设备清单统计表、指标数据表等
集成调整	碰撞检测、管线综合、空间局部优化等

3.1.1 人员准备

设计人员加建模人员的双重人员架构，能实现各自专业特长的应用，如图 3-1 所示。

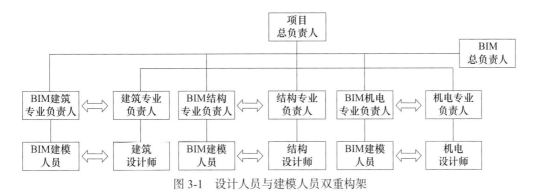

图 3-1 设计人员与建模人员双重构架

3.1.2 人员协同

多专业协同见表 3-3。

多专业协同流程 表 3-3

序号	专业配合工作	提出专业	接收专业	设计内容	BIM 工作
施工图设计启动会					
1	施工图设计启动会	全专业	全专业	明确设计内容及注意事项，明确设计原则和统一技术条件	准备各专业基础中心文件统一原点，轴网确定各专业模型间的链接关系
2	结构建立第一版模型	结构	建筑	确定结构主体	
施工图阶段设计协调会					
3	建筑提第一版提资视图，防火分区	建筑	各专业	作为机电专业设计的参照底图结构专业配合依据	建筑链接结构配合视图，建筑视图分二层，建筑视图、配合底图视图、出图视图。其中配合底图视图与出图视图为关联视图，请注意这是底图，非建筑出图视图
4	设备专业给各专业提机房、管井	机电专业	建筑	管井、机房定位、面积需求	请注意再提资视图
5	结构提资，梁柱资料	结构专业	各专业	明确开洞情况，同时明确梁高，机电专业在设计过程中应规避大梁	及时更新链接

序号	专业配合工作	提出专业	接收专业	设计内容	BIM 工作
6	管线初步综合设计	建筑	结构、机电	建筑根据初步设计对净高要求复核各专业现有设计成果是否能满足需求。同时对建筑平面设计进行优化	BIM 负责人协助建筑专业解决发现的问题
			施工图阶段设计协调会		
7	建筑提第二版提资视图（平、立、剖），材料做法、防火分区	建筑	各专业	根据上一轮设计讨论后设计优化的机电出图配套视图	阶段性 BIM 模型、模型归档
8	水、暖提给电（用电量）	水、暖	电气	—	在专用提资视图并显著标注
9	机电专业提资大于800mm的洞口、集水井、排水沟给建筑、结构	机电	建筑、结构	—	在专用提资视图并显著标注
			施工图阶段出图协调会		
10	建筑大样绘制（卫生间详图、电梯详图、楼梯、墙身大样）	建筑	建筑大样	在建筑视图中表达	—
11	建筑复核净高，并绘制墙身大样	建筑	建筑大样	—	—
12	结构绘制模板图	结构	各专业	各专业复核横向、竖向管线位置	—
13	管线综合	各专业	各专业	建筑再次复核净高是否能满足需求	BIM 负责人统一解决各专业设计过程中遇到的问题，BIM 负责人组织管线综合协调会
14	各专业修改优化施工图	各专业	各专业	—	机电专业完成管线末端调整、利用施工图模型直接生成图纸并基于该图纸进行注释、标注等图纸细致化工作
15	洞口复核	结构	机电	复核洞口确保留洞准确	—
16	校对	各专业	各专业	—	—
17	导出二维满足政府各部分的审图要求的全套图纸	各专业	各专业	—	完善图纸说明、复核图纸缺漏
			完善出图成果		

3.1.3　BIM生成施工图应用文件

为满足施工的具体要求，将建筑、结构、暖通、给水排水、电气等专业编制成完整的可供进行施工和安装的设计文件，包含完整反映建筑物整体及各细部构造和结构的图样。

3.1.4　成果输出

本小节为方便施工图设计阶段模型成果指导现场施工、减少图纸变更，最后提供图纸检查报告、施工图图纸、机电管线综合调整表格、净高分析表等BIM成果（表3-4）。

施工图阶段模型成果输出表　　　　　　　　表 3-4

序号	成果输出表格	包含内容		
1	图纸检查报告	图面问题		
		图纸合理性问题	风井是否与主体结构碰撞	
			节点设计是否合理	
			模型是否有错位	
2	施工图图纸	二维图纸		
		复杂节点处的三维模型		
3	机电管线综合调整表格	机电管线综合的调整方法		
		碰撞检查报告与碰撞点前后对比图		
4	净高分析表	净高分析表格		
		净高分布图纸		
		各净高处的管综调整方法		

3.2　施工图设计建模

3.2.1　数据准备

各专业施工图纸存档，明确路径。

3.2.2　模型标准

施工图设计阶段模型等级为LOD300，模型标准详见表3-5。

施工图设计阶段模型标准

表 3-5

专业	模型内容	基本信息
建筑	主要建筑构造部件深化尺寸、定位信息：非承重墙、门窗（幕墙）、楼梯、电梯、自动扶梯、阳台、雨篷、台阶等。 其他建筑构造部件的基本尺寸、位置：夹层、天窗、地沟、坡道等。 主要建筑设备和固定家具的基本尺寸、位置：卫生器具等。 大型设备吊装孔及施工预留孔洞等的基本尺寸、位置。 主要建筑装饰构件的大概尺寸（近似形状）、位置：栏杆、扶手、功能性构件等。 细化建筑经济技术指标的基础数据	增加主要建筑构件技术参数和性能（防火、防护、保温等）。 增加主要建筑构件材质等。 增加特殊建筑造型和必要的建筑构造信息
结构	基础深化尺寸、定位信息：桩基础、筏形基础、独立基础等。 混凝土结构主要构件深化尺寸、定位信息：柱、梁、剪力墙、楼板等。 钢结构主要构件深化尺寸、定位信息：柱、梁、复杂节点等。 空间结构主要构件深化尺寸、定位信息：桁架、网架、网壳等。 结构其他构件的基本尺寸、位置：楼梯、坡道、排水沟、集水坑等。 主要预埋件布置。 主要设备孔洞准确尺寸、位置。 混凝土构件配筋信息	增加结构设计说明。 增加结构材料种类、规格、组成等。 增加结构物理力学性能。 增加结构施工或构件制作安装要求等
暖通	主要设备深化尺寸、定位信息：冷水机组、新风机组、空调器、通风机、散热器、水箱等。 其他设备的基本尺寸、位置：伸缩器、入口装置、减压装置、消声器等。 主要管道、风道深化尺寸、定位信息（如管径、标高等）。 次要管道、风道的基本尺寸、位置。 风道末端（风口）的大概尺寸、位置。 主要附件的大概尺寸（近似形状）、位置：阀门、计量表、开关、传感器等。 固定支架位置	增加系统信息：系统形式、主要配置信息、工作参数要求等。 增加设备信息：主要技术要求、使用说明等。 增加管道信息：设计参数、规格、型号等。 增加附件信息：设计参数、材料属性等。 增加安装信息：系统施工要求、设备安装要求、管道敷设方式等
给水排水	主要设备深化尺寸、定位信息：水泵、锅炉、换热设备、水箱水池等。 给水排水干管、消防管干管等深化尺寸、定位信息，如管径、埋设深度或敷设标高、管道坡度等。管件（弯头、三通等）的基本尺寸、位置。 给水排水支管、消防支管的基本尺寸、位置。 管道末端设备（喷头等）的大概尺寸（近似形状）、位置。 主要附件的大概尺寸（近似形状）、位置：阀门、仪表等。 固定支架位置	增加系统信息：系统形式、主要配置信息等。 增加设备信息：主要技术要求、使用说明等。 增加管道信息：设计参数（流量、水压等）、接口形式、规格、型号等。 增加附件信息：设计参数、材料属性等。 增加安装信息：系统施工要求、设备安装要求、管道敷设方式等

专业	模型内容	基本信息
电气	主要设备深化尺寸、定位信息：机柜、配电箱、变压器、发电机等。 其他设备的大概尺寸（近似形状）、位置：照明灯具、视频监控、报警器、警铃、探测器等。 主要桥架（线槽）的基本尺寸、位置	增加系统信息：系统形式、联动控制说明、主要配置信息等。 增加设备信息：主要技术要求、使用说明等。 增加电缆信息：设计参数（负荷信息等）、线路走向、回路编号等。 增加附件信息：设计参数、材料属性等。 增加安装信息：系统施工要求、设备安装要求、线缆敷设方式等

3.2.3 施工图设计阶段模型建立操作表

本小节基于初步设计阶段的模型，继续细化模型中构件尺寸，同时添加构件相关信息。其中列举了施工图设计阶段建筑、结构专业添加材质信息、细部尺寸的方法以及暖通、给水排水专业和电气专业添加设备，并将管道与设备连接的操作（表3-6~表3-8）。

施工图设计阶段模型建立及参数加载的操作表 表3-6

模型类别	建立步骤	图示说明
建筑模型实体	使用"门""窗"属性功能，添加门、窗材质，并设置详细尺寸	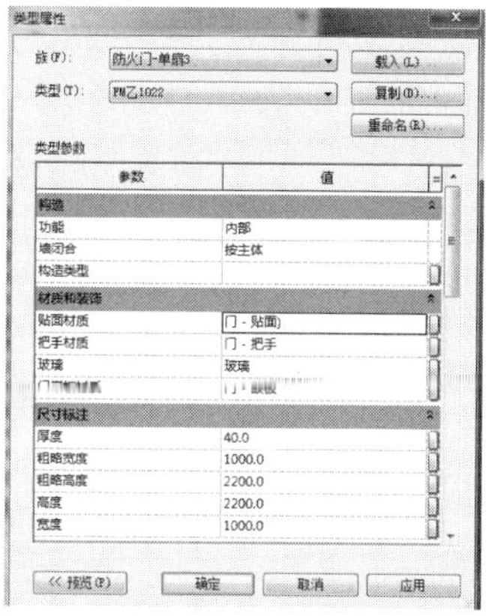
	使用"楼梯"属性功能，设置楼梯的详细尺寸以及材质	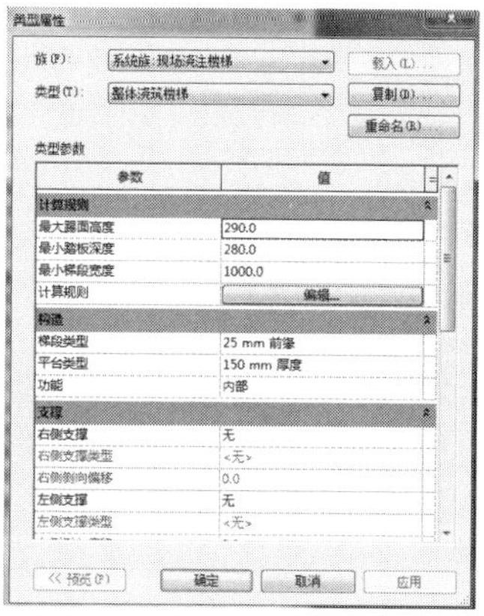

模型类别	建立步骤	图示说明
建筑模型实体	使用"柱"功能，绘制钢柱，并修改构件信息	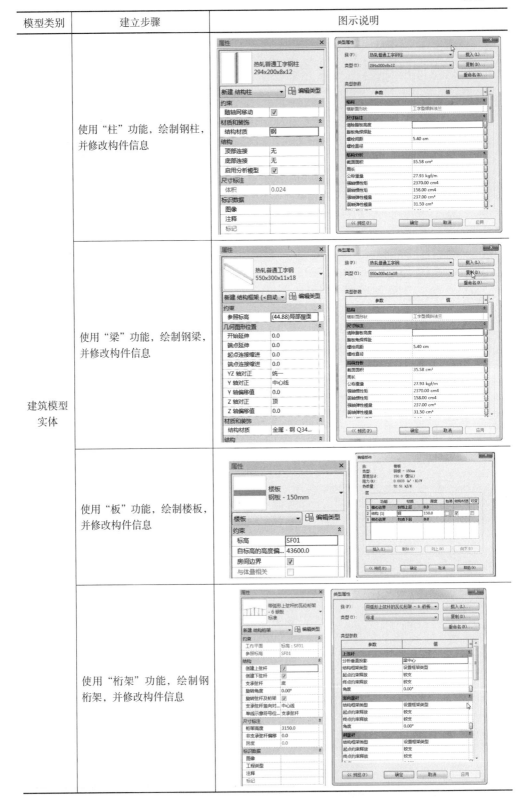
	使用"梁"功能，绘制钢梁，并修改构件信息	
	使用"板"功能，绘制楼板，并修改构件信息	
	使用"桁架"功能，绘制钢桁架，并修改构件信息	

模型类别	建立步骤	图示说明
建筑模型实体	使用"连接"功能,将所有连接都载入,并选择相应的连接节点连接构件	
	使用"基础""柱""梁""板"属性功能,绘制混凝土构件,设置结构材质	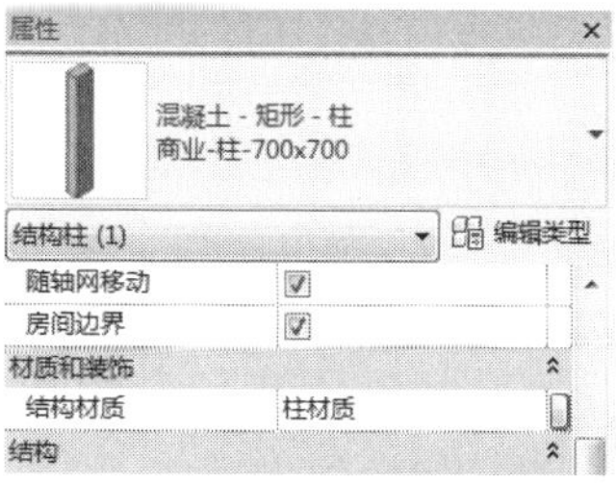
暖通实体模型	使用"风管附件"或"机械设备"功能,放置暖通设备,并与风管连接	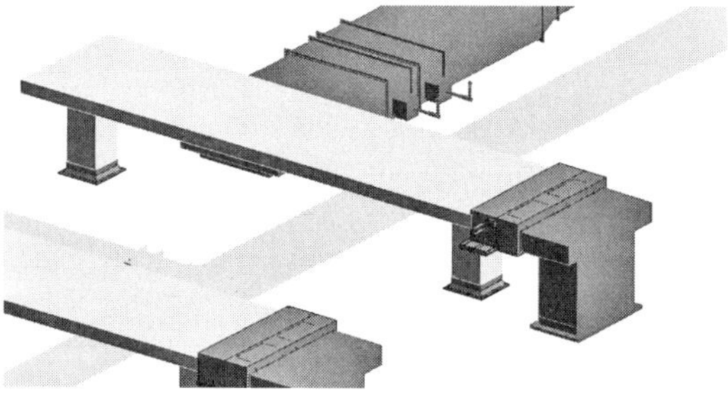

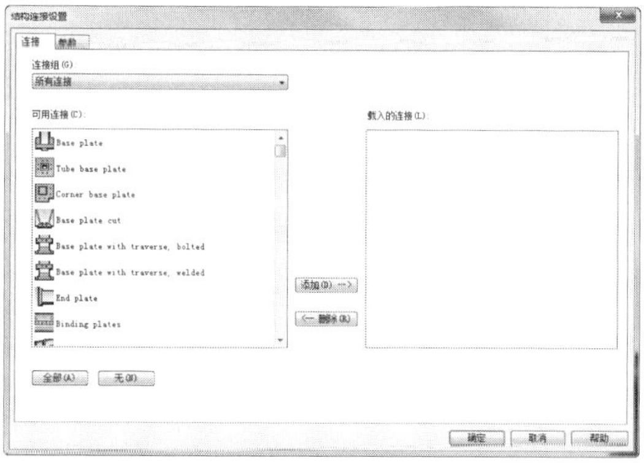

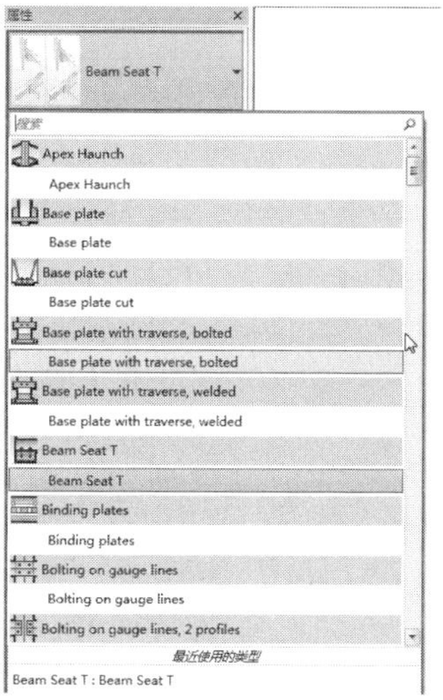

模型类别	建立步骤	图示说明
暖通实体模型	使用"机械设备"属性功能，添加风机等设备相关材质	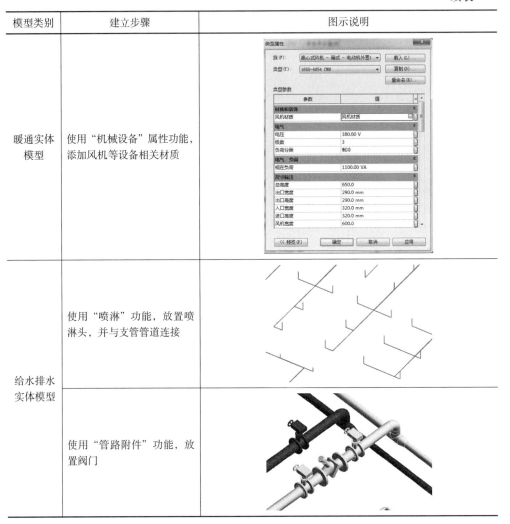
给水排水实体模型	使用"喷淋"功能，放置喷淋头，并与支管管道连接	
	使用"管路附件"功能，放置阀门	

施工图设计阶段幕墙模型建立及参数加载的操作表   表3-7

模型类别	建立步骤	图示说明
幕墙模型	使用"建筑"—"墙"—"幕墙"功能，建立外立幕墙大致模型	

模型类别	建立步骤	图示说明
幕墙模型	使用"幕墙网格"功能，将整块幕墙进行网格分割	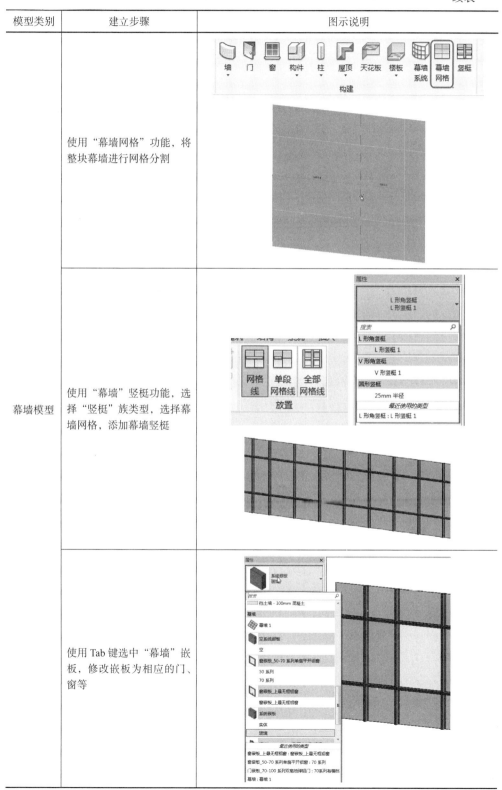
	使用"幕墙"竖梃功能，选择"竖梃"族类型，选择幕墙网格，添加幕墙竖梃	
	使用 Tab 键选中"幕墙"嵌板，修改嵌板为相应的门、窗等	

施工图设计阶段 **GRC** 模型建立及参数加载的操作表　　　　**表 3-8**

<table>
<tr><th>模型类别</th><th>建立步骤</th><th>图示说明</th></tr>
<tr><td rowspan="3">GRC 模型</td><td>使用“内建模型”功能，选择族类别为“常规模型”</td><td>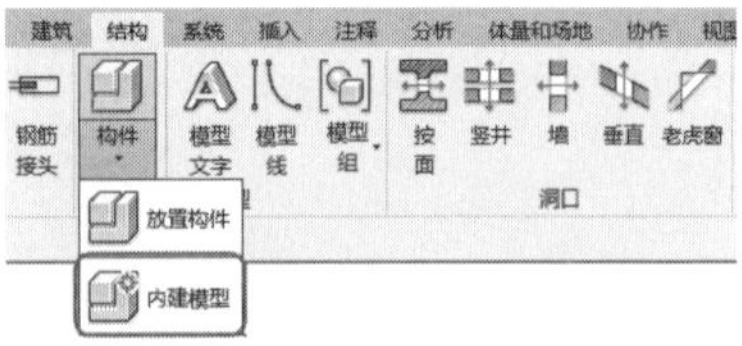

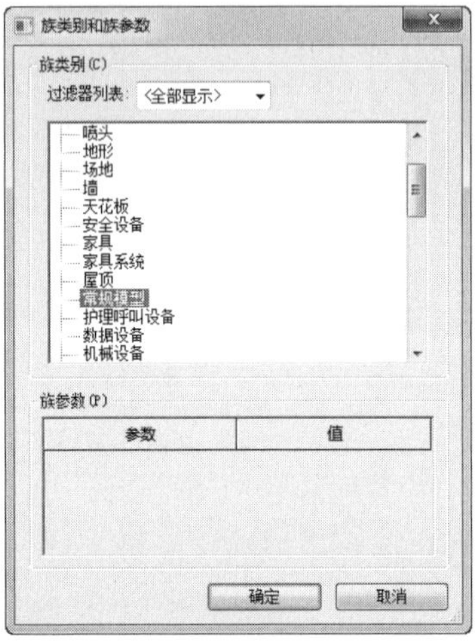
</td></tr>
<tr><td>创建“放样”，绘制路径</td><td>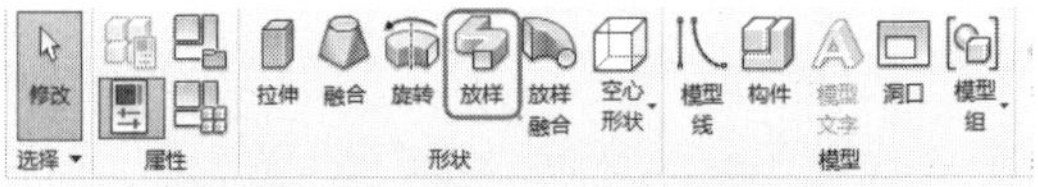

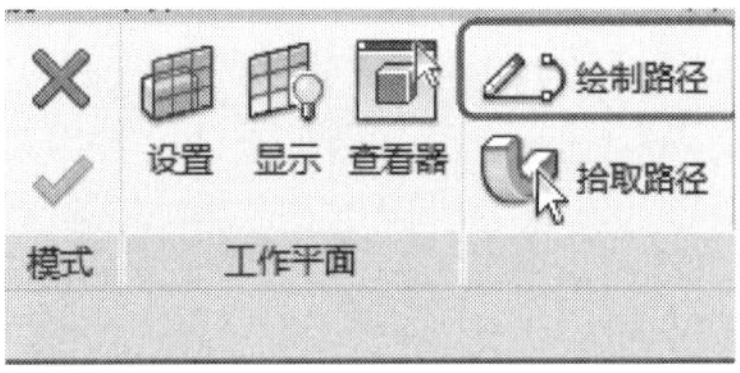

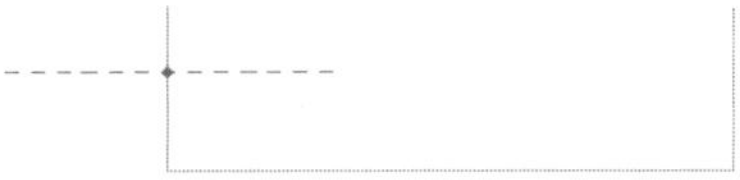</td></tr>
<tr><td>编辑放样轮廓，点击完成，设置 GRC 构件材料，完成即可</td><td>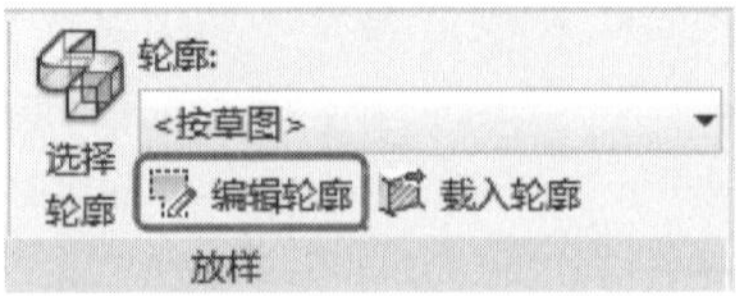

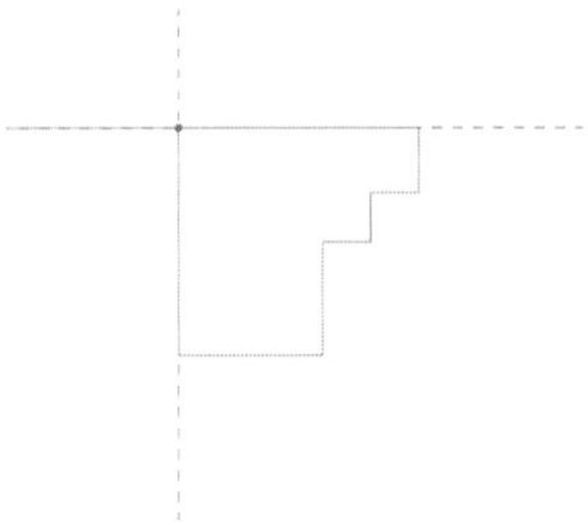</td></tr>
</table>

模型类别	建立步骤	图示说明
GRC 模型	编辑放样轮廓，点击完成，设置 GRC 构件材料，完成即可	

注：GRC 是英文 Glass fiber Reinforced Concrete 的缩写，中文名称是玻璃纤维增强混凝土。

3.3　施工图设计问题核查

施工图设计问题核查内容与初步设计问题核查内容类似，详见 2.3.1 节。

3.4　施工图设计管线综合

3.4.1　机电管线综合深化步骤及注意事项

现阶段机电各专业图纸分开设计，管线及其支吊架错综复杂，管线相互碰撞甚至无法安装的情况时有发生。施工中常常出现安装不规范、返工浪费、使用不便、观感较差等现象。在施工图阶段利用 BIM 进行机电管线综合深化，较二维软件能更直观高效地对各专业管线进行合理排布，达到节省层高，减少翻弯，降低成本，提高观感的目的（表 3-9）。

序号	深化步骤	注意事项	提交成果	示例
1	总结图面问题，接收设计反馈，修改初设阶段模型	及时提交并接收反馈，为管线综合做好准备	图面问题报告	问题1：风管缺尺寸 （基本信息表格示例）
2	（1）按管综基本原则进行管线综合深化，进行管线水平竖向定位方案比较，选定最合理方案。（2）根据问题反馈修改模型，校核方案可行性	（1）管综深化时要综合考虑管线安装操作空间、支吊架空间、施工顺序、检修放线空间以及分期安装设备管线的预留空间。（2）重点难点区域需会同设计施工等各相关方协商解决方案，确保方案合理性	（1）管综分析报告（2）调整征询报告	问题5：地下一层机电碰撞及调整建议 （基本信息表格示例）
3	导出管线综合平面图、各专业分平面图、剖面图、大样图及三维示意图	标注至少包含系统类型、尺寸、标高	管综图纸	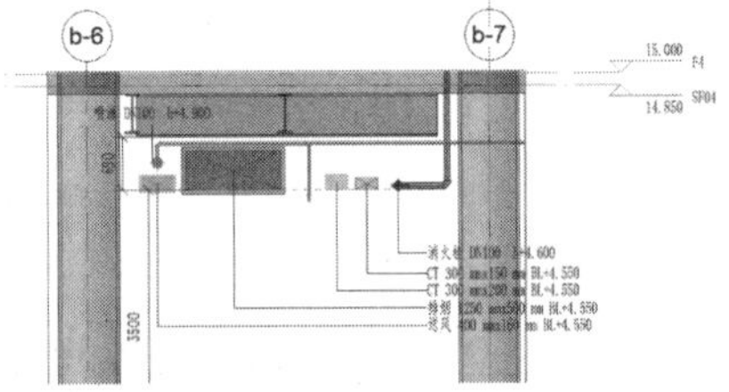 （管综剖面图示例）
4	提供深化后模型，指导施工，为后期的运维管理提供数据基础，并可根据需要为各参与方提供可视化、信息化的协同平台，促进信息共享	可根据需要提供轻量化模型	模型及轻量化模型	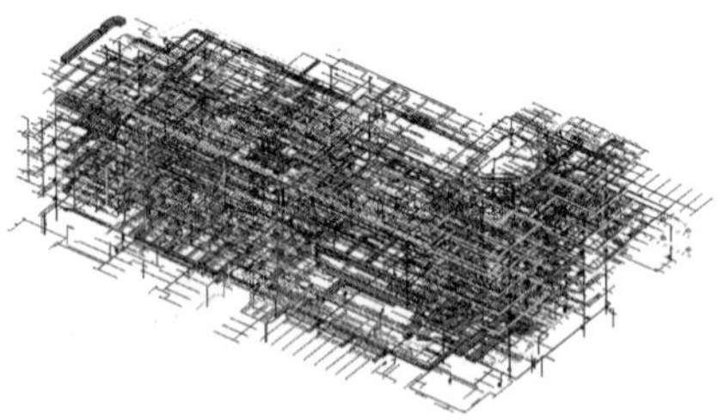 （三维模型示例）

3.4.2　机电管线综合深化基本原则

机电管线综合深化要满足设计及施工规范，同时要满足使用要求，兼顾施工方便、节省成本及美观性。所以一般要求遵守以下基本原则，但特殊情况要根据实际状况综合考虑，灵活应用基本原则，不需硬套原则（表 3-10）。

序号	基本原则	考虑因素	示例
1	预留支吊架空间、安装操作空间、检修空间	安装使用方便	
2	水管避让风管、小管避让大管、有压管避让无压管、低压管避让高压管、金属管避让非金属管、附件少的管道避让附件多的管道、常温管避让高温低温管道	节约成本及施工规范要求	
3	各种管线在同一处布置时，应尽可能做到呈直线、互相平行、不交错，紧凑安装，干管上引出的支管尽量从上方（或下方）安装，尽量高度、方位保持一致	节约成本及美观性	
4	穿梁管道的套管设置需满足结构规范要求	安全性	
5	设计无特殊说明的桥架，其上方最少要预留100mm放线及盖板空间，通信桥架与其他桥架水平间距尽量不小于300mm，垂直间距宜不小于300mm；桥架不宜布置在水管正下方及热水管线、蒸气管线正上方；由变电所出至各主要分区的电力干线桥架，由进线机房出至各主要分区的智能干线桥架，应优先布置，大尺寸桥架应尽量减少翻弯	安装方便、防干扰、防止漏电事故	

序号	基本原则	考虑因素	示例
6	排烟风口应位于储烟仓内且风口的烟层厚度满足设计要求	规范要求	
7	管线遇卷帘门尽量绕行，如需穿越卷帘门上方，应预留合理空间	规范要求	
8	喷头、电气、风口点位宜与装修设计点位一致	美观性	
9	给水与污水管路间距需满足规范要求。给水排水管道不应穿越变配电房、电梯机房、通信机房等	规范要求	

3.4.3 建筑空间净高分析步骤及注意事项

建筑中空间较低或较狭窄的区域，管线较密集的区域，以及管道进出管道井、进出机房的区域等，极容易出现净高不足的情况，如果在土建基本完成、安装施工过程中才发现问题，可能最优调整方案已无条件实施，甚至需要返工，因此有必要在设计阶段应用 BIM 进行净高分析，尽早发现问题，便于设计师及时调整设计（表 3-11）。

建筑空间净高分析步骤及注意事项   表 3-11

序号	分析步骤	注意事项	示例
1	了解净高要求	收集各建筑空间的使用净高要求。查找各建筑空间的规范净高要求	
2	利用机电管线综合深化后的模型进行净高分析：（1）利用插件初步分析。（2）利用三维视图及剖面视图复核	（1）室内净高应按楼地面完成面至吊顶、楼板、梁底面或机电设备及支吊架底面之间的垂直距离计算；（2）集中设备用房的走道、风管进出风机房处、有过长的重力管道处、上层有集水坑处、防火卷帘处、楼梯间、管廊等位置需重点分析	
3	生成净高分析图	对各功能区进行填充及净高标示。标示对应的净高分析报告中的表格编号	

序号	分析步骤	注意事项	示例
4	生成净高分析报告	报告中关于各标示区的报表需至少包含： （1）分析区域的填充截图，便于查找净高分析图相应位置。 （2）分析区域内最低净高位置的综合平面图、三维图、剖面图	
5	接收设计反馈，按意见修改模型	核实调整方案可行性，是否满足净高要求。如不满足，重复第3、4步	

3.5 BIM 施工图生成方法

BIM 生成施工图注意事项见表 3-12。

BIM 生成施工图注意事项　　　　　　　　　　表 3-12

	优势	注意点
BIM 生成施工图	1.二维图纸基于模型，模型修改，图纸自动修改，保证一致性和准确性。 2.图纸直观，复杂节点可在二维图纸中附上三维模型。 3.与其他专业协同，模型图纸实时更新，避免修改错漏	1.施工图生成应基于模型，图纸的提交内容应与模型成果保持一致。图纸中有设计内容修改时，应先修改模型再生成图纸。 2.对于设计内容不易通过二维图纸清晰表达的情况，宜在二维图纸上附模型视图，所附模型视图与二维图纸表达不应有冲突。 3.BIM 生成的二维图纸中文字、线型、线宽、符号、图例、标注等应符合国家相关制图标准

BIM 生成施工图输出流程见表 3-13。

<table>
<tr><td colspan="2" align="center">**BIM 生成施工图输出流程**　　　　　　　　　　　　　表 3-13</td></tr>
<tr><td align="center">操作步骤</td><td align="center">图示说明</td></tr>
<tr><td>1. 选择导出文件格式</td><td rowspan="3"></td></tr>
<tr><td>2. 设置导出 CAD 文件时各模型类别所属的图层</td></tr>
<tr><td>3. 设置导出的 CAD 文件名以及文件类型</td></tr>
</table>

3.6　BIM 交底

通过 BIM 三维模型将每个复杂细节真实展现出来，提高了人员的工作效率和沟通效率，降低了信息传递的难度，多视角传递技术信息，简化施工过程，提高施工质量，使工程变得更加直观、简单；同时 BIM 模型提前解决图纸上的图面问题和各专业碰撞问题，为后期施工提供了便捷（表 3-14）。

BIM 交底内容表 表 3-14

序号	交底内容	交底资料
1	复杂节点处注意事项	复杂节点三维图、二维图纸
2	难度较高处管线安装方式及注意事项	管综三维图、二维图纸
3	空间紧张处管线安装方式及注意事项	管综三维图

3.7 基于 TS3D 平台的数字化设计

3.7.1 三维数字化设计平台

TS3D 是国产三维数字化设计平台软件,由北京探索者公司开发,可以实现钢结构工程设计、节点深化、汇料统计全过程应用。软件用户界面如图 3-2 所示。

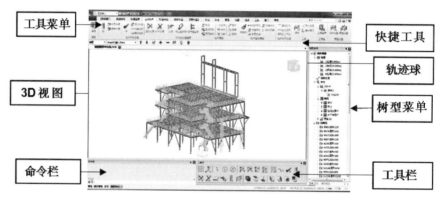

图 3-2 软件用户界面

TS3D 软件是专门为结构团队开发的建模软件,主要功能包括:土建模型设计、结构模型调整、附属构件添加、节点设计、节点验算及计算、计算软件结构及平台软件模型数据结构、导出到 CAD 平台自动生成全套施工图及精确算量。

3.7.2 应用示例

TS3D 可以用于全钢结构或者混合结构的精细化建模、设计,可以直接在软件中建立模型,也可以导入结构分析软件建立模型,如导入国产软件 PKPM、YJK、3D3S 模型或者国外软件 SAP2000、ETABS 模型,如图 3-3 所示。

TS3D 常见的应用场景见图 3-4,详细的操作步骤可以参考相关指导说明书。

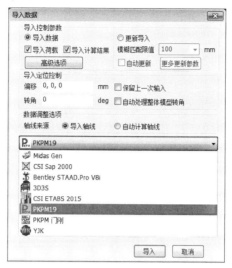

图 3-3 导入数据界面

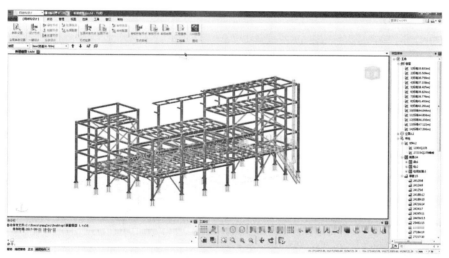

（a）全钢结构三维整体模型

（b）节点模型

图 3-4 TS3D 软件应用场景（一）

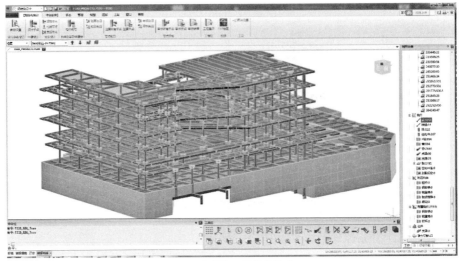

（c）混合结构三维整体模型

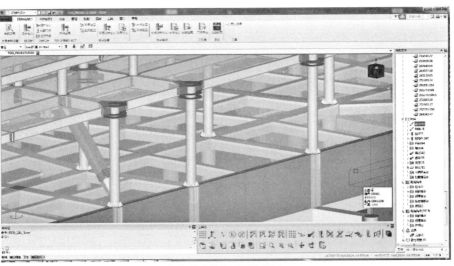

（d）混合结构局部放大图

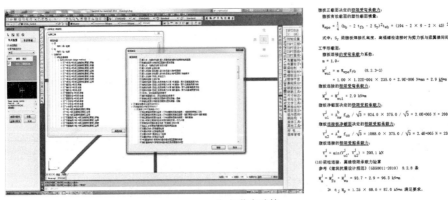

（e）节点验算

图 3-4　TS3D 软件应用场景（二）

梁工程量统计表						
编号	规格	构件截面尺寸(mm)	长度(mm)	构件数量	单重(kg)	总重(kg)
1	HM200x150	H194x150x6x9	1899	4	57.9146	231.658
2	HM200x150	H194x150x6x9	1201	4	36.6178	146.471
3	HM200x150	H194x150x6x9	2507	8	76.1522	611.617
4	HM200x150	H194x150x6x9	2459	4	74.9734	299.894
5	HM200x150	H194x150x6x9	1443	4	44.0114	176.046
6	HM200x150	H194x150x6x9	2870	4	87.5046	350.018
7	HM200x150	H194x150x6x9	2700	5	82.3214	411.607
8	HM200x150	H194x150x6x9	2790	2	85.0654	170.131
9	HM200x150	H194x150x6x9	3050	3	92.9927	278.978
10	HM200x150	H194x150x6x9	2880	4	87.8095	351.238
11	HM200x150	H194x150x6x9	1180	2	35.9775	71.955
12	HM200x150	H194x150x6x9	2960	1	90.2486	90.2486
13	HM200x150	H194x150x6x9	3330	1	101.53	101.53
14	HM200x150	H194x150x6x9	3650	4	111.286	445.145

零件材料表						
板号	包络规格(mm)		数量	材号	单重(kg)	总重(kg)
	断面	长度				
1	-96X10	270	976	Q235	2.00332	1955.24
2	-87X7	328	16	Q235	1.54607	24.7372
3	-87X10	328	32	Q235	2.20868	70.6778
4	-72X6	176	33	Q235	0.578011	19.0744
5	-72X10	176	60	Q235	0.963352	57.8011
6	-145X12	270	172	Q235	3.65025	627.843
7	-194X12	358	64	Q235	6.48784	415.222
8	-70X10	197	32	Q235	1.05112	33.6357
9	-194X9	358	16	Q235	4.86588	77.854
10	-194X11	358	56	Q235	5.94718	333.042
11	-194X15	358	16	Q235	8.65045	138.407
12	-59X9	107	160	Q235	0.419643	67.1429
13	-121X10	312	32	Q235	2.91989	93.4364
14	-145X14	270	16	Q235	4.25862	68.138
15	-70X7	197	8	Q235	0.73578	5.88624
16	-145X10	270	466	Q235	3.04187	1417.51
17	-194X10	358	132	Q235	5.40653	713.662

（f）材料统计

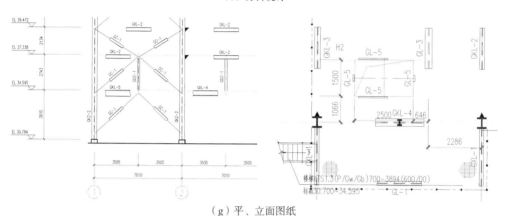

（g）平、立面图纸

图 3-4　TS3D 软件应用场景（三）

3.8　正向设计

3.8.1　概述

BIM 正向设计采用 BIM 软件直接在三维环境下进行设计，利用构筑的三维模型和其中的信息生成所需要的图纸。虽然 BIM 正向设计理论上具有极大的优势，但在目前的技术条件下，全面应用尚存在一些局限。因此，项目采用 BIM 正向设计前需具备如下基本条件：

（1）业主的认同。业主应对 BIM 正向设计可以带来的收益和困难有足够的认识；正向出图范围及建模深度标准应提前和业主沟通确认。

（2）项目类型的选择。一般来说，中、小型复杂建筑单体和标准化，重复率高的建筑项目比较适合做 BIM 正向设计。

（3）高效的团队。主要设计人员和直接管理人员应该具备足够的 BIM 软件知识和设计经验（图 3-5）。

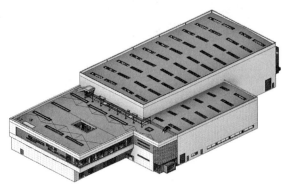

图 3-5　正向设计建筑三维模型

3.8.2　人员架构

人员架构见图 3-6。

图 3-6　正向设计团队架构图（各部分人数根据项目情况配置）

3.8.3　工作流程

以 BIM 模型为主体，进行 BIM 正向设计应用，最大化发挥 BIM 正向设计的并行优势，进行多元化成果导出。

由于目前 BIM 模型易于生成的图纸只占施工图图纸总量的 40%～80%，如节点详图、局部大样图、机电系统图等存在较难直接生成模型的问题，因此设计中应辅以 CAD 图纸进行设计和交流。

各专业 BIM 模型建模设计过程中，应同时在模型中进行相关平面图纸、剖面图纸、立面图纸等图纸视图的生成和标注，以及相关做法的标注等，以利于各专业实时提资交流，以及分阶段生成设计图纸，以供审核团队审核设计。

由于正向设计过程后期出现较大设计改动将严重影响项目工作。因此，正向设计时，建筑专业应协同机电专业提前确定好主要的设备布置，做到主要设计提前完成，开始三维设计前，主要设计条件已确认（图 3-7）。

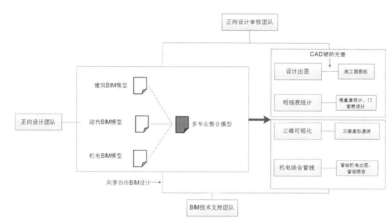

图 3-7　正向设计工作流程图

3.8.4　标准样板

以 Revit 为例，样板文件分为建筑样板、结构样板、机电样板，每个样板文件中预先设置了常用族、标准线型、注释符号、图框信息等，能较大提高设计效率。正向设计团队可采用技术团队整理完成的 BIM 设计样板文件，也可采用第三方插件提供的样板文件，进行适当修改后，能满足正向设计要求。

3.8.5　图纸内容

不同专业图纸内容见表 3-15～表 3-19。

建筑专业图纸内容　　　　　　　　　　　表 3-15

图纸类型	BIM 出图	说明
图纸目录	√	—
建筑设计说明	√	可以采用 CAD 导入或者 Revit 注释字体复制
构造做法表 / 室内做法表	√	可以采用 CAD 导入或者 Revit 注释字体复制

图纸类型	BIM 出图	说明
总平面图	×	—
室外详图	×	—
节能专篇	×	—
防火分区图	○	选做
建筑平面图	√	—
建筑立面图	√	—
建筑剖面图	√	—
楼梯详图	○	选做
卫生间详图	√	—
门窗说明	√	可以采用 CAD 导入或者 Revit 注释字体复制
门窗详图	○	选做
三维示意图	√	整体三维示意图及节点三维示意图可以提高图纸质量
节点及墙身详图	×	—

结构专业图纸内容 表 3-16

图纸类型	BIM 出图	说明
图纸目录	√	—
结构设计说明	√	可以采用 CAD 导入或者 Revit 注释字体复制
基础布置图	√	—
混凝土墙、柱布置图	√	Revit 可生成模板图，CAD 辅助添加平法配筋标注生成配筋图
混凝土梁布置图	√	Revit 可生成模板图，CAD 辅助添加平法配筋标注生成配筋图
混凝土板配筋图	√	—
混凝土楼梯	○	—
三维示意图	√	整体三维示意图及节点三维示意图可以提高图纸质量
节点详图	×	—

注：钢筋信息由 CAD 辅助进行标注。

给水排水专业图纸内容 表 3-17

图纸类型	BIM 出图	备注
图纸目录	√	—
设计说明	√	可采用 CAD 导入
图例、缩写	○	由于涉及修改大量的图元显示信息比较耗时，宜用 CAD 导入
设备规格表、材料表	√	—

图纸类型	BIM 出图	备注
各类原理图	○	由于 Revit 软件的限制，此部分的图纸应用 CAD 辅助设计出图可节约项目时间（由于 Revit 无法解决三维遮盖问题，无法输出系统图及轴测图）
各类系统图	×	
干管轴测图	×	
各类大样图	○	
总平面图	×	
各层各类平面、剖面图	√	—
机房平面、剖面、三维及详图	√	—

暖通专业图纸内容　　　　　　　　　　　表 3-18

图纸类型	BIM 出图	备注
图纸目录	√	
设计说明	√	可采用 CAD 导入
图例、缩写	○	由于涉及修改大量的图元显示信息比较耗时，宜用 CAD 导入
设备规格表、材料表	√	—
各类原理图	○	由于 Revit 软件的限制，此部分的图纸应用 CAD 辅助设计出图来节约项目时间（由于 Revit 无法解决三维遮盖问题，无法用此法出系统图及轴测图）
各类系统图	×	
干管轴测图	×	
各类大样图	○	
各层各类平面、剖面图	√	—
机房平面、剖面、三维及详图	√	—

电气专业图纸内容　　　　　　　　　　　表 3-19

图纸类型	BIM 出图	备注
图纸目录	√	—
设计说明	√	可采用 CAD 导入
图例、缩写	○	由于涉及修改大量的图元显示信息比较耗时，宜用 CAD 导入
设备规格表、材料表	√	—
安装详图	○	由于 Revit 软件的限制，此部分的图纸应用 CAD 辅助设计出图来节约项目时间
各类控制原理图	○	
各类系统图	○	
总平面图	×	
照明、电力、火灾报警及弱电平面图	○	由于导线和灯具等电气末端设备点位建模花费时间较长，此部分出图宜用三维辅助二维出图
各层防雷接地图	×	由于 Revit 软件的限制，应用 CAD 出此部分成果

3.8.6 协作模式

正向设计的协作模式可采用"链接"。通过使用"链接"功能可以把其他专业设计师的设计模型显示到自己的模型中来，实现三维设计的协作。

也可采用 Revit 提供的"工作集"这种更高级的人员协作模式，可以使各设计师在同一个中心文件下进行设计工作，但"工作集"的协作模式对项目管理水平要求高，对设计师 BIM 操作水平要求较高。

3.8.7 时间安排

由于正向设计尚处于比较新的技术阶段，设计项目管理经验比较缺乏。因此项目时间安排上应尽可能充裕（图 3-8）。

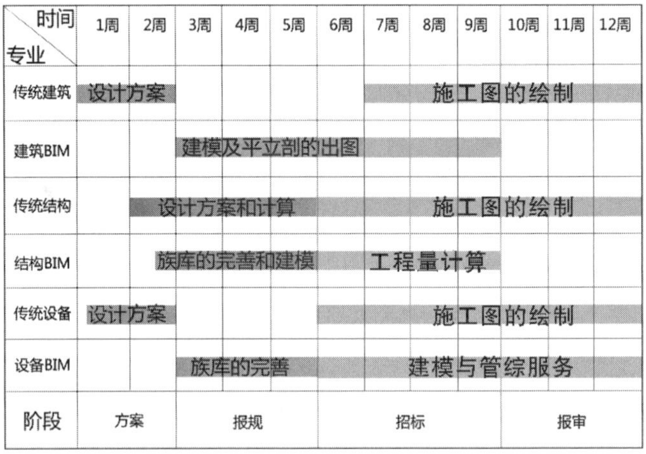

时间\专业	1周	2周	3周	4周	5周	6周	7周	8周	9周	10周	11周	12周
传统建筑	设计方案						施工图的绘制					
建筑BIM		建模及平立剖的出图										
传统结构		设计方案和计算					施工图的绘制					
结构BIM		族库的完善和建模					工程量计算					
传统设备	设计方案						施工图的绘制					
设备BIM		族库的完善					建模与管综服务					
阶段	方案		报规				招标			报审		

图 3-8 正向设计时间甘特图（各阶段时间根据项目情况配置）

（1）开始三维设计前，应做到主要设计条件已确认。建筑专业可协同机电专业提前确定好主要的设备布置和主要管线的排布原则。

（2）建筑专业三维设计首先开始，结构构件的大小可根据初步设计方案确定或由结构专业按照项目经验预估。当建筑模型达到三维提资深度，结构专业进行结构三维设计。机电专业同时开始机电专业的建模工作。

（3）项目审核团队应确定好项目各阶段时间点，分阶段审核图纸质量和模型的建模完成度。一旦进度落后，立即采取措施，确保项目能顺利完成。

3.8.8 质量管控

1. 图纸质量要求

正向设计图纸符合各专业规范规程、制图规范及标准。

2. 模型质量要求

（1）能够按照设计参数进行变化；

（2）构件命名、信息命名统一；

（3）构件包含材质、颜色，命名统一；

（4）构件拆分：初设深度满足工程量统计，施工图深度满足既定合约要求及出图要求；

（5）模型按照建模等级，充分利用前级模型深化，分别建模，分别保存；

（6）各专业模型在同一平台协同设计，各专业模型协调；

（7）构件之间如果可以按照设计规则进行关联，尽量关联，以减少修改时的工作量；

（8）建模应按照先现状环境输入后设计输出，先主体模型后附属模型，先总体后局部的顺序（图3-9）。

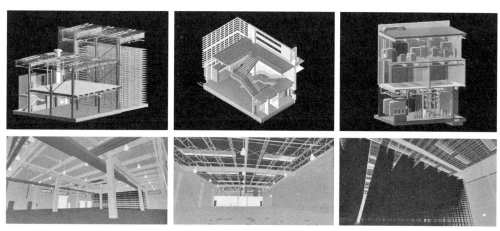

图3-9 正向设计模型细节展示

3. 审核形式

正向设计成果分阶段交付审核团队，审核团队审查成果文件，并确定本阶段工作是否满足质量和进度要求，是否进入下一阶段。

3.8.9 模型应用

由于正向设计的根本目标是提高项目质量，为业主带来效益。因此在正向设计施工图纸顺利送审后，应进行正向设计阶段BIM应用的效益测算，并积极利用已有各专业BIM模型进行相关应用。

BIM模型应用点主要有：管线综合出图、工程量概算、三维可视化、效果展示、精装修设计、施工辅助等（图3-10、图3-11）。

图 3-10　建筑空间评估

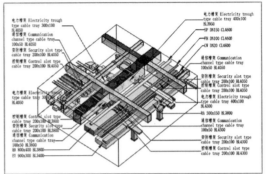
图 3-11　管线综合应用

3.8.10　设计成果

BIM 正向设计成果见图 3-12～图 3-14。

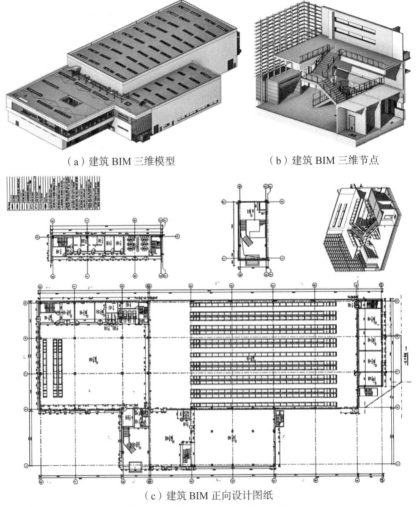

（a）建筑 BIM 三维模型　　　　（b）建筑 BIM 三维节点

（c）建筑 BIM 正向设计图纸

图 3-12　建筑 BIM 正向设计成果

（a）结构 BIM 三维模型

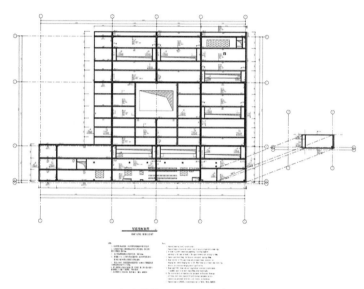

（b）结构 BIM 正向设计图纸

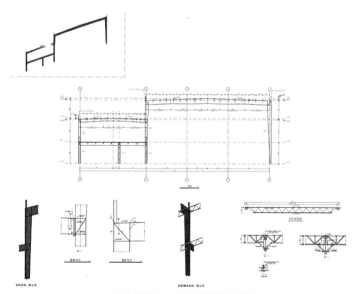

（c）结构 BIM 正向设计节点图

图 3-13　结构 BIM 正向设计成果

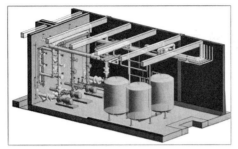
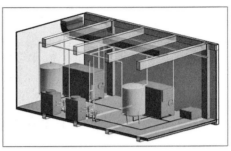

（a）设备 BIM 三维模型 1　　　　　　　　　（b）设备 BIM 三维模型 2

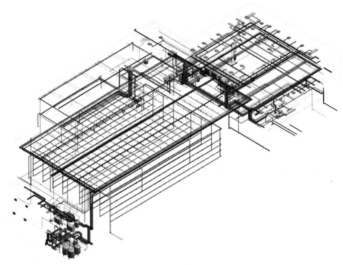

（c）设备 BIM 三维管线模型

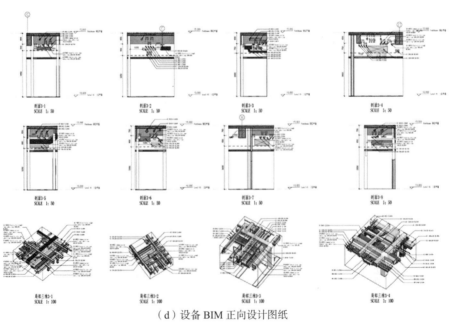

（d）设备 BIM 正向设计图纸

图 3-14　设备 BIM 正向设计成果

3.9 本章小结

本章主要规定了施工图阶段的 BIM 应用方法，包括团队准备、应用标准、模型建立、图纸生成、模型交底等方面内容。在利用 BIM 技术进行施工图设计中，涉及三维模型生成二维图纸，应有效利用三维模型空间展示的优势。在实践中可以结合二维码等信息技术进行二维图纸、三维模型的组合表达。

第4章 深化设计

模型及模型信息的正确性和完整性是 BIM 落地应用的基础。标准的建模方法、技术路线及准确的信息，不仅能保证项目 BIM 技术的落地应用，而且可以提高工作效率，减少内耗。本章的编制目标是指导项目采用规范的建模方法、技术措施、模型技术标准、数据信息的要求。

4.1 模型策划与组织管理

4.1.1 模型整体策划应用流程

模型的搭建前期必须准备好符合项目需要的项目样板文件。模型搭设完成后，必须进行单专业和各专业之间的合模检查。经过各方检查后的模型才能成为深化应用模型。具体模型搭建整体策划流程见图 4-1。

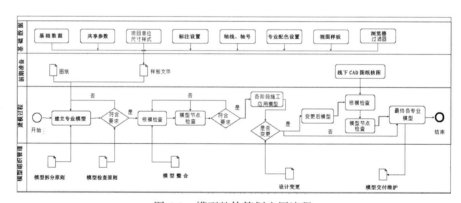

图 4-1 模型整体策划应用流程

4.1.2 模型策划

1. 模型前期准备工作

以 Revit 软件为例进行说明，如采用其他软件，可根据软件特点调整。前期准备工作比较多，具体准备内容如下：样板文件、族、轴网、单位、协作。

样板文件需要准备的内容是建筑样板文件、结构样板文件、暖通样板文件、给水排水样板文件、电气样板文件等，其要求是包括该专业的族及相对应的实例参数设置；该专业项目单位设置；尺寸样式设置；轴线、轴号、标注设置；专业配色设置（配色参见各专业）；加载项目共享参数文件；视图样板。

族需要准备的内容包含标准族库、建筑、结构、机电等族库，其要求如下：族与项目图纸要求一致，族提前调入项目样板文件。轴网需要准备的内容包含建筑轴网文件和结构轴网文件，建筑轴网文件的要求如下：轴网文件需明确项目基点、方向；模型通过绑定的方式应用建筑轴网文件进行定位；项目基点可选取项目建筑平面的左下角（A 轴和 1 轴交点）作为项目 X、Y 轴坐标原点；使用相对标高，±0.000 即为原点 Z 轴坐标点；建立项目北与正北的关系；基于项目基点 Revit 中用"标高""轴网"功能创建轴网（注：不建议采用建筑 CAD 图为底图的工作方式）。

结构轴网文件的要求是结构专业的轴网定位文件需要根据建筑轴网定位文件创建。

度量单位的要求是项目中所有模型均应使用统一的项目长度、面积、体积、坡度等度量单位；项目单位的设置应在各专业的项目样板文件中进行。

协作需要准备的内容是模型协作原则，其要求是模型协作方式可采用工作集和模型链接两种，宜采用模型链接的方式来完成专业内和各专业间的协同工作；模型链接可采用附着型和覆盖型两种方式，宜采用覆盖型链接方式，防止产生循环嵌套，且不影响模型文件大小；应采用相对路径，保证模型文件能够在不同的设备上使用；在工作组协同工作时，应使用模型监视功能，在某一专业模型变化时随时跟踪项目变化情况，保证模型的正确性；当某一专业模型发生变更修改时，应及时与工作组内其他专业模型沟通，并进行模型调整。

如项目需要进行 BIM 报规、BIM 审图，相关设置（如标高定义、项目基点的设置）需要满足相关文件的要求。

2. 文件夹结构

项目文件夹结构见表 4-1，在实际项目中可以根据项目实际情况进行调整。

文件夹结构表　　　　　　　　　　表 4-1

BIM 项目名称	主要内容
项目 1	—
项目 2	—
01 模型文件	项目各专业 BIM 文件
01. 结构专业	—
02. 安装专业	—
03. 装饰专业	—
04. 其他专业	—
02 工作文件	项目各专业工作文件
01. 建筑模型	—

BIM 项目名称	主要内容
02. 结构模型	—
03. 安装模型	—
04. 装饰模型	—
05. 其他专业模型	—
06. 相关演示	—
03 构件库	各分项工程模型构件库
04 成果文件	共享或交付的 BIM 成果
05 参考资料	BIM 技术成果应用
06 往来函件	项目实施过程中外部和内部往来函件等
07 项目管理	工程合同、工程概况、工期计划、材料划分、人员计划、资金计划、成本计划、质量策划、安全策划、工程指令、会议纪要、技术方案、检查评比、工程验收

3. 模型文件命名规则

文件命名以简短、明了描述文件内容为原则；宜用中文、英文、数字等计算机操作系统允许的字符；不可使用空格；可使用字母大小写方式、中划线 "-" 或下划线 "_" 来隔开单词。

以下是以 Revit 为例的模型文件命名规则，但使用其他软件也可参考采用；项目名称 - 区域 - 楼层或标高 - 专业 - 系统 - 描述 - 中心或本地文件 .rvt。具体名词的解释见表 4-2。

模型文件命名说明　　　　　　　　　　　　　　表 4-2

序号	名称	说明	举例
1	项目名称	对于大型项目，由于模型拆分后文件较多，每个模型文件都带项目名称显得累赘，建议只有整合的容器文件才增加项目名称	—
2	区域	识别模型是项目的哪个建筑、地区、阶段或分区；用数字表达	01、02
3	楼层或标高	识别模型文件是哪个楼层或标高	地下：B01；地上：F01；顶层：RF
4	专业	识别模型文件是建筑、结构、给水排水、暖通空调、电气等专业，具体内容应与企业原有专业类别匹配	—
5	系统	各专业下细分的子系统类型	
6	描述	描述性字段，或进一步说明所包含数据的其他方面	—
7	中心／本地文件	对于使用工作集的文件，必须在文件名的末尾添加标记，以识别模型文件的中心或本地文件类型	"CENTRAL" "LOCAL"

4.1.3 模型组织管理

1. 模型拆分原则

模型拆分可根据实际情况灵活处理，表4-3是实际项目操作中比较常用的模型拆分建议。

模型拆分原则说明　　　　　　　　　　　　　　　　　表4-3

序号	原则	划分依据	描述
1	一般原则	按专业分类划分	项目模型（除泛光照明专业外）应按专业进行划分
2		按水平或垂直方向划分	1. 专业内项目模型应按自然层、标准层进行划分； 2. 外立面、幕墙、泛光照明、景观、小市政等专业，不宜按层划分的专业例外； 3. 建筑专业中的楼梯系统为竖向模型，可按竖向划分
3		按功能系统划分	专业内模型可按系统类型进行划分，如给水排水专业可以将模型按给水排水、消防、喷淋系统划分等
4		按工作要求划分	可根据特定工作需要划分模型，如考虑机电管综工作的情况，将专业中的末端点位单独建立模型文件，与主要管线分开
5		按模型文件大小划分	单一模型文件最大不宜超过100MB（特殊情况时以满足项目建模要求为准）
6	工作模式	连接模式	水暖电各专业分别建立各自专业的模型文件，相互通过链接的方式进行专业协调
7		工作集模式	水暖电各专业都在同一模型文件中分别建模，便于专业协调

典型的模型拆分方法可以根据建筑分区、楼号施工缝等内容进行拆分，具体专业的拆分方法见表4-4。

模型拆分方法示例　　　　　　　　　　　　　　　　　表4-4

专业	拆分（链接或工作集）
建筑	1. 依据建筑分区拆分。 2. 依据楼号拆分。 3. 依据施工缝拆分。 4. 依据楼层拆分。 5. 依据建筑构件拆分
幕墙（如果是独立建模）	1. 依据建筑立面拆分。 2. 依据建筑分区拆分
结构	1. 依据结构分区拆分。 2. 依据楼号拆分。 3. 依据施工缝拆分。 4. 依据楼层拆分。 5. 依据结构构件拆分

专业	拆分（链接或工作集）
机电	1. 依据建筑分区拆分。 2. 依据楼号拆分。 3. 依据施工缝拆分。 4. 依据楼层拆分。 5. 依据系统／子系统拆分
装饰	1. 按楼层划分。 2. 按分包区域划分。 3. 按空间、房间划分：各建筑空间功能分区应根据空间和房间的名称划分模型，如楼梯间、电梯间、大堂、办公室、卫生间等房间划分

2. 模型整合原则

模型整合需要根据实际工作模式、工作需求进行整合，若采用工作集方式，则通过工作集的方式整合，若采用链接方式，则可按表4-5所示原则进行整合。

模型整合原则 表4-5

序号	整合原则	说明
1	按专业整合	对应于每个专业，整合所有楼层、系统的模型。便于对单专业进行整体分析和研究
2	按水平或垂直方向整合	1. 按层对各专业模型进行整合，便于对同层的各专业进行设计协调与分析。 2. 竖向模型如建筑外立面、幕墙、泛光照明等可进行整合
3	按整体整合	将项目各层、各专业的模型整合在一起，以便对项目整体进行综合分析

3. 模型变更原则

模型变更是不可避免的，需明确如何把变更的内容在模型中体现，以方便对模型进行维护。模型的变更处理原则有变更状态、变更添加信息、变更处理方式。具体要求见表4-6。

模型变更处理原则解释 表4-6

序号	事项	说明
1	变更状态	1. 模型变更的状态有四种，"设计新增加的构件""构件的位置发生改动""设计删除的构件"及由于设计变更，施工签证的需求，"需要拆除的构件"。 2. 我们把这四种变更状态，简写为"新增""改动""设计删除""拆除"
2	变更添加信息	模型的变更需要添加"变更编号"信息，这样对模型的变更有据可查
3	变更处理方式	1. 模型变更处理方式有两种。 ① 在构件上增加"变更编号""变更状态"两种信息。 ② 通过阶段化面板来控制模型的变更状态，同时，在构件及阶段化面板上输入"变更编号"信息。 2. 建议项目上采用第二种方法

在变更原则明确的基础下，模型变更添加步骤及操作要点详见表4-7。

模型变更添加步骤演示 表4-7

序号	操作内容	操作要点	操作途径
1	打开阶段化面板	—	管理－阶段
2	添加变更状态	在说明中添加变更的编号（变更编号应对应设计变更修改通知单）	点击"在前面插入"按钮
3	添加变更编号信息	选择"实例"及"值可能因组实例而不同"。在类别中选择模型中存在的构件	管理－项目参数，点击添加
4	对于新增构件添加阶段化	构件是亮显状态	属性－阶段化－创建的阶段面板下选择"新增"
5	输入设计变更编号	构件是亮显状态	属性－文字－变更编号
6	其余变更状态的添加同"新增构件"		

4. 模型基本检查原则

模型搭设完成，需要从模型完整性、图模一致性、分专业及交接面、构件信息等方面进行核查，保证模型的正确性。具体检查原则见表4-8。

模型基本检查原则 表4-8

事项	内容
模型完整性核查	项目模型应按照本标准搭建完成各专业模型，对模型完整性的核查包括： 1. 核查专业涵盖是否全面； 2. 核查专业内模型装配后各系统是否完整，各层之间空间位置关系是否正确，有无错位、错层、缺失、重叠的现象发生； 3. 核查全部专业模型装配后，各专业之间空间定位关系是否正确，有无错位、错层、缺失、重叠的情况发生； 4. 核查模型成果的存储结构是否与项目文件夹结构一致
图模一致性核查	应对模型与图纸的对应性进行内审，并对审核构件的数量、空间关系、做法等进行核查，以达到控制模型成果质量与准确性的要求
分专业及交接面核查	检查各专业模型交接界面是否正确区分，是否出现重复、重叠建模的情况，是否有模型缺失情况。如建筑与内装专业的完成面是否出现重叠，或个别交界空间没有内装或建筑面层
构件信息核查	项目中的构件信息能否满足后期各工种模型应用的要求

5. 模型交付维护标准

（1）模型交付

模型交付的具体要求详见表4-9。

模型交付标准 表 4-9

序号	内容
1	设计单位应保证交付物的准确性
2	交付物的几何信息和非几何信息应有效传递
3	交付物中的 BIM 模型深度应满足相关精度的要求
4	交付物中的图纸和信息表格宜由 BIM 模型直接生成
5	交付物中的信息表格内容应与 BIM 模型中的信息一致
6	交付物中 BIM 模型和与之对应的图纸、信息表格和相关文件共同表达的内容深度，应符合现行《建筑工程设计文件编制深度规定》的要求
7	交付物的交付内容、交付格式、模型的后续使用和相关的知识产权应在合同中明确规定
8	针对报审的交付物应包含相关审查、审批的信息，其信息内容应符合相关规定

设计院模型交付或者总包提交给甲方的交付内容具体要求见表 4-10。

模型交付内容 表 4-10

序号	交付内容	交付标准	备注
1	深化设计全专业模型	深化设计全专业模型	建议 nwd 格式
2	碰撞检测分析报告	碰撞检测分析报告	可按进度提交
3	深化设计图	深化设计图	—
4	专业协调分析报告	专业协调分析报告	—
5	设计说明	设计说明	—
6	平立面布置图	平立面布置图	—
7	节点、预制构件深化图及计算书	节点、预制构件深化图及计算书	—
8	设备安装说明及维保信息	设备安装说明及维保信息	—

（2）模型维护

模型维护的原则及实施过程要求详见表 4-11。

模型维护原则及实施过程 表 4-11

原则	1.BIM 建模工作进行过程中，应与工程实际进度保持同步，BIM 模型和模型信息及时更新，确保模型处于可用状态。 2. 项目 BIM 建模团队依据设计与甲方签认的设计变更文件和图纸（包括洽商变更等）。 3. 随时进行模型更新，并进行更新模型后的碰撞检查，并将 BIM 碰撞检查报告及优化建议向设计与甲方进行反映，待甲方确认最终版变更设计图纸后重新完善模型及后期应用
实施过程	1. 变更来源：由甲方提供变更设计图纸。 2. 模型建立：由项目 BIM 工作组完成该项变更的模型建立。 3. 模型复核：由项目 BIM 工作组完成变更模型与原设计模型之间的叠合、碰撞检查等工作，并提交该项变更的碰撞检查报告和优化建议报告。 4. 模型更新：由甲方提供经确认的最终版变更设计图纸，按图更新模型

4.2 基于 Tekla 的钢结构构件深化

4.2.1 Tekla Structures 模型

1. 项目基本信息输入

菜单栏中选择"文件"-"工程属性…"，在对话框中输入项目信息，这些信息都可以在图纸、报表中调用（图 4-2）。

图 4-2 工程属性对话框

2. 建立基本模型

使用软件的绘制工具及导入的数据建立基础模型，在三维空间中准确放置梁、柱、板等对象，同时赋予对象正确的形状，材质等信息。

（1）建立轴线

使用轴线工具创建基础轴线，特殊位置的轴线可以单独绘制，弧形轴线需要用单独的半径轴线工具创建（图 4-3）。

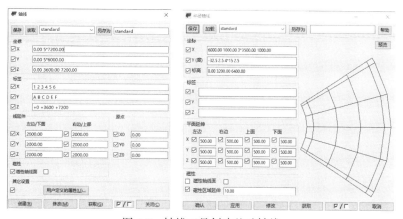

图 4-3 轴线工具创建基础轴线

（2）绘制基本构件

Tekla 中钢结构零件主要类型及示例见表 4-12。

Tekla 中钢结构零件的类型及示例 表 4-12

类型	图形示例
柱	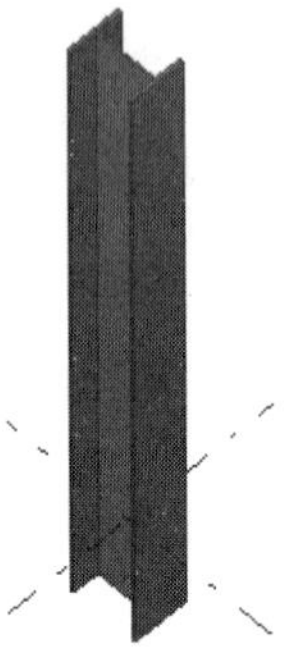
梁	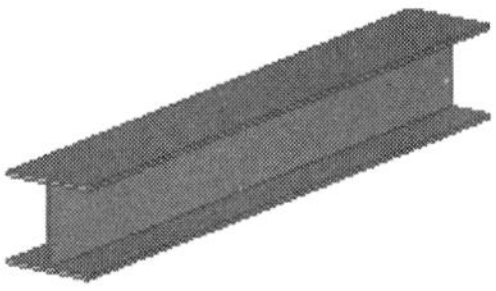
折梁 / 曲梁	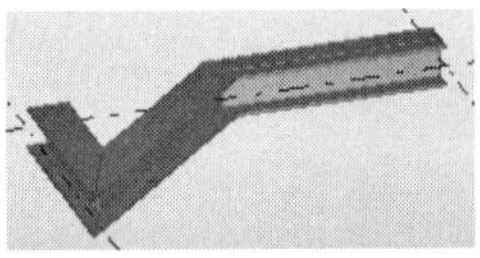 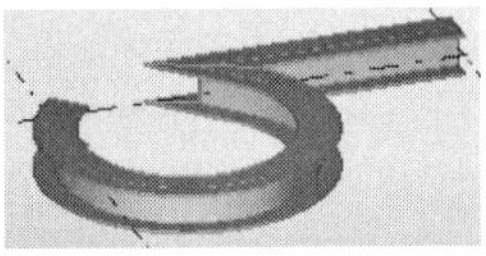
多边形板	

主要的混凝土零件类型及示例见表 4-13。

Tekla 中混凝土零件的类型及示例 表 4-13

类型	图形示例
混凝土填充基础	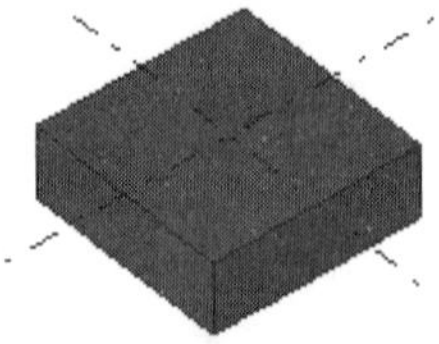
混凝土长条基础	

类型	图形示例
柱	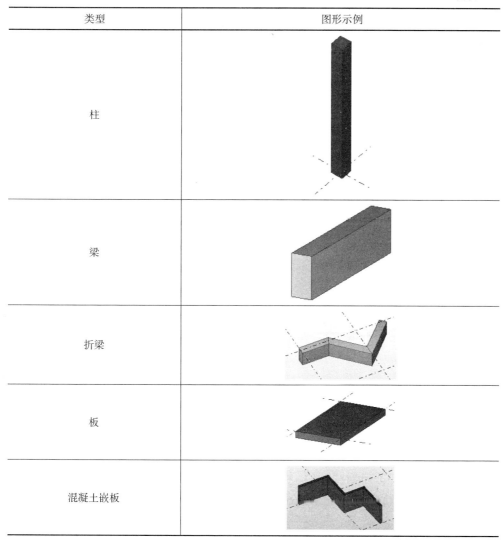
梁	
折梁	
板	
混凝土嵌板	

不同类型的零件创建方法各不相同,柱点击 1 次,梁(折梁)至少点击 2 次,板至少点击 3 次。

不同零件对象都有统一的旋转与对齐属性,描述物体相对控制点在空间中的不同关系具体见图 4-4、表 4-14。

图 4-4　对象的通用定位属性

属性名称	设置项	效果示例
在平面上	左边	
	中间	
	右边	
旋转	上面	
	前面	
	下面	
	后面	

属性名称	设置项	效果示例
在深度	前部	
	中间	
	后部	

零件的通用属性，定义了对象的材质、截面、编号信息等各种必要信息，以及备注等次要信息（图4-5）。

图4-5 对象的通用属性对话框

（3）外部数据输入

参考模型是用来帮助建造 Tekla Structures 模型的文件。可以在 Tekla Structures 中创建参考模型，也可以在其他软件或建模工具中创建参考模型，然后将其输入到 Tekla Structures 中。

例如，建筑模型、工厂设计模型或供热、通风与空调（HVAC）模型都可用作参考模型。参考模型还可以是简单的 2D 图纸，输入后用作直接构建模型的版面布置。可以捕捉参考模型的几何形状（图4-6）。

可以输入由其他软件创建的 2D 或 3D 模型，成为 Tekla Structures 的零件，然后使用 Tekla Structures 对结构对象进行细部设计或操作。模型完成后，可以输出模型并将其返回给建筑师或工程师以供查阅。

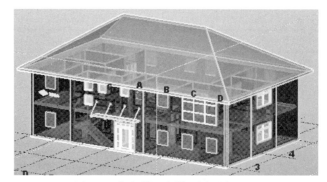

图 4-6 参考模型在模型视图中显示

.IFC 文件可以将 IFC 模型作为参考模型输入到 Tekla Structures，也可以选择性地使用 IFC 对象转换器将输入的 IFC 对象转换为本机 Tekla Structures 对象，或者使用转换更改管理将选定的 IFC 参考对象转化为本机对象。例如，可以在碰撞校核、报告和预定中使用输入的 IFC 参考模型。

建模中通过输入 AutoCAD 格式的设计图纸，形成辅助线，可以加快建模速度提高准确性。如果是曲线，曲面造型通过 3D DWG 文件输入 Tekla 软件后，实现 Tekla 钢结构曲面翻样（表 4-15）。

利用 **3D DWG** 文件帮助曲面建模示例   表 **4-15**

犀牛软件输出 3D DWG 文件	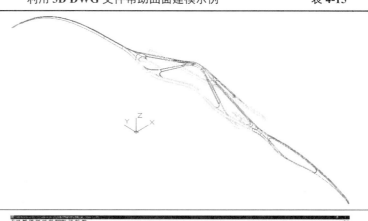
Tekla 导入 DWG 文件为辅助线	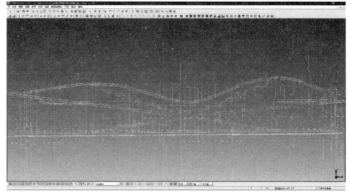

依据辅助线建立曲面构建模型	

支持输入到 Tekla 的软件格式主要有 .dwg、.dxf、.ifc 等，完整的支持列表可在 Tekla Structures 软件帮助文件及官方网站查看。

（4）荷载信息输入

基础模型建完以后，可以在零件上输入荷载信息，用于承载力计算和节点分析，但由于软件内置的计算方式和设计规范与国内不完全相同，国内项目使用 Tekla 做计算与分析的应用不多，海外项目可以视情况考虑使用。

3. 细部节点处理

细部节点处理是钢结构翻样工作的核心内容，将基本零件进行节点处理，加入加工需要的切割、开孔信息，同时检查安装方式，焊接空间等可能造成制作、安装不便的地方，提出可行的调整建议，在获得设计人员的认可后，做相应模型修改。

Tekla 的节点工具可分为梁柱节点，梁梁节点以及细部节点，自带的节点库可满足大部分钢结构常用节点的使用，每个节点工具都有大量的设置参数需要输入，以满足设计图纸的要求。

节点展示（图 4-7）：

圆形底板

美国拼接节点（77）

美国底板节点（71）

端板（144）

冷弯卷边搭接

特殊的全深度（185）

单剪板（146）

带加劲肋的梁（129）

螺栓连接的节点板（11）

图 4-7 部分系统节点

节点属性对话框及解释见图 4-8。

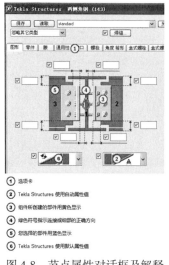

① 选项卡
② Tekla Structures 使用自动属性值
③ 组件所创建的部件用黄色显示
④ 绿色符号指示连接或细部的正确方向
⑤ 您选择的部件用蓝色显示
⑥ Tekla Structures 使用默认属性值

图 4-8　节点属性对话框及解释

4. 碰撞校核

在模型节点处理完后，模型编号前，应进行碰撞校核。碰撞校核可以找出模型中的物体碰撞，方便进行查看、处理，也能对外部输入的物体和 Tekla 中的物体进行碰撞校核，找出与别的子项或其他建筑物的碰撞，提交相关人员进行处理。碰撞校核也可以找出未处理的零件相交，避免后续加工错误（图 4-9）。

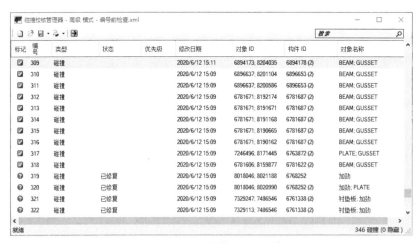

图 4-9　碰撞校核管理器对话框

4.2.2　Tekla Structures 清单和数据输出

1. 创建报告、清单

创建模型中所包含信息的报告。例如，该信息可以是图纸、螺栓和零件的列表。Tekla Structures 会直接从模型数据库中创建报告，因此相关信息总是准确的。报告可包含有关所选零件或整个模型的信息。Tekla Structures 包含许多标准报告模板。使用模板编辑器可以修改现有的报告模板，也可以创建新的模板以满足不同的需要。

创建报告的步骤：

（1）打开模型。

（2）如果需要，请对模型进行编号。可以创建报告而无需对模型进行编号。此功能在需要从大型多用户模型中生成草稿报告时很有用。如果编号不是最新的，Tekla Structures 会发出警告。

（3）在图纸和报告选项卡上，单击报告。

（4）从列表中选择报告模板。

（5）在报告中的标题列表中，输入要使用的报告标题。

（6）在名称框中，输入报告文件的新名称。

（7）在选项卡上设置查看选项。可以选择是在对话框中还是在浏览器中查看报告，以及是否显示报告。

（8）除非要为整个模型创建报告，请使用适当的选择开关和过滤选择要在报告中包括的对象。

（9）执行以下操作之一：

1）要运行整个模型的报告，请单击从全部的目标中创建。

2）要运行所选模型对象的报告，请单击"从已选定的 ... 中创建"（图 4-10、图 4-11）。

图 4-10　创建报告对话框

工程编号:	20200
项目名称	二期1#
日期	13.08.2020 20:59:58

螺栓等级	工地/工厂	类型	数量	重量 (kg)
C	工地	M 16x45	44	-
C	工地	M 20x55	96	-
TS10.9	工地	M 24x80	9824	778.00
TS10.9	工地	M 24x85	6600	161.75
共计:				939.75

图 4-11　创建出的报表示例

2. 创建、修改报告模板

在创建报告中的重要步骤是选择报告模板，模板文件定义了报告的内容与格式，在默认的模板不能满足要求的情况下，就需要编辑或创建合适的模板文件。

创建（编辑）清单模板步骤如下：

（1）在文件菜单上，单击编辑器→模板编辑器。

（2）在模板编辑器中，单击文件→新建。

（3）选择模板类型并单击确认，即会创建一个新的空模板。

（4）在模板中添加新行。

1）单击插入→组件→行以添加新行。

2）选择行的内容类型，然后单击确认。

3）对于每一新行重复步骤步骤1）和2）。

（5）添加值字段，以便从 Tekla Structures 数据库获取所需的数据。

1）单击插入→值字段。

2）单击一个点以定义行内字段的位置。将出现选择属性对话框，提示选择值字段的属性。

3）选择属性并单击确认。

4）对于每个值字段重复步骤1）～3）。

（6）保存模板。

1）单击文件→另存为。

2）浏览到模板文件夹 ..\environment\<your_environment>\template。

3）在文件名字段中，输入模板的名称。

4）单击确认（图 4-12）。

软件自带的清单模板文件，可以满足多种需求，如创建"material list"用于统计材料用量，创建"bolt list"统计螺栓数量，创建"Bolt_list_in_assembly_with_assembly"可以指导现场吊装时构件与构件间用何种规格的螺栓以及数量等。使用 Tekla 清单模板编辑器，模型中包含的所有信息都可以在清单中进行统计（图 4-13）。

在统计重量时，软件提供三种重量参数供调用，分别是 WEIGHT，WEIGHT_

GROSS 和 WEIGHT_NET。三个参数的计算方法不同，得到的结果视不同情况可能相同也可能不同，具体计算方法见表 4-16，可以调用不同参数达到不同的需求。

图 4-12　模板编辑器对话框

截面	材质	数量	长度(mm)	单个面积(m²)	合计面积(m²)	单重(kg)	总重(kg)
D20	三级钢筋	64	100	0.01	0.43	0.22	14.21
D20	三级钢筋	15	442	0.03	0.41	0.98	14.72
D20	三级钢筋	32	530	0.03	1.06	1.18	37.66
合计		111	29990		1.90		66.59
D22	三级钢筋	18	100	0.01	0.14	0.28	5.13
D22	三级钢筋	9	480	0.03	0.30	1.37	12.31
D22	三级钢筋	18	800	0.06	1.00	2.28	41.03
合计		45	20519		1.43		58.47
D30	Q345B	48	900	0.09	4.09	4.77	228.91
D30	三级钢筋	4	530	0.05	0.20	2.81	11.23
合计		52	45320		4.29		240.14
PD600×25	Q355B	2	2114.72	3.86	7.72	715.17	1430.34
PD600×25	Q355B	6	6822.8	12.73	76.37	2377.37	14264.23
PD600×25	Q355B	6	10824.63	20.43	122.58	3821.67	22930.01
PD600×25	Q355B	2	12050.85	22.57	45.14	4223.15	8446.30
合计		16	134215		251.81		47070.88
PIP180×12	Q355B	2	2625.03	1.48	2.97	130.50	261.00
PIP180×12	Q355B	2	2734.52	1.55	3.09	135.94	271.89
PIP180×12	Q355B	24	2740.07	1.55	37.19	136.22	3269.28
合计		28	76480		43.25		3802.17
PIP203×6	Q355B	1	4710.62	3.00	3.00	137.30	137.30
PIP203×6	Q355B	1	5844.32	3.73	3.73	170.34	170.34
合计		2	10554		6.73		307.65
PIP299×12	Q355B	1	3748.61	3.52	3.52	318.40	318.40
PIP299×12	Q355B	1	3748.62	3.52	3.52	318.40	318.40
PIP299×12	Q355B	6	4148.61	3.90	23.38	352.37	2114.22
PIP299×12	Q355B	6	6180.92	5.81	34.84	524.99	3149.93
PIP299×12	Q355B	1	6180.93	5.81	5.81	524.99	524.99

图 4-13　创建"material list"用于统计材料用量

参数名	计算方法
WEIGHT	显示对象的重量。计算公式取决于对象类型： （1）对于截面目录中定义了横截面的零件，根据截面目录中的横截面面积（位于分析选项卡的属性列表上）、长度（LENGTH）和材料密度（材料目录中截面的属性重量）计算重量。计算结果与 WEIGHT_GROSS 的计算结果相同。 （2）对于没有定义横截面的其他截面（通常是参数截面），显示通过截面体积和材料密度计算得出的净重。接合、切割、焊接预加工和添加部件影响体积的计算。 （3）对于具有表面处理的零件，显示零件和表面处理的重量。 （4）对于钢筋，显示组中一个钢筋的重量。WEIGHT_TOTAL 显示组中所有钢筋的重量。 （5）对于装配件，显示每个装配件部件的总重量。 （6）对于表面处理，显示表面处理的重量。 （7）对于螺栓，在相应的内容类型行中显示螺栓元素的重量。 （8）BOLT：显示螺栓的重量。 （9）NUT：显示螺母的重量。 （10）WASHER：显示垫圈的重量
WEIGHT_GROSS	显示总重，即加工部件所需材料的总重量。不同部件的计算公式有所不同： （1）如果零件在截面目录中定义了横截面，则通过零件长度（LENGTH）、截面目录中的横截面积和材料的密度计算重量。 （2）如果该部件是没有横截面积的叠合板或压型板，则根据板的总高度、总长度和材料密度（材料目录中板的属性重量）计算重量。 （3）对于其他没有横截面的截面（通常是参数截面），总重量以与 WEIGHT_NET 相同的方法计算，但计算时使用板密度值而不是截面密度值。 （4）对于装配件，显示装配件中包含部件的总重量。对于螺栓，显示螺栓的重量
WEIGHT_NET	显示加工部件、装配件或浇筑单元的重量。不同对象的计算公式有所不同： （1）对于部件，返回净重，也就是加工部件的实际重量。 （2）对于螺栓，返回螺栓重量，对于其他对象返回零。 （3）对于装配件，返回部件重量的总和。 使用部件体积和材料密度进行计算。计算所采用的密度值与截面横截面有关： （1）如果在截面目录中定义了横截面，则密度是材料目录中属性截面密度的值。 （2）如果没有横截面，则密度为材料目录中属性板密度的值

3. 模型输出

模型除了绘制加工图还可以输出 Tekla Structures 模型以供分析和设计使用（多种格式）。然后，可以将分析和设计结果输入回 Tekla Structures 模型（图 4-14）。

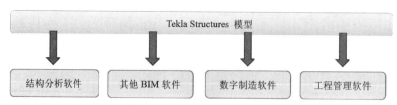

图 4-14 Tekla Structures 模型

可以为项目的工程和承包商阶段完成各种不同的模型传输。

可用多种格式输入形状。形状用于定义项目。

可以输出数据以便在制造信息系统和制造阶段中使用：

可以输出 CNC（计算机数字控制，Computer Numerical Control）数据，供自动切割机、钻孔机、CNC 焊接机使用。

例如，将数据输出到 MIS（制造信息系统，Manufacturing Information Systems），从而使制造人员可以跟踪工程进度。

主要支持的输出格式有 .dwg，.dxf，.ifc，.skp，.dgn 等，详细支持的软件及格式可在 Tekla 官网查询。

（1）输出 IFC

输出 IFC 文件主要步骤如下：

1）选择要输出的模型对象。

如果想要输出所有模型对象，不需要选择任何内容。

2）在文件菜单中，单击输出→IFC。

3）浏览输出文件位置，并将名称 out 替换为所需的文件名。默认情况下，IFC 文件会输出到模型文件夹下的 IFC 文件夹。文件路径的长度限制为 80 个字符。不需要输入文件扩展名，系统将根据所选的文件格式自动添加扩展名。

4）单击设置定义输出设置。

5）选择所选对象或所有对象以定义用于输出的对象选择。

6）单击输出（图 4-15）。

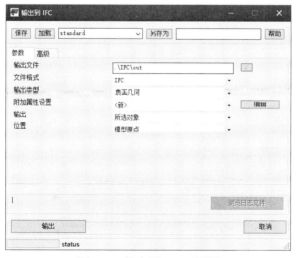

图 4-15　输出到 IFC 对话框

（2）CNC 数据输出

NC（数控）是指通过计算机控制机器工具的操作。NC 数据控制 CNC（计算机数控）机器工具的运动。在制造过程中，机器工具或加工中心将对材料执行钻孔、切割、冲压或定形操作。

在完成 Tekla Structures 模型的深化后，可以将 NC 数据以 NC 文件的形式从 Tekla Structures 输出，以供 CNC 机器工具使用。Tekla Structures 会将零件长度、孔位置、斜角、槽口和切割转换为机器工具用于在工厂内创建零件的坐标组。除了 CNC 机器工具外，NC 文件还可供 MIS 和 ERP 软件解决方案使用。

用于 NC 文件的数据来自 Tekla Structures 模型。建议在生成 NC 文件之前完成详细设计并创建图纸，确保模型无误（图 4-16）。

图 4-16　使用数控设备加工异形、曲面板件

Tekla Structures 可以以 DSTV（Deutsche Stahlbau-Verband）格式生成 NC 文件。Tekla Structures 也可以通过将 DSTV 文件转换为 DXF 文件以 DXF 格式生成 NC 文件。

1）以 DSTV 格式创建 NC 文件

默认情况下，Tekla Structures 将在当前模型文件夹中创建 NC 文件。多数情况下，每个零件都有其自己的 NC 文件。

注意有以下限制：

① DSTV 标准不支持曲梁，因此 Tekla Structures 不会为曲梁创建 NC 文件。请使用折梁替代曲梁。

② 弯板的 DSTV 不支持 KA 块。

输出 NC 文件的步骤（图 4-17）：

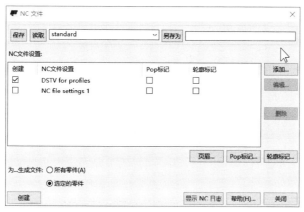

图 4-17　输出 NC 文件对话框

① 在文件菜单上，单击输出→NC 文件。

② 如果要使用某些预定义设置，请从顶部的设置文件列表中选择相应设置，然后单击加载。

③ 在 NC 文件对话框中，选中板的 DSTV 和 / 或截面的 DSTV 旁的创建列中的复选框。

④ 选择一个 NC 文件设置行，然后单击编辑，可以修改设置。如果要添加新的 NC 文件设置，请单击添加。此操作将在 NC 文件设置列表中添加新的行，并且 NC 文件设置对话框将会显示，在这里可以为设置指定新名称。

⑤ 在 NC 文件设置对话框中，在文件和零件选择、孔和切割、钢印标记和高级选项选项卡上修改设置。可以选择创建 DSTV 文件和 / 或 MIS 文件，或者创建嵌入 MIS 文件的 DSTV 文件。可以为主零件和次零件创建钢印标记。默认情况下，Tekla Structures 将只为主零件创建钢印标记。如果将高级选项 XS_SECONDARY_PART_HARDSTAMP 设置为 TRUE，则也可以为次零件创建钢印标记。

⑥ 可以另存为设置输入一个独特名称。Tekla Structures 将设置保存在当前模型文件夹下的 ..\attributes 文件夹中。

⑦ 单击确认保存 NC 文件设置并关闭 NC 文件设置对话框。

⑧ 在 NC 文件对话框中，使用所有零件或选定的零件选项选择是为所有零件还是仅为所选零件创建 NC 文件。如果使用选定的零件选项，则需要在模型中选择零件。

⑨ 单击创建。

Tekla Structures 将使用定义的 NC 文件设置为这些零件创建 .nc1 文件。默认情况下，将在当前模型文件夹中创建 NC 文件。文件名由位置编号和扩展名 .nc1 组成。

⑩ 单击显示 NC 日志创建并显示日志文件 dstv_nc.log，该文件列出了输出的零件和未输出的零件。如果未输出所有预期零件，请检查未输出的零件是否通过了

NC 文件设置中设置的所有截面类型、尺寸、孔和其他限制。

2）使用 tekla_dstv2dxf.exe 以 DXF 格式创建 NC 文件

可以使用单独的 Tekla Structures 程序 tekla_dstv2dxf.exe 将 DSTV 文件转换为 DXF 格式。仅将零件的一侧（前面、顶部、后面或底部）写入文件中，所以此输出格式最适用于板。

该程序位于 ..\Tekla Structures\<version>\nt\dstv2dxf 文件夹中。

以 DXF 格式创建 NC 文件步骤如下：

① 为 NC 文件创建文件夹，例如 c：\dstv2dxf。请勿在文件夹路径中使用空格。例如，不应将文件保存在 \Program Files 文件夹下的 Tekla Structures 文件夹中，因为该文件夹路径包含空格。

② 将 C：\Program Files\Tekla Structures\<version>\nt\dstv2dxf 中的所有文件复制到创建的文件夹（C：\dstv2dxf）中。

③ 创建 DSTV 文件并将这些文件保存在创建的文件夹（C：\dstv2dxf）中。

④ 双击适当的 dstv2dxf_conversion.bat 文件。该程序即会将这些文件转换为 DXF 格式并保存在同一个文件夹中。如果要调整转换设置，需修改相应 tekla_dstv2dxf_<env>.def 文件中的设置，然后重新开始转换（图 4-18）。

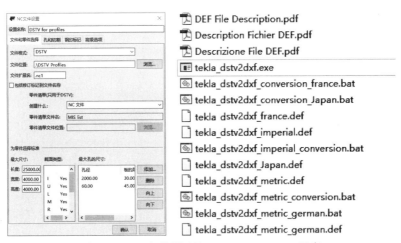

图 4-18　NC 文件设置及 tekla_dstv2dxf.exe 程序

4.2.3　Tekla Structures 图纸部分

1. 图纸示例（表 4-17）

2. 图纸设置

Tekla 的钢结构图纸类型分为布置图、构件图、零件图。另外还有多件图，是将多个图纸合并于一个图纸中。每个类型的图纸都有单独的设置，修改不同图纸的设置以表达不同的内容。

类型	细分类型	示例
布置图 （表达构件在现场的安装位置及做法）	平面布置图	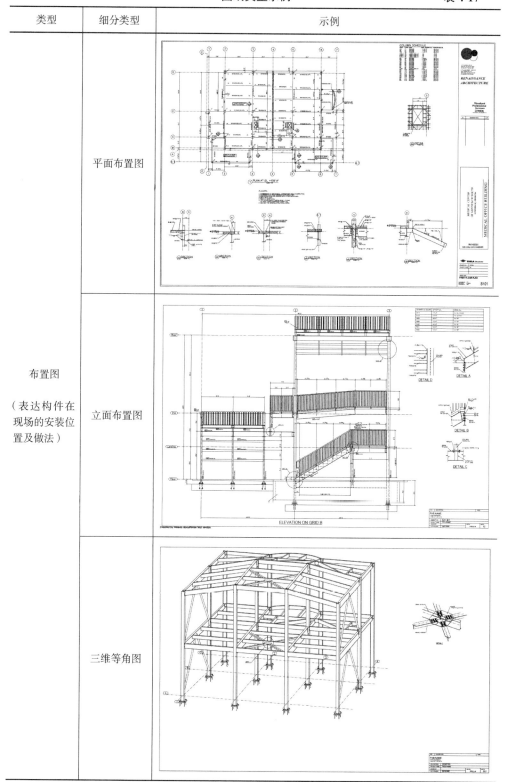
	立面布置图	
	三维等角图	

类型	细分类型	示例
构件图 （表达零件在构件中的位置与相互关系，以及开孔、切割信息，制作要求，用于车间制作）	钢梁构件图	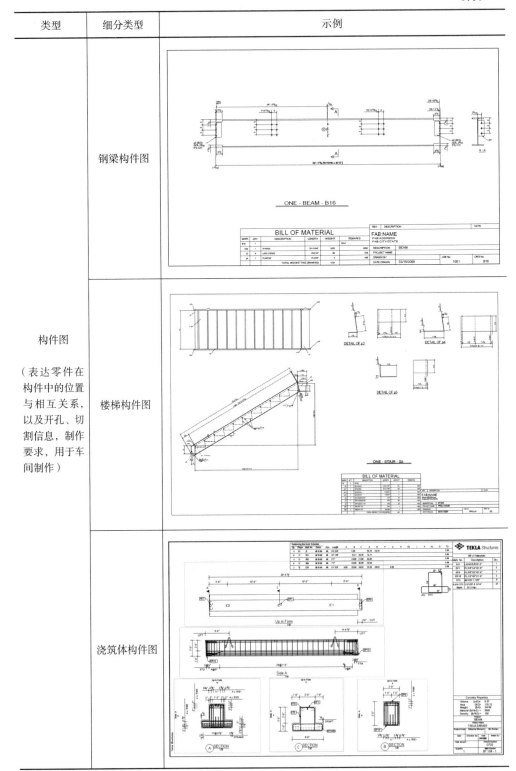
	楼梯构件图	
	浇筑体构件图	

类型	细分类型	示例
多件图 （将多个构件图合并在一个图面中）	—	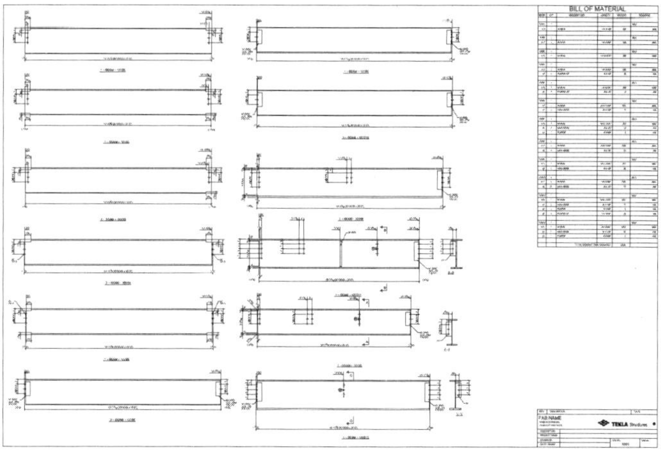
零件图 （表达单个零件的详细尺寸和开孔信息）	—	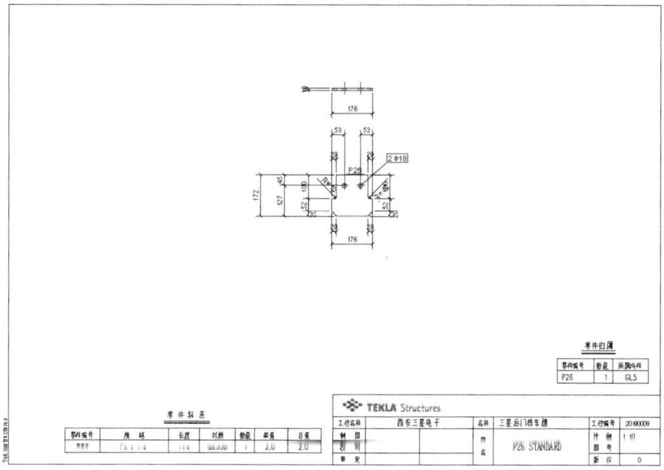

（1）自动图纸设置

自动图纸设置是通过以下方式定义的设置：

1）不同图纸类型中的图纸、视图和对象属性。属性已存储在属性文件中。可以为创建的每个图纸单独定义属性，但是建议在属性文件中保存最常用的设置以备将来使用，例如，在主图纸目录中。在创建新图纸时，请始终从加载认为包含了要创建图纸的最好设置的自动图纸属性开始，然后在创建图纸以前根据需要对设置进行调整。还可以在创建图纸后调整属性。通过转至图纸和报告选项卡，图纸属性，然后选择图纸类型，可以打开图纸属性对话框，用于设置自动图纸属性。

2）可以通过选项以及高级选项对话框中的多种选项和高级选项来设置图纸设置。

3）附加设置文件，例如用于钢筋设置的 rebar_config.inp，用于阴影图案设置的 hatch_types1.pat。

（2）零件图、构件图和浇筑体图纸属性（图4-19）

图纸包含两种自动属性：图纸特定属性和视图特定属性。图纸特定属性适用于整个图纸：坐标系、坐标系旋转、图纸标题、图纸布置、用户定义的属性、保护设置以及某些细部和剖面图属性。可以为选择创建的每个视图单独定义视图特定属性。例如，可能希望在一个视图中显示标记，在另一个视图中显示尺寸，而在第三个视图中显示表面处理。可以根据需要创建任意多个视图。

指定创建的图纸视图以及使用的属性，请跟随图4-20中显示的路径。首先选择要创建的视图，然后选择要用于这些视图的视图属性。如果需要调整视图属性或创建新视图属性，请单击视图属性然后进行调整，包括尺寸、过滤、标记和对象的属性。请始终使用保存来保存视图属性，否则不会保存更改（图4-20）。

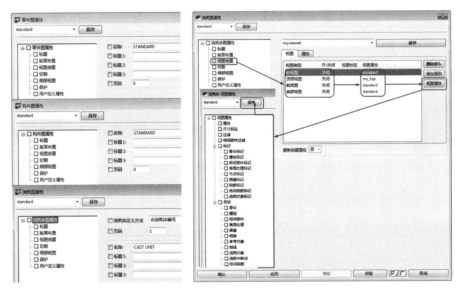

图4-19　不同类型图纸的属性对话框　　图4-20　指定创建的图纸视图以及使用的属性

通过双击图纸背景或视图边框，可以在打开的图纸中分别修改零件图、构件图和浇筑体图纸中的图纸级别属性及视图级别属性。这些可用的属性与图4-20所示的对话框中的属性相同。

（3）整体布置图属性

在创建图纸以前，可以在图纸级别定义整体布置图的自动图纸属性。通过双击图纸背景在打开图纸中修改图纸级别属性。在激活整体布置图的创建后，可以选择要创建的视图。双击视图边框以在打开图纸中调整视图级别属性。

（4）索引平面图

索引平面图或索引平面视图是图纸中的一张小地图，它指示模型中构件、浇筑体或零件的位置。索引平面图包含模型轴线以及所包括的图纸视图中显示的构件、浇筑体或零件。

Tekla Structures 自动在索引平面图中包含正确的零件。可以将仅包含一个具有正确比例的视图的图纸用作索引平面图。Tekla Structures 仅使用原始图纸中的视图。索引平面图不涉及原始图纸的视图位置、图纸尺寸和模板。

3. 创建图纸、管理图纸

（1）创建图纸

创建图纸前需要编号。在创建零件、构件或浇筑体图纸时，首先加载图纸属性中最近的、可能预定义的属性，然后根据需要修改属性，最后再创建图纸。

1）在图纸和报告选项卡上，单击图纸属性然后选择图纸类型。

2）在版面布置对话框中，加载适当预定义的图纸属性（已保存设置）。在创建图纸时，始终要加载预定义属性。当需要修改图纸属性时，可在必要时将更改保存到新的属性文件中。

3）单击视图创建，选择您要更改的视图和属性，然后单击视图属性。

如果未定义任何视图，请先添加视图，然后为视图选择相应的视图属性。

4）如果需要，可以修改视图属性，包括视图、建筑对象、尺寸标注和标记设置并应用细部对象级设置。

5）单击保存以保存视图属性。

6）单击关闭返回到图纸属性。

7）保存先前加载的图纸属性。

8）单击应用或确认。

9）选择对象或使用相应的选择过滤来选择用于创建图纸的对象，然后选择整个模型。

选择零件时应仅在选择工具栏上激活选择零件开关。否则，在大模型中选择对象会花费很长时间。

10）执行以下操作之一：

① 在图纸和报告选项卡上，单击图纸属性然后选择图纸类型。

② 如果选择了单个对象，右键单击并选择相应的图纸创建命令。

Tekla Structures 随即创建图纸。创建的图纸列于图纸列表中。如有已存在具有相同类型和标记的图纸，Tekla Structures 不会创建新的图纸（图 4-21）。

（2）管理图纸

在模型中的图纸和报告选项卡上，单击图纸列表（Ctrl＋L），或在打开的图纸中，在图纸选项卡上，单击图纸列表（Ctrl＋O）可以打开图纸列表对话框，在此对话框中对所有生成的图纸进行管理（图 4-22）。

Tekla Structures 使用特定符号标记来表示图纸的状态。"发行""准备发布""锁定""冻结""主"和"最新"列包含标记，可能的附加信息显示在"更改"列中。如果图纸没有任何标志符号，则表明该图纸是最新的（图 4-23）。

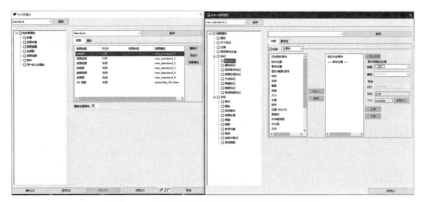

图 4-21　构件图属性及视图属性对话框

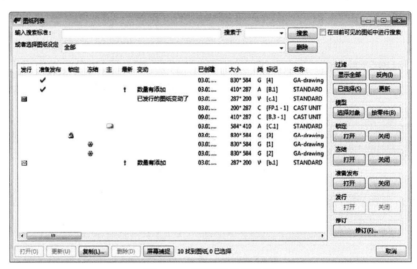

图 4-22　图纸列表对话框

发行	准备发布	锁定	冻结	主	最新	变动	已创建
	✔						03.01....
	✔					!	数量有添加	03.01....
✉						已发行的图纸变动了	03.01....
							03.01....
							09.01....
							03.01....
							03.01....
							03.01....
							03.01....
✉						!	数量有添加	03.01....

图 4-23　图纸列表局部——显示图纸状态

可以使用图纸列表对每个图纸进行锁定、冻结、准备发布、发行操作。已锁定的图纸不能进行编辑，必须关闭锁定后才能编辑修改。冻结可以阻止图纸自动更新，当模型发生变化时，冻结图纸可以避免模型的更新导致图纸出现变更。

冻结按以下方式影响图纸：

1）关联性不会从冻结的图纸中消失。在解冻图纸时，关联性会重新生效。

2）冻结对复制结果没有任何影响。如果您编辑图纸，在编辑图纸之前冻结图纸和在编辑图纸之后冻结图纸的效果是相同的。

3）如果图纸已被冻结，则在更新图纸时，关联图纸对象不会更新。这意味着不会更新尺寸和视图，而且在移动零件的情况下，标记不会随零件一起移动。

4）如果冻结图纸后在模型中更改零件，则在更新图纸时，该零件的几何形状会在冻结的图纸中更新。

5）在复制之前解冻图纸对复制结果没有任何影响。这意味着可以始终将图纸保持冻结状态，也可以在复制之前临时解冻图纸。

6）如果在更新之前冻结图纸，图纸会正常更新。

理解冻结对图纸的影响对于当模型发生变化需要修改图纸时，如何保持关联性进行尺寸线自动修改很有帮助（图4-24）。

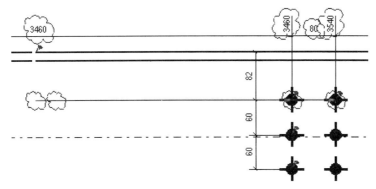

图 4-24　图纸尺寸标注跟随模型变化更新

（3）修改图纸

1）添加手动尺寸

自动尺寸不能满足图纸表达要求时，需要手动修改或添加尺寸，方式如下：

按住 Shift 键，在尺寸标注选项卡上，根据要创建的尺寸类型，单击其中一个尺寸标注按钮，尺寸标注按钮对应功能见表4-18。

尺寸标注按钮对应功能　　　　　　　　　　　　表 4-18

按钮图标	功能
	添加水平尺寸：通过选取要标注尺寸的点，在 x 方向创建一个尺寸。x 取决于当前 UCS
	添加垂直尺寸：通过选取要标注尺寸的点，在 y 方向创建一个尺寸。y 取决于当前 UCS

按钮图标	功能
	添加正交尺寸：通过选取两个点来设置尺寸线的方向，然后选取要标注尺寸的点，创建一个与定义的线正交的尺寸
	添加直角尺寸：通过选取要标注尺寸的点，在 x 或 y 方向创建一个尺寸。Tekla Structures 使用较大的总距离的方向。x 和 y 取决于当前 UCS
	添加具有直角参考线的弯曲尺寸：通过选取三点定义弧，然后选择要标注尺寸的点，可以创建具有直角参考线的弯曲尺寸。在线上的尺寸文本可以为距离或角度值
	添加具有径向参考线的弯曲尺寸：通过选取三点定义弧，然后选择要标注尺寸的点，可以创建具有径向参考线的弯曲尺寸。在线上的尺寸文本可以为距离或角度值
	添加自由尺寸：创建一个与选取的任意两个点之间的线平行的尺寸
	添加 COG 尺寸：通过在重心位置创建 COG 尺寸并添加重心（COG）符号，在零件图、构件图和浇筑体图纸中指示 COG 的位置。也可以在剖面图中创建 COG 尺寸
	添加平行尺寸：通过首先选取两个点来定义尺寸线的方向，然后选择要标注尺寸的点，创建一个与定义的线平行的尺寸
	添加径向尺寸：通过选取三个点来定义弧，然后为尺寸选取一个位置，从而创建径向尺寸
	添加角度尺寸：通过选取顶点和两个点来定义角度，从而创建角度尺寸。选择一侧以放置尺寸

2）标注重心（COG）尺寸

通过在重心位置创建 COG 尺寸和 COG 符号，可以在零件图、构件图和浇筑体图纸中指示重心（COG）的位置（也可以在剖面图中创建 COG 尺寸），便于在吊装时确定吊点位置。如果零件图、构件图或浇筑体图纸发生更改，COG 尺寸将自动更新。COG 尺寸也可以被克隆。

限制：

① 如果复制包含 COG 尺寸的图纸或将其链接到另一张图纸（例如多件图），将不会复制 COG 尺寸。

② 不能在整体布置图或多件图中创建 COG 尺寸。

标注重心（COG）尺寸步骤：

① 在打开的图纸中的尺寸标注选项卡上，单击添加COG尺寸。

② 根据需要修改选项，见图4-25。

图4-25　COG尺寸设置对话框

　　a. 在创建中选择符号只能看见COG符号，选择尺寸只能看见COG尺寸。要看见两者，请选择两者（图4-26）。

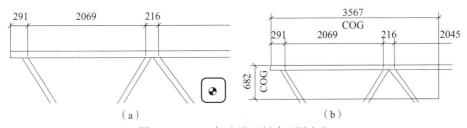

图4-26　COG标注设置创建不同内容

　　b. 在尺寸标注中选择是创建水平尺寸还是垂直尺寸，或者选择两者。

　　c. 在尺寸属性中，可以加载预定义的尺寸属性。

　　COG尺寸的外观设置（大小、颜色等）从在尺寸属性中加载的尺寸属性文件中读取。要创建和保存尺寸属性文件，请在图纸选项卡上，单击属性→尺寸。例如，可以创建专门的COG尺寸属性文件来更改颜色或箭头类型，并加载尺寸属性中已保存的属性。

　　d. 在符号选项中，可以更改正在使用的符号文件和要用于COG的符号，并加载预定义的符号属性。只有在为创建选择了两者或符号时，才能访问符号选项。符号的外观设置（高度、颜色等）从在符号属性中加载的符号属性文件中读取。

　　要创建和保存符号属性文件，在图纸选项卡上，单击属性→符号。例如，可以创建专门的COG符号属性文件来更改符号的颜色和高度，并加载符号属性中已保存的属性（图4-27）。

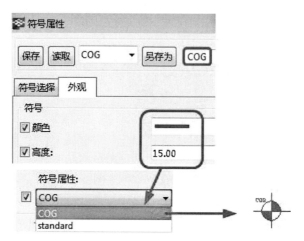

图4-27　保存符号属性设置

③ 单击确认。

④ 选取第一个点以指定尺寸的原点。原点是开始测量重心位置的点。此点必须位于视图边框内（图4-28）。

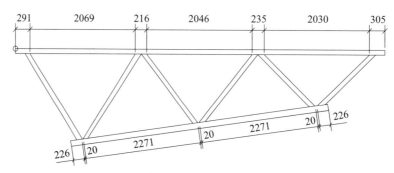

图4-28　指定尺寸原点

⑤ 选取第二个点以放置尺寸。此点可以位于视图边框外面。图4-29、图4-30的示例显示了所创建的尺寸。

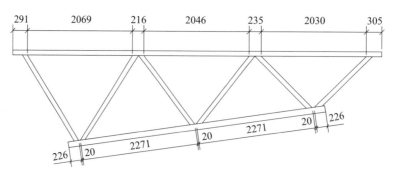

图4-29　点击鼠标放置尺寸标注

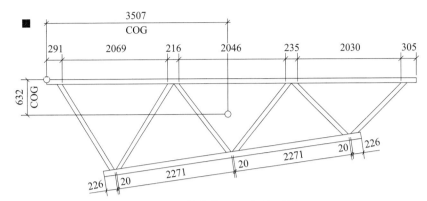

图 4-30　创建的 COD 标注示例

⑥ 选择尺寸后，尺寸原点和尺寸位置会显示控柄。可以拖动这些控柄以调整原点或位置，也可以使用标准编辑命令移动这些控柄。

3）焊缝标注

焊缝标注是钢结构加工图中的重要信息，Tekla 软件中的自动焊缝标注要求在建模过程中详细设置焊缝形式和尺寸等信息，当模型中的焊缝信息错误或不可用时，可以在图纸中添加焊缝标注，表达正确的焊缝要求。

图 4-31 及图 4-32 中标明了焊缝标注不同部位的数字或符号的含义，以及对应设置的位置，线上部分和线下部分是分开设置的。图中数字表示的含义如下：

① 焊接前缀；

② 焊缝尺寸；

③ 焊接形式；

④ 焊接的角度；

⑤ 焊缝轮廓符号；

⑥ 焊接抛光符号；

⑦ 有效喉高；

⑧ 根部开孔；

⑨ 边缘／四周，使用焊缝周围符号；

⑩ 工厂／工地，使用工地焊接符号。

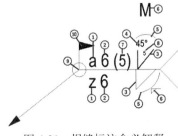

图 4-31　焊缝标注含义解释

图 4-32　焊缝标注属性对话框

（4）打印图纸

1）打印为 .pdf 文件、绘图文件（.plt）或打印到打印机

可以将图纸和所选图纸区域打印为 .pdf 文件、发送至绘图机 / 打印机的绘图文件（.plt）或打印到打印机。还可以更改打印图纸的线宽（笔号）（图 4-33）。

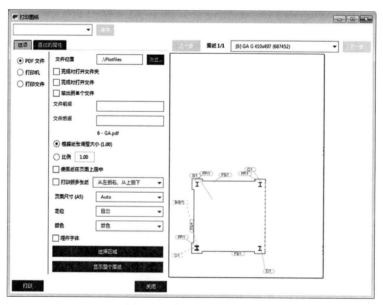

图 4-33　打印图纸对话框

打印图纸步骤:

① 在文件菜单上,单击打印→打印图纸。

② 从左上角的设置列表中读取所需的打印设置。

还可以为设置指定新名称,在这种情况下,需要在修改任何设置之前提供新名称,否则更改将会丢失。

③ 在显示的图纸列表中,选择要打印的图纸。将检测任何过期的图纸并询问是否将它们包括在输出中。还可以打印最新的锁定图纸。如果锁定的图纸不是最新的,则无法打开或打印它,并会报告失败的打印输出。除非图纸的状态是初始零件已删除,否则可以打印任何未锁定的图纸。

④ 如需显示图纸预览,请在打印图纸对话框顶部的图纸列表中选择相应选项。图纸会在预览中逐个显示。预览总是显示最新的图纸。可以使用下一步和上一步在选择的图纸集中滚动。

⑤ 选择打印选项:

a. PDF 文件:将图纸转换到 PDF 格式。

b. 打印机:将图纸发送到所选打印机。

c. 打印到文件:这会将图纸转换为适合选定打印机的格式的打印文件,并将它们保存在指定位置。

⑥ 在选项卡中定义打印设置。可用的设置取决于选择的打印选项。

⑦ 转到线宽选项卡将图纸颜色映射到线宽(笔号),并设置打印输出的颜色(图 4-34)。

⑧ 如果需要为打印机或打印文件更改 Windows 打印设置,单击属性按钮并修改必需的设置。

⑨ 使用左上角的保存按钮,以保存打印设置。

⑩ 单击打印以 .pdf 格式打印图纸,或将图纸打印为打印文件,或者根据在对话框中定义的设置将图纸发送到打印机。每份发送至打印机的图纸都是一个单独的打印任务。

2)自定义打印输出文件名称

为使打印的 PDF 文件文件名符合

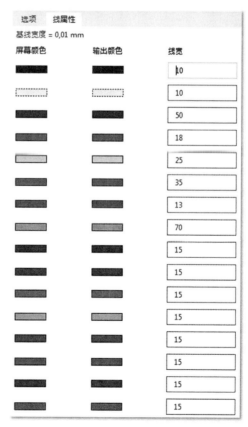

图 4-34 设置打印颜色及线宽

要求，可以通过使用某些特定于图纸类型的高级选项，设置 Tekla Structures 自动命名 .pdf 文件和图形文件的格式。

① 在文件菜单上，单击设置→高级选项，然后转到打印类别。

② 针对所有高级选项 XS_DRAWING_PLOT_FILE_NAME_A、XS_DRAWING_PLOT_FILE_NAME_W、XS_DRAWING_PLOT_FILE_NAME_G、XS_DRAWING_PLOT_FILE_NAME_M 或 XS_DRAWING_PLOT_FILE_NAME_C 输入值。末端的字母表示图纸类型。也可以组合多个值。值不区分大小写。

③ 单击确认。

可用的参数项如表 4-19 所示。

自定义文件名格式参数

表 4-19

参数	结果示例	说明
%NAME% %DRAWING_NAME%	P_1	零件、构件或浇筑体位置，使用文件名格式 prefix_number
%NAME.-% %DRAWING_NAME.-%	P-1	零件、构件或浇筑体位置，使用文件名格式 prefix-number
%NAME.% %DRAWING_NAME.%	P1	零件、构件或浇筑体位置，使用文件名格式 prefixnumber
%REV% %REVISION% %DRAWING_REVISION%	2	图纸修订编号
%REV_MARK% %REVISION_MARK% %DRAWING_REVISION_MARK%	B	图纸修订标记
%TITLE% %DRAWING_TITLE%	PLATE	图纸属性对话框中的图纸名称
%UDA：<drawing userdefined attribute>%	油漆	用户定义图纸属性的值。用户定义的图纸属性在 objects.inp 中定义。用户定义属性的实际值在特定于图纸的用户定义属性对话框中输入
%REV? - <text>%	2 - Rev	添加有条件的前缀。在此示例中，如果 REV 存在，Tekla Structures 将向文件名的 ? 和 % 之间添加文本
%TPL：<template attribute>%	底板	可以使用可在模板编辑器中找到的模板属性。这些属性的实际值在图纸属性对话框中输入。示例： %TPL：TITLE1% %TPL：TITLE2% %TPL：TITLE3% %TPL：DR_DEFAULT_HOLE_SIZE% %TPL：DATE% %TPL：TIME% %TPL：DR_DEFAULT_WELD_SIZE%

4.3　二次结构深化 BIM 应用

利用 BIM 进行二次结构深化设计可将二维图纸转化为三维模型，清晰直观，便于进行二次结构施工技术交底，动态调整砖体排布且部分软件可直接提取工程量。较传统 CAD 二次结构深化工作大大提高了工作效率，可更好地辅助现场施工管理，降低施工材料耗损率，节约成本。

4.3.1　应用流程

二次结构工程是主体结构工程和后续施工工程的过渡，在施工过程中会穿插机电安装工程及装饰装修工程施工，因此在其深化设计时要充分考虑其他专业对二次结构的影响，在 BIM 模型中进行多专业的碰撞检查才能真正地使深化设计更具指导意义（图 4-35）。

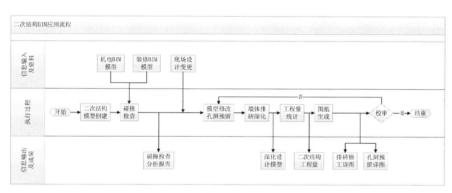

图 4-35　二次结构 BIM 应用流程

4.3.2　软件方案

1. 软件选择方案（表 4-20）

软件选择方案　　　　　　　　　　　　　　　　　　　　　表 4-20

序号	应用软件	功能用途
1	Revit	CAD制作pat图案 →(.pat) Revit二次结构建模 →(.dwg) 生成排布图纸
2	Revit、广联达 BIM5D	Revit二次结构建模 →(.ESD) 广联达BIM5D平台深化模型 →(.dwg) CAD排布图纸；→(.xlsx) 二次结构工程量

2. 方案优势对比（表 4-21）

两种 **BIM** 应用方案对比 表 **4-21**

序号	可实现内容	Revit	广联达 BIM5D
1	墙体砖排布	√	√
2	构造柱深化、水平系梁、圈梁、芯柱、过梁	√	√
3	导墙	×	√
4	灰缝	√	√
5	洞口、线槽	√	√
6	顶部斜砖	√	√
7	提量	×	√
8	软件投入额外成本	×	√

4.3.3　建模方法及细度

二次结构 BIM 模型由 Revit 创建，除基本的几何信息外，模型元素应添加材质信息和编码信息等，具体内容见表 4-22。

二次结构建模精细度要求 表 **4-22**

序号	模型元素名称	信息类别	信息内容
1	墙体	几何信息	墙体位置和几何尺寸
2			砌块规格尺寸和位置
3			灰缝位置和宽度
4			拉结筋的规格和位置
5		非几何信息	砌块的材质、强度和表观密度
6			砂浆的强度和配合比
7			砌块的编码信息
8	构造柱、芯柱、水平系梁、圈梁、过梁、导墙	几何信息	构造柱和抱框柱的位置和几何尺寸
9			水平系梁、圈梁和过梁位置和几何尺寸
10			导墙位置和几何尺寸
11			钢筋的规格和位置
12		非几何信息	混凝土的强度等级和配合比
13			构建编码信息
14	洞口、线槽	几何信息	位置和尺寸

4.3.4 应用步骤及成果

结合实际应用频率及使用情况，下面将对利用广联达 BIM5D 进行二次结构 BIM 应用的步骤和成果进行详细介绍：

（1）利用 Revit 按照精细度要求完成二次结构模型建模；

（2）利用 Revit 附加管理模块内的 BIM5D 插件端口（图 4-36），将模型导出为".E5D"格式文件；

图 4-36　Revit 附加模块 BIM5D 插件端口

（3）用广联达 BIM5D 软件打开模型文件，选择所需进行二次结构设计的墙体后，"自动排砖"命令亮显可用（图 4-37），点击即可进入排砖深化界面；

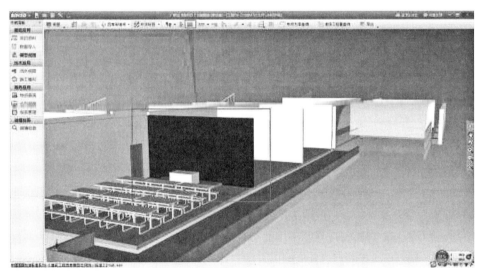

图 4-37　BIM5D 自动排砖功能

（4）进行主砌块模板设置，设置墙体砌块的主要参数，如砌体规格、塞缝砖规格、灰缝厚度、错缝长度、导墙高度等参数并保存为相应的材料模板（表 4-23）；

（5）进行芯柱、构造柱、圈梁等措施构件，其中当构造柱距墙顶或距墙底有一定距离时，需要单独建立新的构造柱，相应命名原则根据自身需求确定（表 4-24）；

序号	操作名称	操作截图
1	基本参数设置	
2	塞缝砖设置	
3	其他参数设置	
4	导墙设置	

序号	操作名称	操作截图
5	保存模板	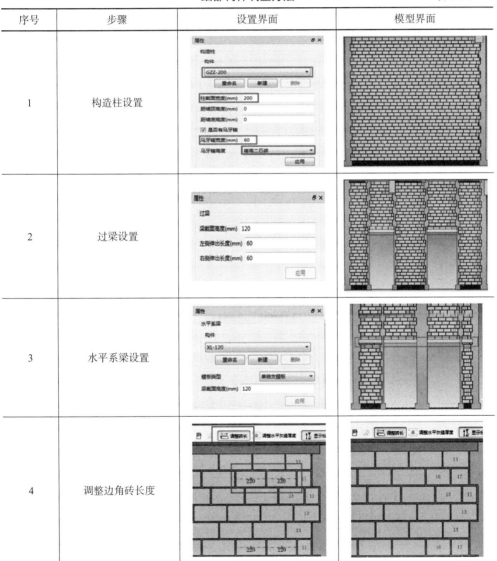

细部构件调整方法　　　　　　　　　　　表 4-24

序号	步骤	设置界面	模型界面
1	构造柱设置		
2	过梁设置		
3	水平系梁设置		
4	调整边角砖长度		

注：排砖过程中已建立的构件参数一旦被修改，其余已经排布完成的墙体的相应构件也会产生变化，在排布过程中切记不要轻易修改已建构件的参数。

（6）应用成果输出

软件模型调整完毕后，可通过软件平台输出工程量及 CAD 施工图纸，用于辅助现场施工（表 4-25）。

成果输出

表 4-25

序号	成果及用途	成果文件格式	成果展示
1	导出 CAD 排布图	DWG	
2	在软件物资查询功能中导出分段材料用量	Excel	
3	导出施工进度模拟动画及输出图片	视频、图片	

4.4 机电深化设计 BIM 模型管控要点

4.4.1 命名规则

1. 构件名称规则（表 4-26、表 4-27）

构件命名规则示例 表 4-26

专业	族命名规则	族名称命名规范
暖通	构件名称－主要参数－专业－其他	风管－镀锌钢－角钢法兰－暖通－回风
电气	构件名称－主要参数－专业－其他	变压器－干式－7200kVA－20/10kV－电气－供电
消防	构件名称－主要参数－专业－其他	蝶阀－F2－对夹式－法兰－球墨铸铁－PN16－消防－消火栓
给水排水	构件名称－主要参数－专业－其他	水泵

构件命名规则解释 表 4-27

规则	内容	示例
构件名称	应表达为构件的通常称呼	螺杆式冷水机组，在构件名称中应为"冷水机组"
主要参数	运作原理	以螺杆式冷水机组为例，其运作原理为"螺杆式"
	安装及连接形式	以对夹式蝶阀为例，其安装形式为"对夹式－法兰"
	材质（针对材料类构件）	以镀锌钢风管柱为例，其材质为"镀锌钢"
	运行参数	以水泵为例，其参数应包含流量、扬程、功率等
	外形参数（应包含主要外形尺寸）	以风机为例，其尺寸应包含安装所需高度及宽度
专业	建议以构件主要功能所服务的专业为准	例如消防镀锌钢管，专业命名宜为"消防"，以此类推
其他	描述性字段，用于说明文件中的内容，避免与其他字段重复，用于解释前面未尽事宜，或进一步说明所包含的数据等	机电专业划分系统较多，以暖通专业为例，宜在"其他"中明确其系统，比如送风、回风、排风等

2. 系统（分部、分项）命名细则（表 4-28、表 4-29）

系统单元的划分，应以机电施工验收规范等文件中的分部、分项为依据。在此基础上，根据项目机电专业所含系统，进行细化，确保所划分系统单元的相对独立性。

系统命名规则示例 表 4-28

专业	系统命名规则	族名称命名示范
暖通	专业－系统－其他	暖通－空调送风－AHU01
电气	专业－系统－其他	电气－供电－10kV 应急高压
消防	专业－系统－其他	消防－喷淋－上喷干式
给水排水	专业－系统－其他	给水排水－排水－压力排水

系统命名规则解释 表 4-29

规则	内容	示例
专业	参考构件命名规则中"专业"	例如消火栓系统，专业命名宜为"消防"，以此类推
系统	应基于国标规范，在其分部分项基础上，根据项目设计说明中系统进行细化，可使用中文或英文简写对其进行描述	例如某项目给水排水专业中系统"市政给水"，也可为设计说明中英文简写"CIW"
其他	旨在细化系统概念，包含子系统、供回系统等，对系统的特点进一步明确	以中温冷冻供水系统，应表达为"中温－供"

4.4.2 模型表达

为了方便项目参与各方协同工作时易于理解模型的组成，特别是机电模型系统较多，通过对不同专业和系统模型赋予不同的模型颜色，将有利于直观快速识别模型。

如果模型来自设计模型，可继续沿用原有模型颜色，并根据施工阶段的需求增加和调整模型颜色。如果模型是在施工阶段时创建，可参照表 4-30 所示进行颜色设置。

机电建模模型图例   表 4-30

管道名称	RGB	管道名称	RGB
暖通水		给水排水	
HVAC_冷热水供水管	249, 089, 031	PD_生活给水	000, 255, 000
HVAC_冷热水回水管	254, 180, 009	PD_热水给水	168, 000, 084
HVAC_冷冻水供水管	092, 210, 089	PD_热水回水	000, 255, 255
HVAC_冷冻水回水管	207, 004, 251	PD_污水重力	153, 153, 000
HVAC_热水供水管	249, 089, 031	PD_污水压力	000, 128, 128
HVAC_热水回水管	254, 180, 009	PD_废水重力	153, 051, 051
HVAC_冷却水供水管	102, 153, 255	PD_废水压力	102, 153, 255
HVAC_冷却水回水管	255, 153, 000	PD_雨水重力	227, 227, 000
HVAC_冷媒管	102, 000, 255	PD_雨水压力	227, 227, 000
HVAC_冷凝水管	099, 000, 189	PD_通气管	051, 000, 051
HVAC_空调加湿	235, 128, 128	PD_生活中水	151, 129, 254
HVAC_溢水管	050, 250, 250	消防	
HVAC_热媒供水	230, 000, 175	FS_消防水炮	255, 000, 127
HVAC_热媒回水	157, 009, 050	FS_气体灭火	012, 243, 168
HVAC_膨胀水	000, 128, 128	FS_消火栓	255, 000, 000
暖通风		FS_自动喷淋	000, 153, 255
HVAC_厨房排油烟	255, 055, 055	FS_细水喷雾	255, 124, 128
HVAC_排风/排烟	255, 000, 255	强电	
HVAC_排烟	210, 036, 036	EL_动力桥架	000, 204, 000
HVAC_排风	102, 153, 255	EL_高压桥架	255, 000, 155
HVAC_新风	055, 055, 255	EL_照明桥架	000, 128, 255
HVAC_未处理新风	111, 111, 255	EL_消防动力桥架	255, 055, 055
HVAC_正压送风	128, 128, 000	EL_变电桥架	000, 064, 128
HVAC_送风	055, 055, 255	EL_柴发桥架	019, 083, 168
HVAC_回风	000, 153, 255		
HVAC_送风/补风	083, 186, 255		
HVAC_补风	128, 188, 255		
弱电			
ELV_弱电桥架	018, 116, 069		
ELV_消防桥架	255, 000, 000		

管道名称	RGB	管道名称	RGB
ELV_ 楼控／能源管理／智能照明	128，255，255		
ELV_ 有线电视／无线对讲系统预留	182，200，255		
ELV_ 车库管理	085，170，185		
ELV_ 安防／巡更	106，202，074		
ELV_ 视频监控	196，241，039		
ELV_ 综合布线	080，050，245		

4.4.3　模型元素基本信息

基于机电安装项目特点，模型信息除几何参数外，还应表达其专业参数。为满足模型应用所需精细度，同时尽可能压缩建模周期，因此宜根据不同应用阶段对模型信息内容进行规划。表 4-31～表 4-33 列举机电各专业模型在深化设计阶段和施工过程阶段的元素信息，供项目实操时参考。

给水排水系统模型元素基本信息　　　　　　　　　表 4-31

内容	深化设计模型（LOD350）		施工过程模型（LOD400）	
	模型元素	元素信息	模型元素	元素信息
生活水系统	给水排水及消防管道；管件；阀门；仪表；卫生器具；消防器具；管道设备支架；机械设备（水泵、水箱、换热设备等）	几何信息：机械设备、卫生器具、管道、管件、阀门、仪表、管道设备支架的位置及尺寸；影响结构构件承载力或钢筋配置的管线、孔洞的位置及尺寸。非几何信息：各类机械设备、卫生器具、管道、管件、阀门、仪表、管道设备支架的规格型号、材料和材质、技术参数等产品信息；各类机械设备、卫生器具、管道、管件、阀门、仪表、管道设备支架的系统类型、连接方式、安装部位、安装要求、施工工艺等安装信息；大型设备应具有相应的载荷信息	给水排水及消防管道；管件；阀门；仪表；卫生器具；消防器具；管道设备支架；机械设备（水泵、水箱、换热设备等）	几何信息：机械设备、卫生器具、管道、管件、阀门、仪表、管道设备支架的位置及尺寸；影响结构构件承载力或钢筋配置的管线、孔洞的位置及尺寸。非几何信息：各类机械设备、卫生器具、管道、管件、阀门、仪表、管道设备支架的规格型号、材料和材质、技术参数等产品信息；各类机械设备、卫生器具、管道、管件、阀门、仪表、管道设备支架的系统类型、连接方式、安装部位、安装要求、施工工艺等安装信息；大型设备应具有相应的载荷信息；设备及管道安装工序、安装时间、负责人等施工信息；根据项目需求，包括设备和管道施工细节和过程及其施工信息、安装信息、连接信息；机械设备、管道、管件和仪表阀门产品信息：材料参数、技术参数、生产厂家、出厂编号等；机械设备、管道、管件和仪表阀门采购信息：供应商、计量单位、数量（如长度、体积）

内容	深化设计模型（LOD350）		施工过程模型（LOD400）	
	模型元素	元素信息	模型元素	元素信息
消防水系统	消防管道；管件；阀门；仪表；管道末端（喷淋头等）；管道设备支架；机械设备（水泵、水箱、消火栓等）	几何信息：机械设备、管道、管件、管道末端、阀门、仪表、管道设备支架的位置及尺寸；影响结构构件承载力或钢筋配置的管线、孔洞等的位置及尺寸。非几何信息：各类机械设备、消防器具、管道、管件、阀门、仪表、管道设备支架的规格型号、材料和材质、技术参数等产品信息；各类机械设备、消防器具、管道、管件、阀门、仪表、管道设备支架的系统类型、连接方式、安装部位、安装要求、施工工艺等安装信息；大型设备应具有相应的载荷信息	消防管道；管件；阀门；仪表；管道末端（喷淋头等）；管道设备支架；机械设备（水泵、水箱、消火栓等）	几何信息：机械设备、管道、管件、管道末端、阀门、仪表、管道设备支架的位置及尺寸；影响结构构件承载力或钢筋配置的管线、孔洞等的位置及尺寸。非几何信息：各类机械设备、消防器具、管道、管件、阀门、仪表、管道设备支架的规格型号、材料和材质、技术参数等产品信息；各类机械设备、消防器具、管道、管件、阀门、仪表、管道设备支架的系统类型、连接方式、安装部位、安装要求、施工工艺等安装信息；大型设备应具有相应的载荷信息；设备及管道安装工序、安装时间、负责人等施工信息；根据项目需求，包括设备和管道施工细节和过程及其施工信息、安装信息、连接信息等；机械设备、管道、管件和仪表阀门产品信息：材料参数、技术参数、生产厂家、出厂编号等；机械设备、管道、管件和仪表阀门采购信息：供应商、计量单位、数量（如长度、体积等）、采购价格等

建筑电气系统模型元素基本信息　　　　　　表 4-32

内容	深化设计模型（LOD350）		施工过程模型（LOD400）	
	模型元素	元素信息	模型元素	元素信息
强电	桥架；桥架配件；照明设备；母线（包含配套装置）；开关插座；接地装置；终端设备；固定支架；机械设备（变压器、开关柜、柴油发电机）	几何信息：机械设备、桥架、桥架配件、金属槽盒、桥架设备固定支架的位置及尺寸；影响结构构件承载力或钢筋配置的管线、孔洞等的位置及尺寸。非几何信息：各类设备、桥架、桥架配件的规格型号、材料和材质、技术参数等产品信息；各类设备、桥架、桥架配件、固定支架的系统类型、连接方式、安装部位、安装要求、施工工艺等安装信息；大型设备应具有相应的载荷信息	桥架；桥架配件；照明设备；母线（包含配套装置）；开关插座；接地装置；终端设备；固定支架；机械设备（变压器、开关柜、柴油发电机）	几何信息：机械设备、桥架、桥架配件、金属槽盒、桥架设备固定支架的位置及尺寸；影响结构构件承载力或钢筋配置的管线、孔洞等的位置及尺寸。非几何信息：各类设备、桥架、桥架配件的规格型号、材料和材质、技术参数等产品信息；各类设备、桥架、桥架配件、固定支架的系统类型、连接方式、安装部位、安装要求、施工工艺等安装信息；大型设备应具有相应的载荷信息；设备及线路安装工序、安装时间、负责人等施工信息；根据项目需求，包括设备和线路施工细节和过程及其施工信息、安装信息、连接信息等；机械设备、桥架、桥架配件等产品信息：材料参数、技术参数、生产厂家、出厂编号等；机械设备、桥架、桥架配件等采购信息：供应商、计量单位、数量（如长度、体积等）

内容	深化设计模型（LOD350）		施工过程模型（LOD400）	
	模型元素	元素信息	模型元素	元素信息
弱电	桥架；桥架配件；机柜；ECC控制室；智能化系统末端设备；固定支架；机械设备（路闸、防撞柱、停车收费器等）	几何信息：机械设备、桥架、桥架配件、金属槽盒、桥架设备支架的位置及尺寸；影响结构构件承载力或钢筋配置的管线、孔洞等的位置及尺寸。非几何信息：各类设备、桥架、桥架配件的规格型号、材料和材质、技术参数等产品信息；各类设备、桥架、桥架配件、固定支架的系统类型、连接方式、安装部位、安装要求、施工工艺等安装信息；大型设备应具有相应的载荷信息	桥架；桥架配件；机柜；ECC控制室；智能化系统末端设备；固定支架；机械设备（路闸、防撞柱、停车收费器等）	几何信息：机械设备、桥架、桥架配件、金属槽盒、桥架设备支架的位置及尺寸；影响结构构件承载力或钢筋配置的管线、孔洞等的位置及尺寸。非几何信息：各类设备、桥架、桥架配件的规格型号、材料和材质、技术参数等产品信息；各类设备、桥架、桥架配件、固定支架的系统类型、连接方式、安装部位、安装要求、施工工艺等安装信息；大型设备应具有相应的载荷信息；设备及线路安装工序、安装时间、负责人等施工信息；根据项目需求，包括设备和线路施工细节和过程及其施工信息、安装信息、连接信息等；机械设备、桥架、桥架配件等产品信息：材料参数、技术参数、生产厂家、出厂编号等；机械设备、桥架、桥架配件等采购信息：供应商、计量单位、数量（如长度、体积等）

暖通空调系统模型元素基本信息　　　　　　　　表 4-33

内容	深化设计模型（LOD350）		施工过程模型（LOD400）	
	模型元素	元素信息	模型元素	元素信息
暖通/风	风管；管件；阀门；仪表；末端；固定支架；机械设备（风机、空调箱等）	几何信息：机械设备、管道、管件、管道末端、阀门、仪表、管道设备固定支吊架的位置及尺寸；影响结构构件承载力或钢筋配置的管线、孔洞等的位置及尺寸。非几何信息：各类机械设备、管道、管件、仪表、管道设备固定支架的规格型号、材料和材质、技术参数等产品信息；各类机械设备、管道、管件、仪表、管道设备固定支架的系统类型、连接方式、安装部位、安装要求、施工工艺等安装信息；大型设备应具有相应的载荷信息	风管；管件；阀门；仪表；末端；固定支架；机械设备（风机、空箱等）	几何信息：机械设备、管道、管件、管道末端、阀门、仪表、管道设备固定支吊架的位置及尺寸；影响结构构件承载力或钢筋配置的管线、孔洞等的位置及尺寸。非几何信息：各类机械设备、管道、管件、仪表、管道设备固定支架的规格型号、材料和材质、技术参数等产品信息；各类机械设备、管道、管件、仪表、管道设备固定支架的系统类型、连接方式、安装部位、安装要求、施工工艺等安装信息；大型设备应具有相应的载荷信息；设备及管道安装工序、安装时间、负责人等施工信息；根据项目需求，包括设备和管道施工细节和过程及其施工信息、安装信息、连接信息等；机械设备、管道、管件和仪表阀门产品信息：材料参数、技术参数、生产厂家、出厂编号等；机械设备、管道、管件和仪表阀门采购信息：供应商、计量单位、数量（如长度、体积等）、采购价格等

内容	深化设计模型（LOD350）		施工过程模型（LOD400）	
	模型元素	元素信息	模型元素	元素信息
暖通/水	水管；管件；阀门；仪表；固定支架；机械设备（制冷机、水泵、冷却塔、板式交换器等）	几何信息：机械设备、管道、管件、阀门、仪表、管道设备固定支吊架的位置及尺寸；影响结构构件承载力或钢筋配置的管线、孔洞等的位置及尺寸。非几何信息：各类机械设备、管道、管件、仪表、管道设备固定支架的规格型号、材料和材质、技术参数等产品信息；各类机械设备、管道、管件、仪表、管道设备固定支架的系统类型、连接方式、安装部位、安装要求、施工工艺等安装信息；大型设备应具有相应的载荷信息	水管；管件；阀门；仪表；固定支架；机械设备（制冷机、水泵、冷却塔、板式交换器等）	几何信息：机械设备、管道、管件、阀门、仪表、管道设备固定支吊架的位置及尺寸；影响结构构件承载力或钢筋配置的管线、孔洞等的位置及尺寸。非几何信息：各类机械设备、管道、管件、仪表、管道设备固定支架的规格型号、材料和材质、技术参数等产品信息；各类机械设备、管道、管件、仪表、管道设备固定支架的系统类型、连接方式、安装部位、安装要求、施工工艺等安装信息；大型设备应具有相应的载荷信息。设备及管道安装工序、安装时间、负责人等施工信息；根据项目需求，包括设备和管道施工细节和过程及其施工信息、安装信息、连接信息等；机械设备、管道、管件和仪表阀门产品信息：材料参数、技术参数、生产厂家、出厂编号等；机械设备、管道、管件和仪表阀门采购信息：供应商、计量单位、数量（如长度、体积等）、采购价格等

4.5 机电深化设计 BIM 应用内容及成果

机电施工的深化设计工作，已经成为近几年项目必不可少的履约任务。期间不断对其工作流程及技术应用模式进行优化完善，通过归纳总结，二三维一体化深化设计的模式已经成为主流，以下以 Revit 软件为例，对其流程简介、实施重难点、具体工作步骤、应用内容及成果进行重点描述。

4.5.1 流程简介

根据大部分项目情况，现以设计院只提供二维施工图纸为例，二三维一体化深化设计在建模及空间管理方面较以往深化设计流程的最大优化是：

（1）通过 BIM 技术的可视化特点，在建模期间完成大部分的空间管理工作；

（2）深化完成后的模型直接导出二维报审图纸；

（3）优化后，极大节省了过去"二维深化—三维碰撞—二维图纸修改及报审"模式的时间。

4.5.2 实施重难点

资料收集应注意的问题见表4-34。

资料收集应注意的问题 表4-34

重难点	原因分析	具体要求	应对措施
人员能力要求高	以往通过BIM成员碰撞检测辅助二维深化设计人员深化；现在需要在建模期间完成空间管理	需实施人员同时具备深化设计能力及BIM建模能力	建立健全培训体制，以培养技术型BIM人才为目标，有针对性地对BIM成员及深化设计人员进行分类培训。培训方向如下：BIM建模人员、专业技术能力深化设计人员、软件操作培训
图纸导出难	以往二维图纸的修改由深化设计人员独立完成，无图纸导出需要，为简化以往流程，提升深化设计效率，需使用Revit等软件直接进行图纸导出	为满足图纸报审的要求，需提升二三维转化效率	利用或开发图纸导出插件（难）、制作图纸导出设置的模板（易）

4.5.3 实施案例——二三维一体化深化设计

某厂房项目的深化设计实施步骤见表4-35。某综合体项目的深化设计实施步骤见表4-36。

某厂房项目的深化设计实施步骤 表4-35

步骤	具体操作	基本要求	步骤案例或成果
模板制作	利用以往项目模板或新建模板文件	模板文件应满足以下条件：1. 有确定的项目基点及标高±0；2. 具备项目需要的主要构件及系统	
建模区域划分	根据项目情况，对项目内区域进行划分	机电安装建模应以设备机房、管廊和其他机电安装区域为划分基本单元	

续表

步骤	具体操作	基本要求	步骤案例或成果
建模	参照或链接项目二维图纸进行建模	所建模型应能表达模型几何（碰撞）参数，至少应包含机电构件基本信息	成果： 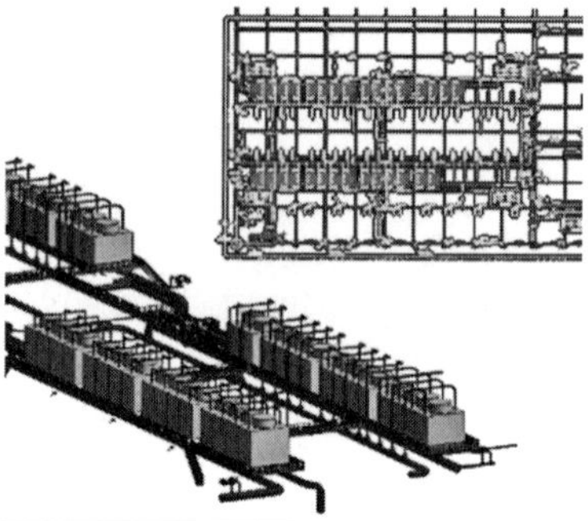
空间管理	对已建模型进行空间管理在内的深化设计工作	深化过后的模型除部分图纸未明确的内容（支吊架）外，应满足国家设计及验收规范，并在可视化初步空间管理完成后导出碰撞检测报告复核模型	成果：碰撞检测报告及销项清单深化复核模型
二维图纸导出	将已完成审核的模型导出二维图纸	图中标注、图层等元素应符合公司、业主、管理公司等部门要求	成果：深化设计平、剖面图纸 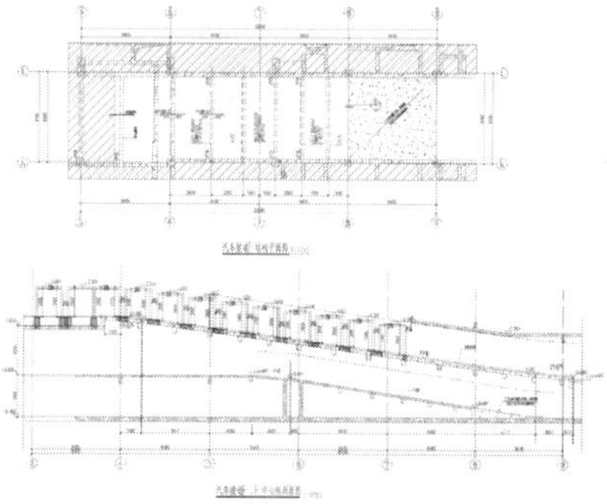

某综合体项目的深化设计实施步骤 　　**表 4-36**

步骤	具体操作	基本要求	步骤案例或成果
BIM 绘制依据准备	收集图纸变更、合约要求、BIM 实施方案编制确定	图纸变更需要为最新版本图纸，并与设计、甲方等单位确认	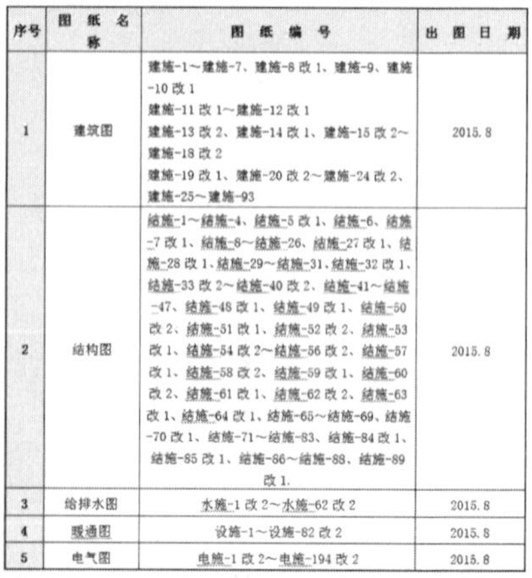

序号	图纸名称	图纸编号	出图日期
1	建筑图	建施-1～建施-7、建施-8 改 1、建施-9、建施-10 改 1 建施-11 改 1～建施-12 改 1 建施-13 改 2、建施-14 改 1、建施-15 改 2～建施-18 改 2 建施-19 改 1、建施-20 改 2～建施-24 改 2、建施-25～建施-93	2015.8
2	结构图	结施-1～结施-4、结施-5 改 1、结施-6、结施-7 改 1、结施-8～结施-26、结施-27 改 1、结施-28 改 1、结施-29～结施-31、结施-32 改 1、结施-33 改 2～结施-40 改 2、结施-41～结施-47、结施-48 改 1、结施-49 改 1、结施-50 改 2、结施-51 改 1、结施-52 改 2、结施-53 改 1、结施-54 改 2～结施-56 改 2、结施-57 改 1、结施-58 改 2、结施-59 改 1、结施-60 改 2、结施-61 改 1、结施-62 改 2、结施-63 改 1、结施-64 改 1、结施-65～结施-69、结施-70 改 1、结施-71～结施-83、结施-84 改 1、结施-85 改 1、结施-86～结施-88、结施-89 改 1.	2015.8
3	给排水图	水施-1 改 2～水施-62 改 2	2015.8
4	暖通图	设施-1～设施-82 改 2	2015.8
5	电气图	电施-1 改 2～电施-194 改 2	2015.8

步骤	具体操作	基本要求	步骤案例或成果
模板制作	利用已经确认的图纸进行标高、轴网、系统的建立	模板文件应满足以下条件： 1. 有确定的项目基点及标高 ±0； 2. 具备项目需要的主要构件及系统	 ◢ Revit 样板 (1) 西安悦荟广场项目机电模型样板文件.rte
建模	参照或链接项目二维图纸进行建模	确保图模一致，对于需要调整的部位及时记录	1. 主要管线（通风、桥架、水系统主干管）的排布位置关系； 2. 支管、阀附件、末端等构件的精确布置
深化设计结果讨论	组织参见各方进行深化设计成果会审，并报业主、设计审核	1. 整体标高合理性； 2. 各专业管线调整的合理性； 3. 形成会议纪要	
深化设计成果确定	形成书面结果，以文件形式报送业主、设计、顾问公司进行审核、确定	及时跟进审核情况，并对审核意见进行讨论修改	

步骤	具体操作	基本要求	步骤案例或成果
成果出图确认	将已完成审核的模型导出二维图纸	图中标注、图层等元素应符合公司、业主、管理公司等部门要求	成果：深化设计平、剖面图纸

4.5.4 应用案例——综合支吊架

综合支吊架是在安装工程中将空调、给水排水、消防、电气等各专业的支吊架综合在一起，在规范允许的范围内，统筹规划设计，整合成一个统一的支吊架系统。大型室内工程的设备、风道、电缆桥架及各类管道的综合排布与安装往往会影响到专业本身及相关专业的施工进度、观感和空间的合理利用，而支吊架的选择与安装又是决定设备管道综合排布是否合理、美观的前提条件。

以往采用二维图纸布局规划，手工验算的方式进行深化设计，其工序繁琐且容错率低，局部位置考虑不够周全，如果想实现高标准的综合支吊架布置，其效率也是大打折扣。因此，现在采用 BIM 技术辅助现场综合支吊架设计。

下面以某厂房项目为例，对此应用点分软件应用方案及流程、流程操作详解、应用案例及成果几个方面进行描述。

1. 软件应用方案及流程（表 4-37）

综合支吊架设计应用方案   表 4-37

软件分类	常用软件	特点
建模平台	Revit、Bently、MagiCAD 等	综合建模能力强，基本不具备结构分析能力
全智能结构分析软件	Robot Structural Analysis 等	信息交互能力强，可做整体受力分析，如果分析过细，对模型要求较高，不易满足
半智能结构分析软件	理正、PKPM、Tekla 等	结构分析能力强，一般需要重新建模，如需整体建模，效率较低

2. 流程操作详解

（1）支吊架建模及布置

对已完成空间管理的综合管线，依据相关支吊架布置规范，在综合管线模型的基础上，直接利用其软件平台进行三维支吊架布置，以 Revit 为例，使用结构（柱梁）体系进行建模，需标明结构节点形式，部分支吊架受管线影响不易布置时，需对管线进行微调，效果如图4-38～图4-40所示。

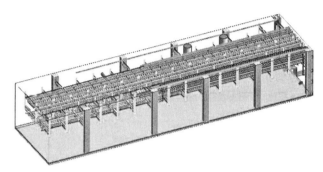

图4-38　某厂房项目管线综合模型

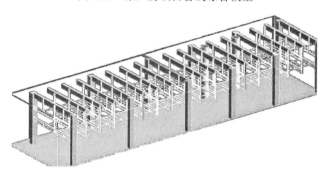

图4-39　某厂房项目管线综合支吊架布置模型

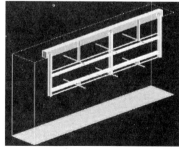

图4-40　综合支吊架节点布置模型

（2）整体受力分析

将建模完成的结构模型，直接导入或间接（模型交互）导入全智能结构分析软件。完成导入后录入结构承受荷载的情况，进行支吊架整体受力分析，并尽可能导出受力情况热力彩图，效果如图4-41所示。

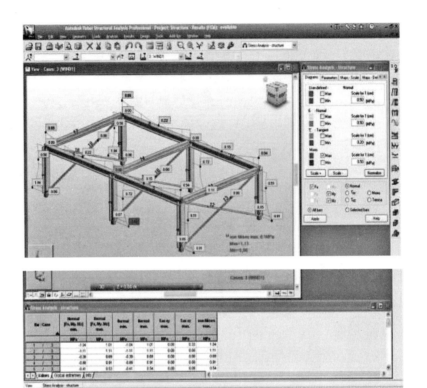

图 4-41   结构荷载布置详图

（3）局部节点受力分析

对整体受力分析后的"红点"，也就是承重最不利点支吊架，利用半智能结构分析软件，对节点进行局部受力分析，验证其稳定情况，验证节点包含但不限于连接节点强度、固定点方式及强度、线性支撑能力等。效果如图 4-42、图 4-43 所示。

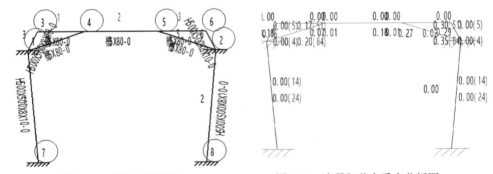

图 4-42   结构计算简图   图 4-43   支吊架节点受力分析图

（4）施工图纸的导出

最不利节点验证完成，如果结果为安全，那么导出结构计算书，作为校核证据，并利用综合模型导出施工平剖面图纸，在向业主、管理公司、设计院报审，通过后打印蓝图向现场班组进行可视化交底，最终指导现场施工（图 4-44）。

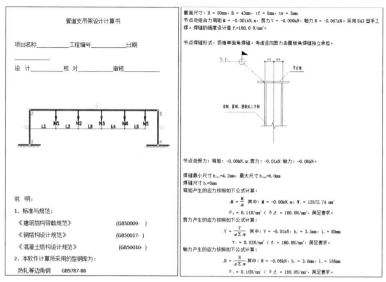

图 4-44　支吊架受力分析计算书

（5）应用案例——标高管理

1）应用目标

通过 BIM 技术，对初步排布的综合管线进行标高分析，以达到业主要求的净空要求。

2）软件方案

采用 Revit、AutoCAD 进行标高分析和标高分布出图，具体软件应用方案如表 4-38 所示。

标高管理软件应用方案　　　　　　　　　　　　　　　　表 4-38

软件名称	主要功能
Revit	综合管线及支吊架建模、空间管理（碰撞检测）
AutoCAD	标高分布图出图

3）标高突破解决方案

① 通过对系统图的梳理，进行管线规格调整，在调整的时候进行简单的计算校核，保证系统完整可靠。

② 利用设计平面图进行路由调整，同时保证原设计意图和目的。

③ 对以上两种改动报设计、顾问、甲方进行审核，并出具相应的设计变更，再根据变更完成图纸调整修改，从而达到标高要求。

④ 对以上两种改动仍不能满足标高要求的，上报业主、设计、顾问进行审核，得到一致通过后出具完整标高分布图，并上报业主进行审核确认。

（6）其他应用成果（表 4-39）

应用内容	具体操作	案例及成果
设备密集环境运维考虑管线附件选型布置图	1. 对设备配管进行节点深化并进行可视化模拟。 2. 结合业主、设计等管理部门对方案进行审核筛定。 3. 对已通过审核的图纸进行报审确认	以某大型电子厂房为例，业主出于运维考虑，对多功能止回阀进行优选，最终取消低位的角式多功能止回阀，选用高位的直管段式止回阀
复杂设备管线及附件深化布置图	1. 配管复杂的设备进行精细化建模。 2. 对设备进行配管建模并分析其安装、操作可行性。 3. 对一种或多种附件设置节点进行可视化方案对比并选定最优方案进行审核确认	以某大型电子厂房为例，空压机冷却水配管复杂，原方案主管过滤器尺寸大，不易安装及操作，因此对此节点进行深化，最终确定使用直管小尺寸过滤器
厂房大宗构件外观渲染	1. 对已完成深化设计的管线模型进行材质补充。 2. 利用Revit、Navisworks、Fuzor等软件结合照明等因素进行超现实渲染。 3. 对已确定方案结合分供、业主进行审核确认，以保证现场美观度	以某大型电子厂房为例，业主对现场管线保温及防腐面层材质的外观提出要求，通过材质补充和整体渲染，引导业主完成外观确认

4.6　其他深化设计BIM应用

深化设计是深化设计人员在原设计图纸的基础上，结合现场实际情况，对图纸进行完善、补充，绘制成具有可实施性的施工图纸，深化设计后的图纸满足原设计技术要求，符合相关地域设计规范和施工规范，并通过审查，能直接指导施工。总包单位在组织各专业进行专业内的深化设计之后，还要组织各专业进行专业间的协调深化设计，解决专业间的问题。基于 BIM 的深化设计是应用 BIM 软件进行深化设计工作，极大地提高了深化设计质量和效率。

4.6.1 应用流程

深化设计流程见图 4-45。

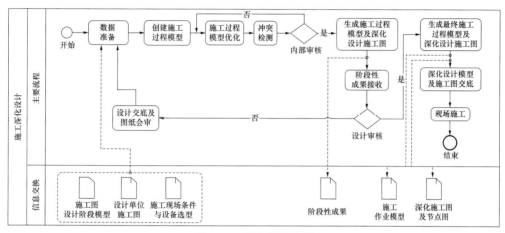

图 4-45 深化设计流程

4.6.2 软件方案

深化设计常用软件方案见表 4-40。

深化设计常用软件方案 表 **4-40**

序号	应用软件	功能用途
1	Revit	完成深化设计相关专业的模型创建
2	MagiCAD	完成深化设计相关专业的模型创建及深化设计
3	Revit/Navisworks	碰撞检查、形成碰撞检查
4	品茗模架等其他软件	一键翻模、管线碰撞、深化设计

4.6.3 应用步骤及成果

下面主要介绍模架体系深化设计的应用步骤及成果：

1. 以 Autodesk Revit 为核心的应用流程

确定智能模架的应用思路构件准备→参数确定→创建智能构件族→复核检验→载入应用项目→输入项目参数→检查模型→智能优化→工程量清单输出→工程现场应用。

建模方法：

（1）构件及模型细度准备

根据模架、脚手架工程的构造体系，智能构件族创建以前先创建基础构件。

（2）智能构件族

创建智能构件族以前，首先创建智能构件族的所需参数，三个智能构件族的主要参数见表4-41。

智能构件族主要参数　　　　　　　　　　　　　　　表 4-41

序号	类别	主要参数	示例图
1	落地式双排脚手架	架体长度、架体高度、立杆纵距、立杆横距、步距、架体荷载、立杆工程量、水平杆工程量、小横杆数、对接扣件数、旋转扣件数、直角扣件数、安全立网工程量、水平兜网工程量、脚手板工程量、垫木数、连墙件数量等	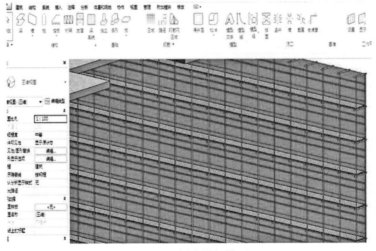
2	悬挑式双排脚手架	架体长度、架体高度、悬挑长度、钢梁型号、立杆纵距、立杆横距、步距、架体荷载、立杆工程量、水平杆工程量、小横杆数、对接扣件数、旋转扣件数、直角扣件数、安全立网工程量、水平兜网工程量、脚手板工程量、垫木数、钢梁长度、钢梁根数、锚脚个数、限位钢筋量、钢丝绳数量、连墙件数量等	
3	满堂脚手架	架体长度、架体高度、架体宽度、立杆纵距、立杆横距、步距、架体荷载、立杆工程量、水平杆工程量、对接扣件数、旋转扣件数、直角扣件数、安全立网工程量、水平兜网工程量、垫木数、连墙件数量等	

（3）根据图纸创建模型（图4-46）

图 4-46　创建模架模型

（4）形成深化设计成果（表4-42）

深化设计成果 表 4-42

序号	成果名称	示例图
1	悬挑脚手架立杆底部限位措施	
2	悬挑钢梁锚脚安装节点	
3	落地式双排脚手架的安全预警图	
4	自动生成主楼周围落地式脚手架的工程量清单	<常规模型明细表> 表格
5	自动生成主楼南北侧悬挑脚手架的工程量清单	<悬挑脚手架工程量> 表格
6	自动生成中庭及东西区满堂脚手架	<满堂脚手架工程量> 表格

序号 4 的示例图：

<常规模型明细表>

A	B	C	D	E	F	G	H	I	J	K
类型	1.5m水平杆	水平杆	立杆	剪刀撑	木脚手板	安全立网	直角扣件	旋转扣件	对接扣件	垫木板
南侧-落地式双排架	1260	1969.8	1792	503.86	492 m²	1384 m²	3960	240	706	64
西侧-落地式双排架	1075	1606.8	1575.2	421.31	406 m²	1153 m²	3374	200	594	44
北侧-落地式双排架	1242	1949.4	1778	470.31	485 m²	1380 m²	3696	210	693	70
东侧-落地式双排架	962	1474.2	1444	408.54	373 m²	1078 m²	3030	200	548	38
总计: 4	4539	7000.2	6589.2	1804.02	1756 m²	4995 m²	14082	850	2541	216

序号 5 的示例图：

<悬挑脚手架工程量>

A	B	C	D	E	F	G	H	I	J	K	L	M
类型	1.5m水平杆	水平杆	立杆	剪刀撑	木脚手板	安全立网	100mm钢悬臂	型钢钢板	螺栓个数	直角扣件	旋转扣件	对接扣件
北侧1-悬挑脚手架	350	866.05	576	140.81	135 m²	451 m²	36	18	54	1120	60	214
北侧2-悬挑脚手架	350	552.2	576	138.91	132 m²	439 m²	36	18	54	1120	60	212
南侧-悬挑脚手架	910	1496	1472	396.14	357 m²	1190 m²	92	46	138	2904	180	562
总计: 3	1610	2614.79	2624	675.86	824 m²	2080 m²	164	82	246	5144	300	988

序号 6 的示例图：

<满堂脚手架工程量>

A	B	C	D	E	F	G	H	I	J	K
类型	龙骨木方量	可调U托	水平杆	立杆	剪刀撑	安全立网	垫木板	直角扣件	对接扣件	旋转扣件
中庭-满堂架	32.34	440	8856	5346	2378.59	1142 m²	440	7920	3192	450
东区-满堂架	56.54	760	15408	9234	3942.46	1599 m²	760	13680	5380	730
西区-满堂架	61.68	798	16486.2	9695.7	4050.43	1648 m²	798	14364	5566	730
总计: 3	150.56	1998	40750.2	24275.7	10371.48	4389 m²	1998	35964	14138	1910

2. 以品茗或广联达 BIM 模架设计软件为核心的应用流程

BIM 模型按建模方法分为导入模型、智能翻模和手动建模，实际中多以这三种方法结合应用，模型的输入，例如以 Revit 模型的输入、BIM 土建算量模型输入、CAD 翻模为主，手动为辅。下面以品茗 PBIM 模板工程设计软件创建模型为例，简述其建模方法。

（1）导入图纸

导入 CAD 图纸后的软件界面如图 4-47、图 4-48 所示。

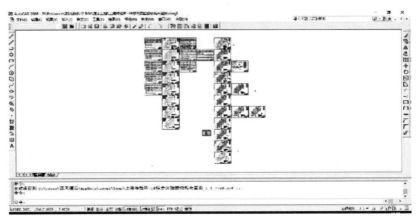

图 4-47　品茗软件导入 CAD 图纸前的界面

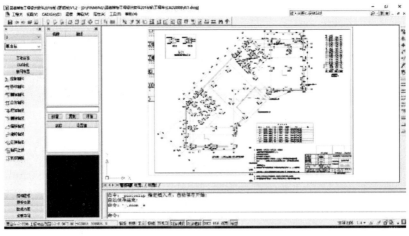

图 4-48　品茗软件导入 CAD 图纸后的界面

（2）识别图纸

按轴线→柱→墙→梁→板的识别顺序，完成本层结构的快速翻模。图纸规范性的质量会影响翻模的成功率，如图 4-49～图 4-56 所示。

（3）手动建模

使用品茗软件手动进行模架模型的创建，如图 4-57～图 4-62 所示。

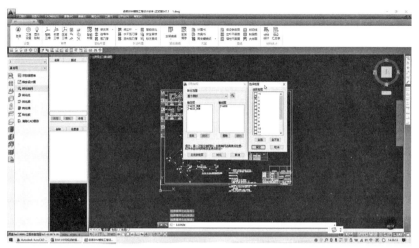

图 4-49　转换"轴网"

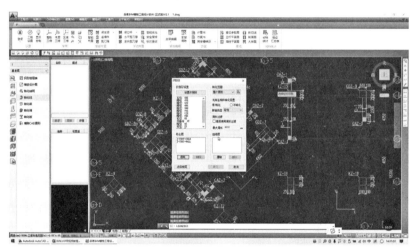

图 4-50　转换"柱"

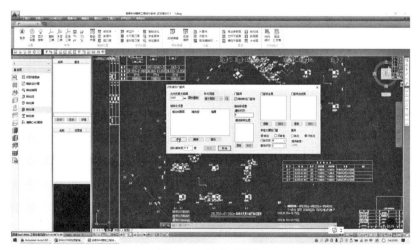

图 4-51　转换"墙"

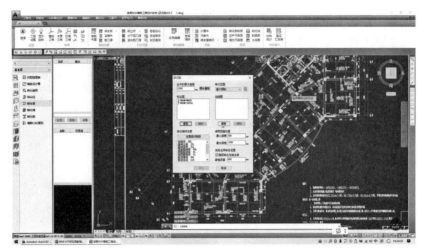

图 4-52　转换"梁"

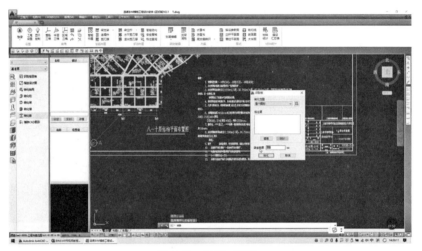

图 4-53　转换"板"

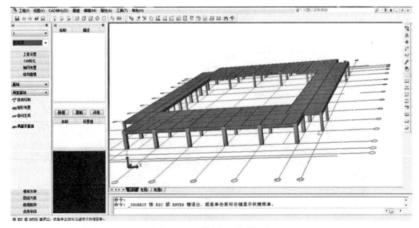

图 4-54　单层三维模型

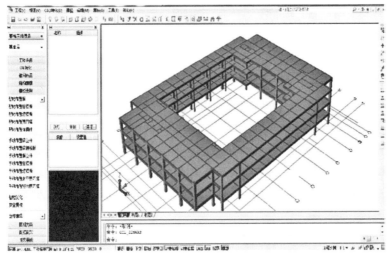

图 4-55　多层三维模型

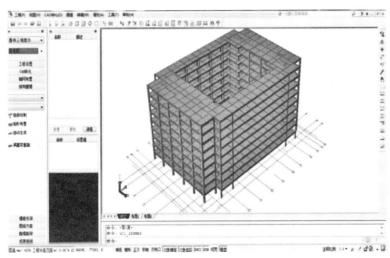

图 4-56　整栋三维模型

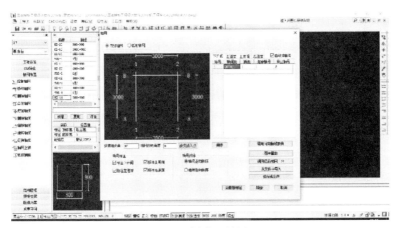

图 4-57　创建"轴网"

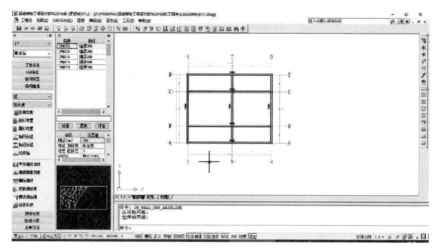

图 4-58　创建"墙"

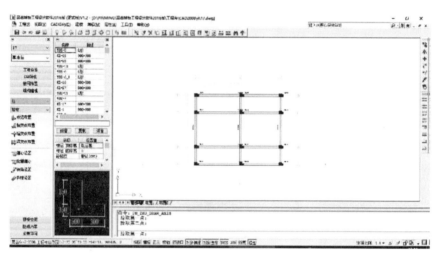

图 4-59　创建"柱"

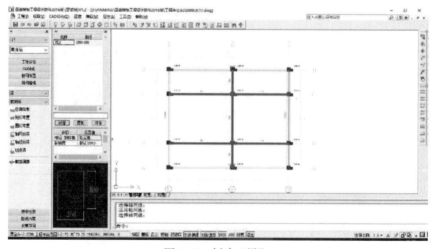

图 4-60　创建"梁"

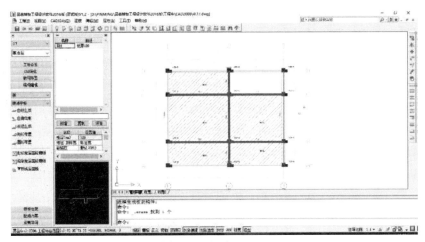

图 4-61　创建"板"

图 4-62　三维模型

（4）形成成果（表4-43）

深化设计成果总结

表 4-43

序号	成果内容	示例图
1	对单层和整栋模型进行高支模辨识。高支模辨识的特征可定义。在模型中直观显示高支模位置	

序号	成果内容	示例图
2	直接导出模板支架、立杆、水平杆、水平剪刀撑、竖直剪刀撑等平面布置图	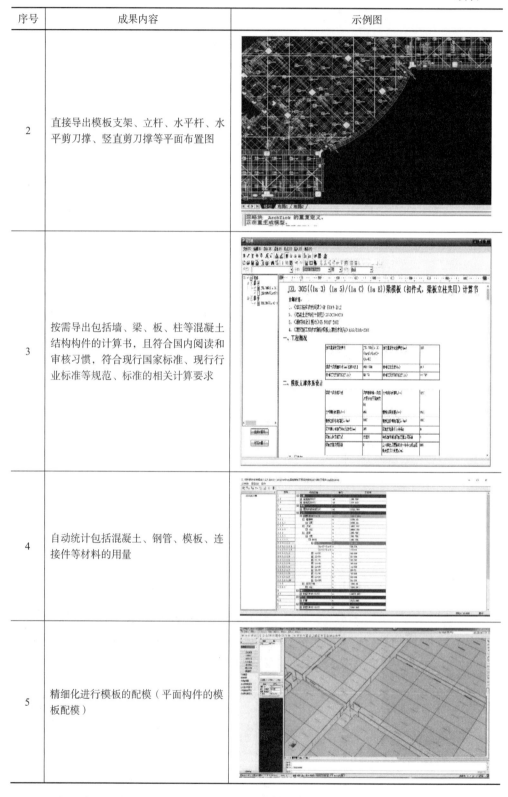
3	按需导出包括墙、梁、板、柱等混凝土结构构件的计算书，且符合国内阅读和审核习惯，符合现行国家标准、现行行业标准等规范、标准的相关计算要求	
4	自动统计包括混凝土、钢管、模板、连接件等材料的用量	
5	精细化进行模板的配模（平面构件的模板配模）	

续表

序号	成果内容	示例图
6	精细化进行模板的配模（混凝土结构的模板配模）	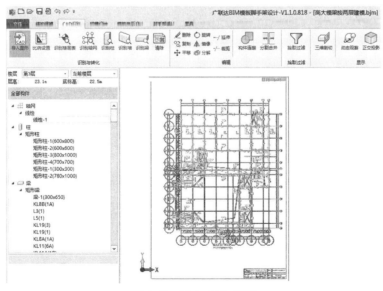

3. 基于广联达 BIM 模板脚手架设计软件的应用流程

（1）结构模架、脚手架模型创建

输入 CAD 图纸，结构模型创建通过输入的 CAD 图识别图元创建模型（图 4-63、图 4-64）。

（2）架体模型创建

选择支撑体系，输入相应的模架参数设置，生成模架模型。当模板碗扣支撑架顶部为立杆自由端过长自动增设一道扣件水平杆。如图 4-65～图 4-67 所示。

（3）模板布置

面板的材质和尺寸的选择，自动布设。细节进行调整后，出模板接触面积统计表、模板下料统计表并输出模板拼模 CAD 图。如图 4-68～图 4-72 所示。值得注意的是模架标高的细微调整并不影响架体安全，单对配模的结果影响较大。

图 4-63　导入 CAD 图纸

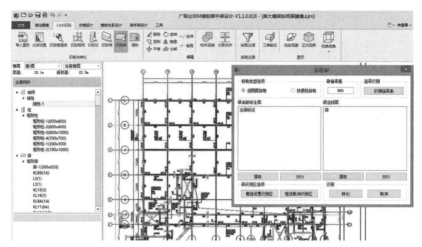

图 4-64　识别梁构件

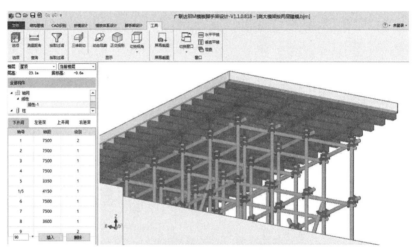

图 4-65　扣件式支撑架模板体系

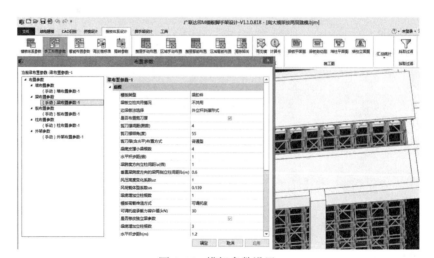

图 4-66　模架参数设置

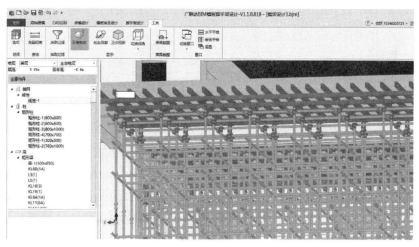

图 4-67　自由端过长自动增设水平杆

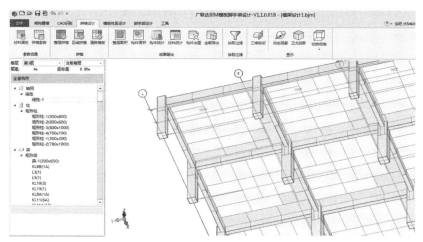

图 4-68　木模板拼模图

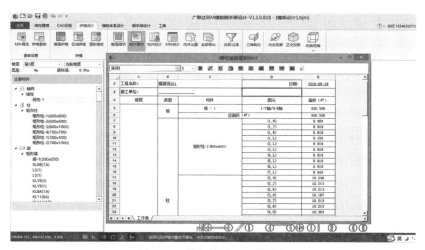

图 4-69　模板接触面积统计表

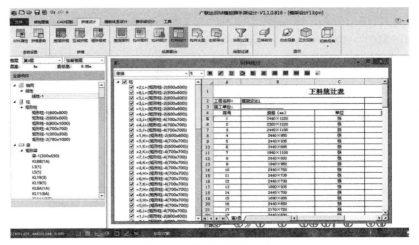

图 4-70　模板下料统计表

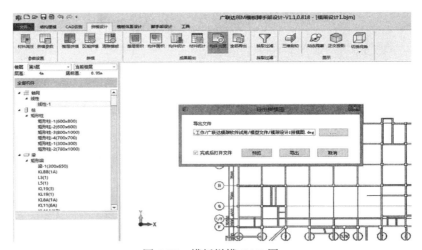

图 4-71　模板拼模 CAD 图

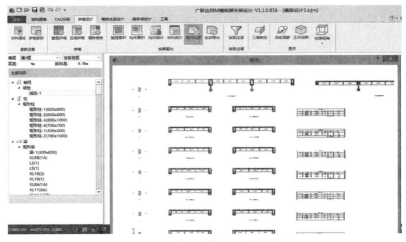

图 4-72　模板拼模 CAD 图预览

（4）安全计算书

软件进行高大模架识别，模板支架安全计算，并输出安全计算书、模架体系CAD施工图、架设工具用量统计。如图4-73～图4-76所示。

4. 基于Dynamo的深化设计应用

Dynamo透过可视化的程序编写与友善的人机接口，让用户不需钻研艰深的程序语言，也能够轻易地在Revit中进行许多复杂的几何设计与参数信息的分析应用。此处采用Dynamo钢梁开洞的流程进行介绍。

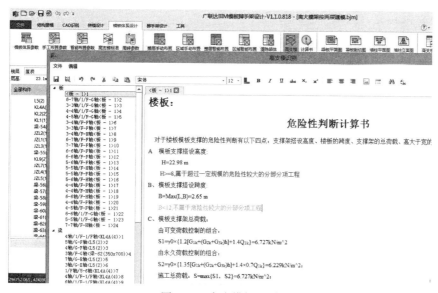

图4-73　高大模架识别

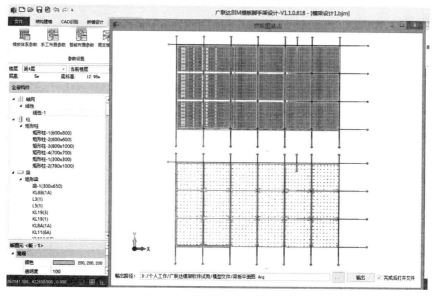

图4-74　模架体系施工图出图

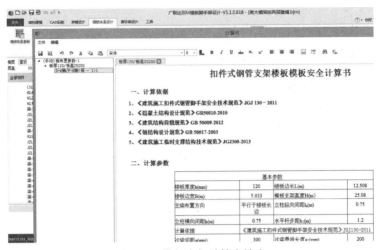

图 4-75　模板支架计算书输出

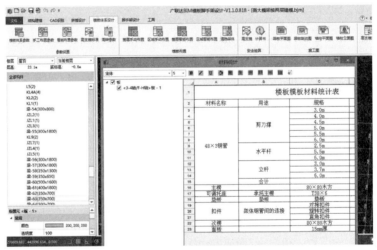

图 4-76　架设工具用量统计

（1）完整节点

Dynamo 钢梁开洞完整节点如图 4-77 所示。

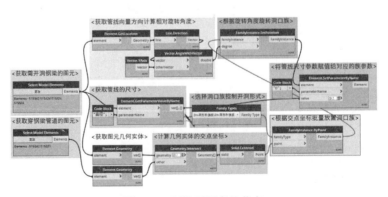

图 4-77　钢梁开洞完整节点

采用上述节点可实现管道穿钢梁自动开洞，运行效果如图4-78所示。

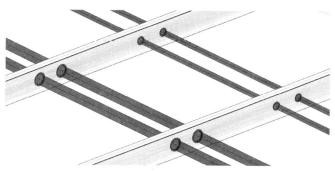

图 4-78　运行效果

（2）主要思路

主要思路分三个模块：

模块1：计算管线与钢梁的交点，基于交点批量放置洞口族（图4-79）。

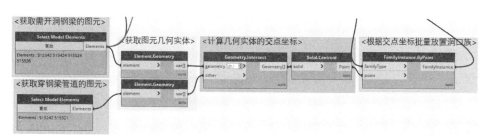

图 4-79　模块 1

模块2：批量旋转洞口族，使之与管线平行（图4-80）。

图 4-80　模块 2

模块3：批量设置洞口族的族参数，使之与管线尺寸匹配（图4-81）。

图 4-81　模块 3

（3）详细节点

Dynamo 详细节点展示见表4-44。

步骤 1	通过 Select Model Elements 节点，选择 Revit 模型中需要开洞的钢梁	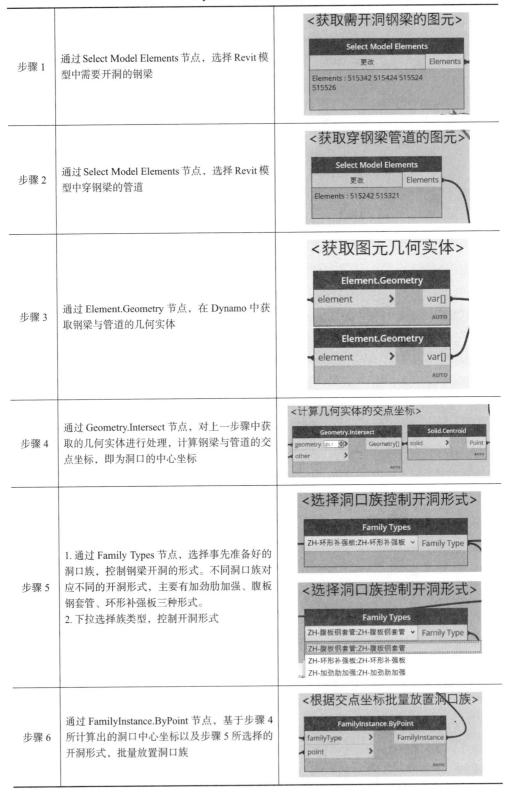
步骤 2	通过 Select Model Elements 节点，选择 Revit 模型中穿钢梁的管道	
步骤 3	通过 Element.Geometry 节点，在 Dynamo 中获取钢梁与管道的几何实体	
步骤 4	通过 Geometry.Intersect 节点，对上一步骤中获取的几何实体进行处理，计算钢梁与管道的交点坐标，即为洞口的中心坐标	
步骤 5	1. 通过 Family Types 节点，选择事先准备好的洞口族，控制钢梁开洞的形式。不同洞口族对应不同的开洞形式，主要有加劲肋加强、腹板钢套管、环形补强板三种形式。 2. 下拉选择族类型，控制开洞形式	
步骤 6	通过 FamilyInstance.ByPoint 节点，基于步骤 4 所计算出的洞口中心坐标以及步骤 5 所选择的开洞形式，批量放置洞口族	

步骤 7	通过 Element.GetLocation 节点和 Line.Direction 节点组合，获取穿钢梁管线的向量方向，通过 Vector.AngleWithVector 节点获取穿钢梁管线相对于项目 Y 轴的夹角。由于洞口族是基于项目 Y 轴的方向创建的，且洞口族中心线必然与穿钢梁管线中心线共线，因此步骤 8 中计算出的夹角即为洞口族批量放置时所需旋转的角度	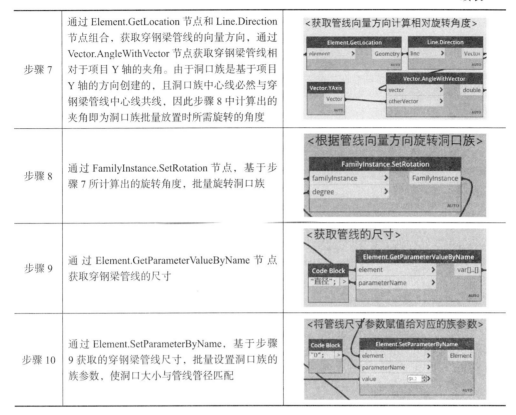
步骤 8	通过 FamilyInstance.SetRotation 节点，基于步骤 7 所计算出的旋转角度，批量旋转洞口族	
步骤 9	通过 Element.GetParameterValueByName 节点获取穿钢梁管线的尺寸	
步骤 10	通过 Element.SetParameterByName，基于步骤 9 获取的穿钢梁管线尺寸，批量设置洞口族的族参数，使洞口大小与管线管径匹配	

（4）实际步骤

Revit 中实际使用步骤如表 4-45 所示。

Revit 中实际使用步骤　　　　　　　　　　　　　　表 4-45

步骤 1	将 Select Model Elements 节点设置为"是输入"	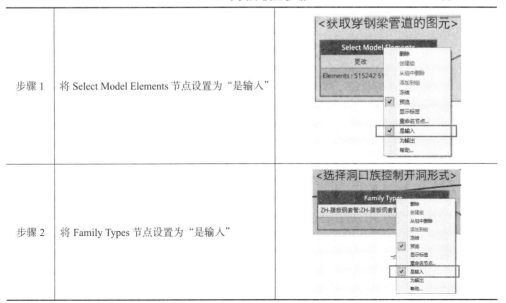
步骤 2	将 Family Types 节点设置为"是输入"	

步骤 3	通过步骤 1 和步骤 2 的设置，可在 Dynamo 播放器中多次运行该钢梁开洞脚本，实现批量化工作	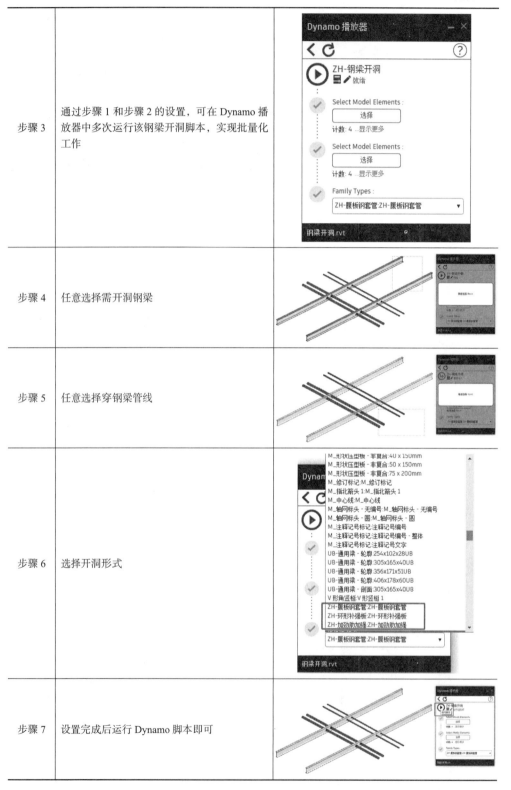
步骤 4	任意选择需开洞钢梁	
步骤 5	任意选择穿钢梁管线	
步骤 6	选择开洞形式	
步骤 7	设置完成后运行 Dynamo 脚本即可	

5. 应用总结

BIM 在深化设计方面的应用成果见表 4-46。

深化设计应用成果 表 4-46

序号	成果名称	内容	示例图
1	钢结构和机电管线深化设计	为提高整体标高，经深化设计后将消防管道提前在钢结构上预留孔洞，避免后期二次开孔	
2	幕墙深化设计	陶土板、陶棍作为新型幕墙材料，一体化施工无参考经验的借鉴。利用 Revit 建模、深化，实现陶土板、陶棍工厂化预制，施工现场拼装	
3	装饰深化设计	通过 Revit 的幕墙嵌板功能，对卫生间的块材进行快速排布，并能导出明细表指导现场提料，提高工作效率	
4	二次结构深化设计	利用 Revit 进行二次结构排砖，准确统计加气块用量，避免材料乱切现象	

序号	成果名称	内容	示例图
5	机电专业深化设计	对机电管线、机房、屋面等部位进行深化设计，提前发现错、漏、碰、撞，避免返工浪费	
6	钢结构的深化设计	钢结构节点的详细做法	

4.7 本章小结

本章主要讲解装配式钢结构建筑设计深化中 BIM 技术的应用。由深化设计的模型策划开始，对文件结构、命名、拆分以及交付的原则进行了阐述。在具体小节中展开介绍了钢结构、机电等方面深化的应用方法。4.2 节介绍了 Tekla 软件环境下，由建筑结构模型出发，对钢结构的构件、连接进行建模，继而进行碰撞分析、材料量清单导出、构件详图输出等操作。4.3 等节通过 Revit、品茗、联发科等软件环境，介绍了二次结构及机电等方面在深化设计时的一些操作及输出方法，并给出了二次结构砌体、机电支架深化等示例，加深对操作和 BIM 应用实现的说明。

第5章 施 工 建 造

钢结构施工 BIM 应用的目标是：通过信息化的管理方法和技术手段，对钢结构项目进行高效率的计划、组织、控制，实现施工全过程的动态管理和项目目标的综合协调与优化，进一步采用科学、合理、系统的管理方法来调配各分支资源，打破信息壁垒，建立充分的信息共享机制。

5.1 施工组织设计

与传统施工组织设计项目相比，装配式建筑的施工组织设计需要特别关注装配建筑构件自身的因素，综合考虑构件在生产、运输、装配中的各种限制条件，从而提升装配式建筑施工组织设计的水平，从而借助 BIM 技术，实现装配式建筑构件装配模拟及各类数据的管理，进一步提升装配式建筑施工管理效率与水平。

装配式建造施工组织设计反映了装配式建筑施工组织设计的过程，其中 BIM 技术的应用形式主要分为两种：（1）装配式建筑 BIM 设计的延续，主要包括：利用模型对装配式建筑塔式起重机选型及设计应用进行模拟与分析、对支撑体系进行计算及模拟分析、对吊装过程进行模拟与分析等；（2）装配式建筑结合 BIM 平台类软件进行的装配建筑施工的管理，主要包括装配式建筑构件质量管理、对物料部品的管理、对流程的审核及处理等。

5.1.1 基础数据

基础数据包含从设计、制造、工程现场及需要前端进行设置的数据，主要包含构件信息、企业定额、装备库、吊装设备选型等。

1. 构件信息

构件信息由前端设计数据直接进入项目管理数据库。根据装配式建筑工程现场需求，通常设计需要提供两类数据：装配式建筑构件清单及属性信息与工程量清单（BOQ）。

通过 BIM 设计数据得到的构件信息直接置入 BIM 管理平台中，并为平台对数据的处理及使用提供条件（图 5-1）。

导入平台后的数据包含信息的同时也包含构件模型数据。从数据类型上主要包含四级数据的项目信息、楼栋、楼层、构件名称、构件编号，以及构件自身相关类型，比如：构件类型、装配单元、安装顺序、尺寸、重量及体积等信息。通过这些信息为装配式现场施工提供详细的装配及工程量的数据基础，详见表 5-1 中数据类型介绍。

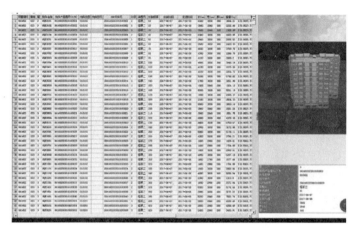

图 5-1 进入 BIM 平台软件的数据和模型

项目信息	楼栋	楼层	构件名称	构件编号	构件类型	装配单元	安装顺序	尺寸	重量	体积

装配式建筑构件清单及属性信息表　　　　　表 5-1

工程量清单（BOQ）是建筑施工现场所需的建造物料清单。数据来源也是 BIM 模型（表 5-2）。

工程量清单（BOQ）　　　　　表 5-2

编码	名称	规格	单位	含量
××	水泥	普通硅酸盐	kg	××

2. 企业定额

企业定额是企业自身形成的成本数据，并通过这些数据形成对项目成本管理的基础数据，这些数据需要专人来维护，图 5-2 为平台中企业定额数据维护。

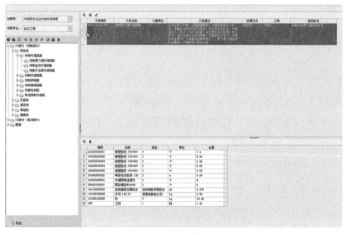

图 5-2　企业定额数据维护

3. 装备库

施工装备是机械化施工的基础数据库，该装配库为后续实现装备的维护与巡查提供数据基础。图 5-3 为平台对装备库的维护，表 5-3 为装备库所包含的数据内容。

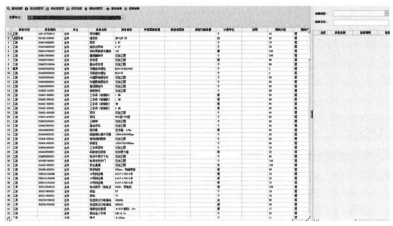

图 5-3　装备库平台维护

装备库示意表　　　　　　　　　　　　　　　表 5-3

装备类别	装备编码	专业	装备名称	装备规格	装备量	计量单位	说明
工装		主体	塔式起重机	7020	1	台	

4. 吊装设备选型

吊装设备是设备库中的一种，对装配式构件的装配至关重要，同时塔式起重机的选型也是前端装配式建筑工艺设计的基础。因此单独对吊装设备进行介绍，并通过吊装设备的数据建立有效的吊装数据库为设计提供基础。详细吊装设备的技术参数解释，请参考本系列丛书施工分册的关于吊装设备的介绍。

根据不同的分类方式，起吊设备可以分为很多类型，根据有无行走机构可分为移动式塔式起重机和固定式起重机，根据按塔身结构回转方式可分为下回转（塔身回转）和上回转（塔身不回转）塔式起重机，下面分别进行介绍相关设备及技术参数。

下面介绍主要几种类型的塔式起重机特点及选用（表 5-4）。

吊装设备类型及特点表　　　　　　　　　　　　表 5-4

分类依据	设备分类	设备名称	特点	图片示意
按有无行走机构	移动式塔式起重机	轨道式	塔身固定于行走底架上，可在专设的轨道上运行，稳定性好，能带负荷行走，工作效率高，因而广泛应用于建筑安装工程	

分类依据	设备分类	设备名称	特点	图片示意
按有无行走机构	移动式塔式起重机	轮胎式	无轨道装置,移动方便,但不能带负荷行走、稳定性较差	
		汽车式		
		履带式		
	固定式起重机	自升式	能随建筑物升高而升高,适用于高层建筑,建筑结构仅承受由起重机传来的水平载荷,附着方便,但占用结构用钢多	
		内爬式	在建筑物内部(电梯井、楼梯间),借助一套托架和提升系统进行爬升,顶升较繁琐,但占用结构用钢少,不需要装设基础,全部自重及载荷均由建筑物承受	
按起重臂的构造特点	俯仰变幅起重臂(动臂)塔式起重机	俯仰变幅起重臂塔式	靠起重臂升降来实现变幅,其优点是能充分发挥起重臂的有效高度,机构简单	

分类依据	设备分类	设备名称	特点	图片示意
按起重臂的构造特点	小车变幅起重臂（平臂）塔式起重机	小车变幅起重臂塔式	靠水平起重臂轨道上安装的小车行走实现变幅，其优点是变幅范围大，载重小车可驶近塔身，能带负荷变幅，缺点是：起重臂受力情况复杂，对结构要求高，且起重臂和小车必须处于建筑物上部，塔尖安装高度比建筑物屋面要高出15～20m	
按塔身结构回转方式	下回转（塔身回转）塔式起重机	下回转塔式	将回转支承、平衡重主要机构等均设置在下端，其优点是塔式所受弯矩较少，重心低，稳定性好，安装维修方便，缺点是对回转支承要求较高，安装高度受到限制	
	上回转（塔身不回转）塔式起重机	上回转塔式	将回转支承平衡重主要机构均设置在上端，其优点是由于塔身不回转，可简化塔身下部结构、顶升加节方便。缺点是当建筑物超过塔身高度时，由于平衡臂的影响，限制起重机的回转，同时重心较高，风压增大，压重增加，使整机总重量增加	
按起重机安装方式不同	能进行折叠运输，自行整体架设的快速安装塔式起重机	能进行折叠运输，自行整体架设的快速安装塔式	属于中小型下回转塔机，主要用于工期短、要求频繁移动的低层建筑上，主要优点是能提高工作效率，节省安装成本，省时省工省料，缺点是结构复杂，维修量大	
	需借助辅机进行组拼和拆装的塔式起重机	需借助辅机进行组拼和拆装的塔式	主要用于中高层建筑及工作幅度大，起重量大的场所，是目前建筑工地上的主要机种	

分类依据	设备分类	设备名称	特点	图片示意
按有无塔尖的结构	平头塔式起重机	平头塔式	最近几年发展起来的一种新型塔式起重机,其特点是在原自升式塔机的结构上取消了塔帽及其前后拉杆部分,增强了大臂和平衡臂的结构强度,大臂和平衡臂直接相连,其优点是:1. 整机体积小,安装便捷安全,降低运输和仓储成本;2. 起重臂耐受性能好,受力均匀一致,对结构及连接部分损坏小;3. 部件设计可标准化、模块化、互换性强,减少设备闲置,提高投资效益。其缺点是在同类型塔机中平头塔机价格稍高	
	塔头塔式起重机	塔头塔式		

在施工现场的吊装设备主要有固定式塔式起重机、移动汽车式起重机或履带式起重机。装配式建筑工艺设计需要考虑构件法的设计原理,同时还需要考虑塔式起重机的选型,如果在构件工艺设计过程中不考虑吊装设备的选型必然会带来诸多的不便,相反也是一样的,施工方如果贸然确定塔式起重机型号,不与设计进行沟通,现场必然会出现无法起吊或安装出现问题的情况。本章节主要介绍几种常用的吊装设备的规格以及选择(表 5-5)。

塔式起重机常用规格表(部分)　　　　　　　　　　　　　表 5-5

H5010-4C/4A/4L

R(m)		最大性能(m/t)	15.0	17.5	20.0	22.5	25.0	27.5	30.0	32.5	35.0	37.5	40.0	42.5	45.0	47.5	50.0
50m (R=51.5)	二倍率	2.5~29.9/2.00	2.00						1.99	1.80	1.63	1.49	1.37	1.26	1.16	1.08	1.00
	四倍率	2.5~16.6/4.00	4.00	3.76	3.21	2.79	2.45	2.18	1.95	1.76	1.60	1.46	1.33	1.22	1.13	1.04	0.96
45m (R=46.5)	二倍率	2.5~32.3/2.00	2.00							1.98	1.81	1.65	1.52	1.40	1.30		
	四倍率	2.5~18.0/4.00	4.00		3.52	3.06	2.70	2.40	2.16	1.95	1.77	1.62	1.48	1.36	1.26		
40m (R=41.5)	二倍率	2.5~33.6/2.00	2.00								1.90	1.74	1.60				
	四倍率	2.5~18.6/4.00	4.00		3.68	3.22	2.83	2.52	2.26	2.05	1.86	1.70	1.56				
35m (R=36.5)	二倍率	2.5~34.3/2.00	2.00							1.95							
	四倍率	2.5~19.0/4.00	4.00	3.77	3.28	2.90	2.58	2.32	2.10	1.91							
30m (R=31.5)	二倍率	2.5~30.0/2.00	2.00														
	四倍率	2.5~19.7/4.00	4.00	3.94	3.43	3.03	2.70	2.43									

H5013-5A/5C

R（m）		最大性能（m/t）	15.0	17.5	20.0	22.5	25.0	27.5	30.0	32.5	35.0	37.5	40.0	42.5	45.0	47.5	50.0
50m（R=51.5）	两倍率	2.5~29.9/2.50	2.50						2.49	2.26	2.06	1.89	1.74	1.61	1.49	1.39	1.30
	四倍率	2.5~16.4/5.00	5.00	4.65	3.99	3.47	3.06	2.73	2.46	2.23	2.03	1.86	1.71	1.57	1.46	1.35	1.26
45m（R=46.5）	两倍率	2.5~31.5/2.50	2.50							2.41	2.20	2.02	1.86	1.72	1.60		
	四倍率	2.5~17.3/5.00	5.00	4.22	3.38	3.25	2.90	2.61	2.37	2.16	1.98	1.83	1.68	1.56			
40m（R=41.5）	两倍率	2.5~32.0/2.50	2.50							2.45	2.24	2.06	1.90				
	四倍率	2.5~17.5/5.00	5.00		4.30	3.75	3.31	2.96	2.66	2.41	2.20	2.02	1.86				
35m（R=36.5）	两倍率	2.5~32.1/2.50	2.50							2.46	2.25						
	四倍率	2.5~17.5/5.00	5.00		4.31	3.76	3.32	2.97	2.67	2.42	2.21						
30m（R=31.5）	两倍率	2.5~30.0/2.50	2.50														
	四倍率	2.5~17.7/5.00	5.00		4.34	3.79	3.35	2.99	2.70								

TC5610-6

R（m）		最大性能（m/t）	17.0	20.0	23.0	26.0	29.0	32.0	35.0	38.0	41.0	44.0	47.0	50.0	53.0	56.0
56m（R=57.3）	两倍率	2.5~24.9/3.00	3.00			2.85	2.49	2.20	1.96	1.75	1.58	1.43	1.30	1.19	1.09	1.00
	四倍率	2.5~13.7/6.00	4.68	3.85	3.25	2.79	2.43	2.14	1.90	1.69	1.52	1.37	1.24	1.13	1.03	0.94
50m（R=51.3）	两倍率	2.5~27.3/3.00	3.00				2.79	2.47	2.20	1.98	1.79	1.63	1.48	1.36		
	四倍率	2.5~15.0/6.00	5.19	4.29	3.63	3.12	2.73	2.41	2.14	1.92	1.73	1.57	1.42	1.30		
44m（R=45.3）	两倍率	2.5~28.9/3.00	3.00				2.99	2.65	2.37	2.13	1.93	1.76				
	四倍率	2.5~15.9/6.00	5.55	4.59	3.89	3.35	2.93	2.59	2.31	2.06	1.87	1.70				
38m（R=39.3）	两倍率	2.5~29.2/3.00	3.00					2.68	2.40	2.16						
	四倍率	2.5~16.0/6.00	5.61	4.46	3.93	3.39	2.97	2.62	2.34	2.10						

TC6010-6

R（m）		最大性能（m/t）	17.1	20.0	25.0	30.0	32.0	35.0	38.0	40.0	42.0	45.0	48.0	50.0	52.0	55.0	58.0	60.0
60m（R=60.76）	两倍率	2.5~30.8/3.00	3.00				2.86	2.55	2.29	2.14	2.01	1.83	1.67	1.58	1.49	1.37	1.26	1.20
	四倍率	2.5~17.1/6.00	6.00	4.99	3.81	3.04	2.80	2.49	2.23	2.08	1.94	1.76	1.61	1.51	1.42	1.31	1.20	1.14
55m（R=55.76）	两倍率	2.5~33.0/3.00	3.00					2.79	2.51	2.35	2.21	2.01	1.84	1.74	1.65	1.52		
	四倍率	2.5~18.3/6.00	6.00	5.41	4.14	3.31	3.05	2.72	2.45	2.29	2.14	1.95	1.78	1.68	1.58	1.46		
50m（R=50.76）	两倍率	2.5~33.8/3.00	3.00					2.87	2.59	2.43	2.28	2.08	1.90	1.80				
	四倍率	2.5~18.7/6.00	6.00	5.56	4.26	3.41	3.15	2.81	2.53	2.36	2.21	2.01	1.84	1.74				
45m（R=45.76）	两倍率	2.5~34.1/3.00	3.00					2.90	2.62	2.45	2.30	2.10						
	四倍率	2.5~18.9/6.00	6.00	5.61	4.31	3.45	3.18	2.84	2.55	2.39	2.24	2.04						
40m（R=40.76）	两倍率	2.5~33.9/3.00	3.00					2.88	2.60	2.43								
	四倍率	2.5~18.8/6.00	6.00	5.57	4.27	3.42	3.15	2.82	2.53	2.37								
35m（R=35.76）	二倍率	2.5~33.3/3.00	3.00					2.82										
	四倍率	2.5~18.5/6.00	6.00	5.46	4.19	3.35	3.09	2.76										
30m（R=30.76）	二倍率	2.5~30.0/3.00	3.00															
	四倍率	2.5~18.5/6.00	6.00	5.47	4.19	3.36												

TC6012-6A/6B

R（m）		最大性能（m/t）	16.0	20.0	24.0	28.0	32.0	36.0	38.0	42.0	44.0	48.0	50.0	54.0	56.0	60.0
60m（R=60.8）	两倍率	2.5～26.5/3.00	3.00			2.80	2.37	2.04	1.91	1.67	1.57	1.39	1.31	1.17	1.11	1.00
	四倍率	2.5～4.5/6.00	5.36	4.13	3.31	2.74	2.31	1.98	1.85	1.61	1.51	1.33	1.25	1.11	1.05	0.94
54m（R=54.8）	两倍率	2.5～30.2/3.00	3.00				2.80	2.42	2.26	1.99	1.87	1.67	1.58	1.42		
	四倍率	2.5～16.5/6.00	6.00	4.81	3.88	3.22	2.74	2.36	2.20	1.93	1.81	1.61	1.52	1.36		
48m（R=48.8）	两倍率	2.5～31.4/3.00	3.00				2.93	2.54	2.38	2.09	1.97	1.76				
	四倍率	2.5～17.2/6.00	6.00	5.03	4.07	3.38	2.87	2.48	2.32	2.03	1.91	1.70				
42m（R=42.8）	两倍率	2.5～32.1/3.00	3.00					2.61	2.44	2.15						
	四倍率	2.5～17.5/6.00	6.00	5.16	4.17	3.47	2.95	2.55	2.38	2.09						
36m（R=36.8）	两倍率	2.5～32.1/3.00	3.00					2.60								
	四倍率	2.5～17.5/6.00	6.00	5.14	4.16	3.46	2.94	2.54								

TC6013A-6/6E/6F

R（m）		最大性能（m/t）	17.5	20.0	22.0	25.0	28.0	30.0	32.0	35.0	38.0	40.0	42.0	45.0	48.0	50.0	52.0	55.0	58.0	60.0
60m（R=61.0）	两倍率	2.5～31.8/3.00	3.00						2.98	2.67	2.41	2.25	2.12	1.93	1.77	1.68	1.59	1.47	1.36	1.30
	四倍率	2.5～17.5/6.00	6.00	5.14	4.59	3.94	3.43	3.15	2.91	2.60	2.34	2.18	2.05	1.86	1.70	1.61	1.52	1.40	1.29	1.23
55m（R=56.0）	两倍率	2.5～35.2/3.00	3.00								2.73	2.56	2.41	2.21	2.03	1.93	1.83	1.70		
	四倍率	2.5～19.4/6.00	6.00	5.77	5.16	4.44	3.88	3.57	3.30	2.95	2.66	2.49	2.34	2.14	1.96	1.86	1.76	1.63		
50m（R=51.0）	两倍率	2.5～35.8/3.00	3.00								2.79	2.62	2.46	2.26	2.08	1.97				
	四倍率	2.5～19，6/6.00	6.00	5.88	5.26	4.53	3.96	3.64	3.37	3.01	3.72	2.55	2.39	2.19	2.01	1.90				
45m（R=46.0）	两倍率	2.5～36.8/3.00	3.00								2.89	2.71	2.55	2.34						
	四倍率	2.5～20.2/6.00	6.00		5.43	4.68	4.09	3.76	3.48	3.12	2.82	2.64	2.48	2.27						
40m（R=41.0）	两倍率	2.5～37.7/3.00	3.00								2.98	2.80								
	四倍率	2.5～20.7/6.00	6.00		5.59	4.82	4.21	3.88	3.59	3.22	2.91	2.73								
35m（R=36.0）	二倍率	2.5～35.0/3.00	3.00																	
	四倍率	2.5～20.2/6.00	6.00		5.44	4.68	4.09	3.77	3.48	3.12										
30m（R=31.0）	二倍率	2.5～30.0/3.00	3.00																	
	四倍率	2.5～20.0/6.00	6.00		5.37	4.63	4.04	3.72												

汽车式起重机与履带式起重机的区别在于移动轮不一样。汽车式起重机为轮胎，适合平坦区域的起吊作业要求，履带式起重机为履带，适合复杂地面的起吊作业要求。

完成塔式起重机的选型后，对塔式起重机的布置进行模拟（图5-4、图5-5）。

总平面布置图

图5-4 装配现场模型搭建

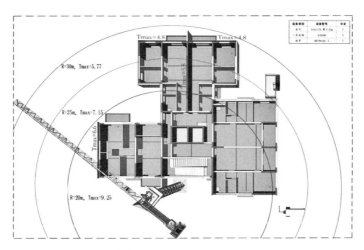

图5-5 一台塔式起重机所覆盖范围内的装配单元

5.1.2 计划管理

"项目未动，计划先行"。制定装配式构件切实可行的计划是必须的工作，并且需要根据项目的实际情况进行计划的跟进与调整。

1. 深化设计

钢结构深化设计工作量大，确保深化设计工期是保证整个工程顺利施工的前提，它直接影响到材料管理、构件制造、项目安装的各个环节。可采取以下措施来确保深化设计工期：

（1）安排设计人员研究图纸，做好深化筹备准备；

（2）根据加工安装顺序，分批进行图纸深化设计；

（3）安排充足的工程设计人员，合理分工；

（4）多个模块、各类人员立体交叉作业，分层分块进行建模；

（5）及时了解工程进展动态，及时调整深化设计的分工与人员数量；

（6）做好各方面的沟通协调工作，及时准确地了解原设计、施工现场等部门提出的有关设计的变化，及时反映到深化设计成果中。

2.构件制造

通过应用 BIM 技术，以深化设计模型为基础，进行工程进度信息的导入与转化。应用现代数据采集手段，实时更新工程的建造状态，可实现可视化工期预警和过程纠偏。

首先建立安装主控计划，从总体上对各项资源的进度合理性进行分析、跟踪和调整。在主控计划下，生成重要资源的专项计划，从图纸、技术、材料、劳务、设备等方面对主控计划进行分解细化。从施工运营决策、施工批次划分、生产任务安排、工序资源配置等不同深度对专项计划进行层层落实，定期滚动更新，并以此作为施工排产的主要依据，使施工排产更具科学性和可控性。

3.项目安装

构件制造过程中，项目部需对构件的生产及物流进行跟踪，了解制造状态，以便及时调整项目安装进度。施工进度等信息及时更新至钢结构 BIM 模型中，以更为直观的方式（如颜色变化等）与计划信息进行对比，实现可视化的进度管理与进度监控。

5.2 建造设计

5.2.1 场地布置模型

在前期设计的基础上建立现场的场地布置及施工组织模型，可以实现便捷的关系工序和内容管理。场地布置模型主要包括设计阶段的建筑、结构、水电暖通类模型，还包括施工过程中的塔式起重机、临时设施模型、围墙以及安全消防等模型。通过模型的搭建，实现项目现场可视化管理的目的（表 5-6）。

场地模型搭建方法　　　　　　　　　　　　　　　　　　表 5-6

步骤	内容	图示
建立施工临时设施基本构件模型	标准临时办公建筑模块	

续表

<table>
<tr><th>步骤</th><th>内容</th><th>图示</th></tr>
<tr><td rowspan="6">建立施工临时设施基本构件模型</td><td>标准集装箱宿舍模块</td><td>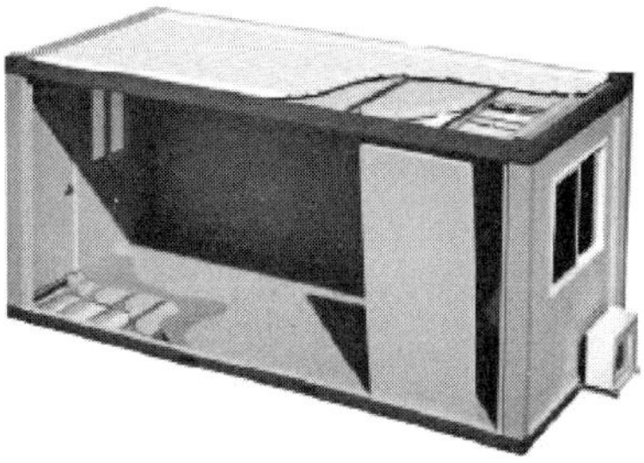</td></tr>
<tr><td>标准宿舍建筑模块</td><td>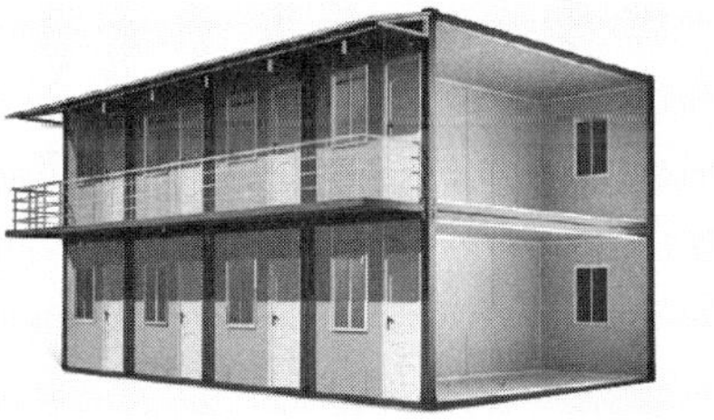</td></tr>
<tr><td>标准门牌模块</td><td>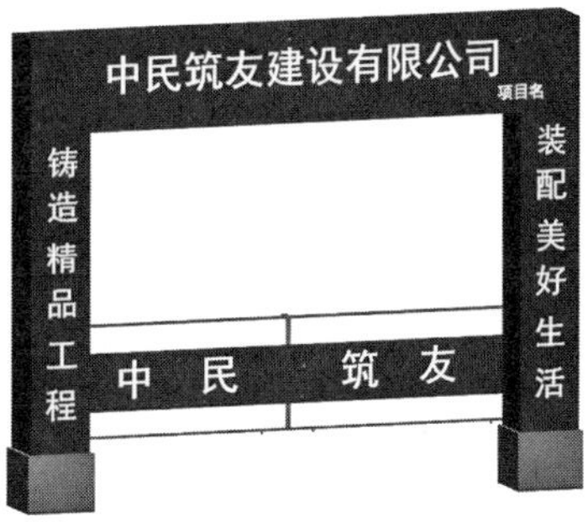
</td></tr>
<tr><td>标准无门牌大门模块</td><td>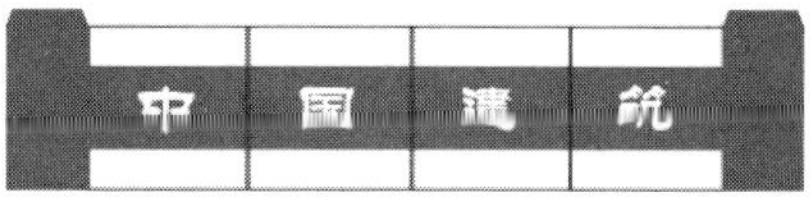</td></tr>
<tr><td>推拉大门模块</td><td>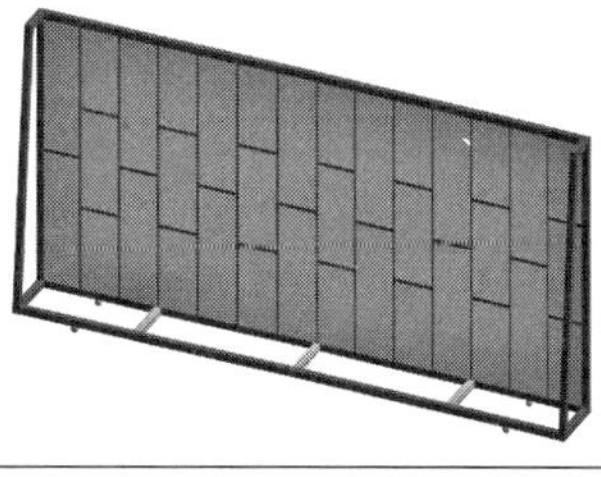</td></tr>
<tr><td>围挡模块</td><td>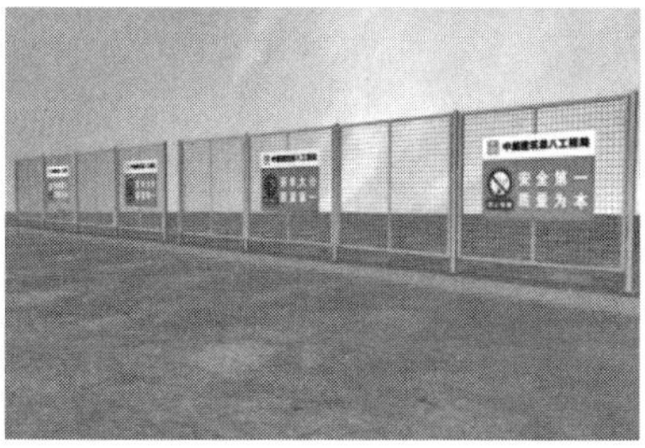</td></tr>
</table>

续表

步骤	内容	图示
建立施工临时设施基本构件模型	彩钢板围墙模块	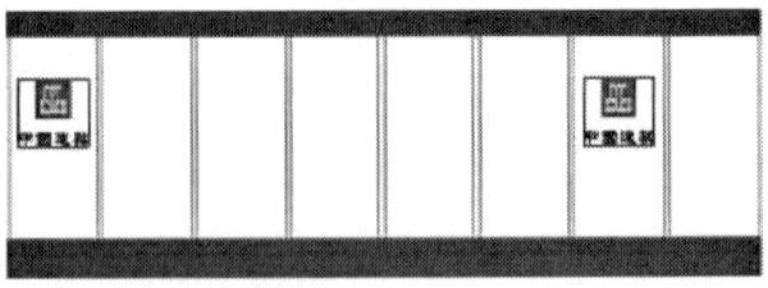
	基坑防护模块	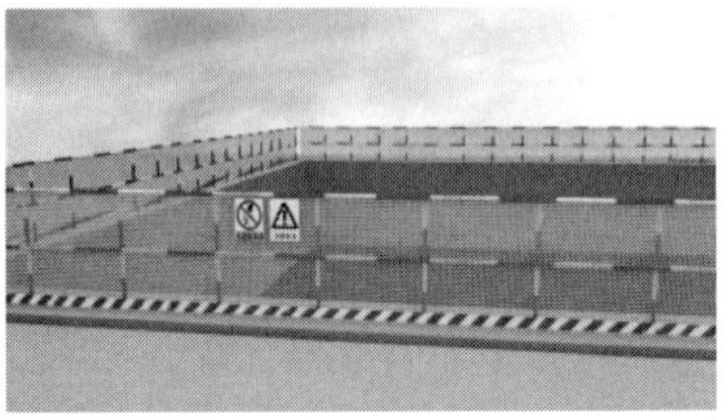
	保安室模块	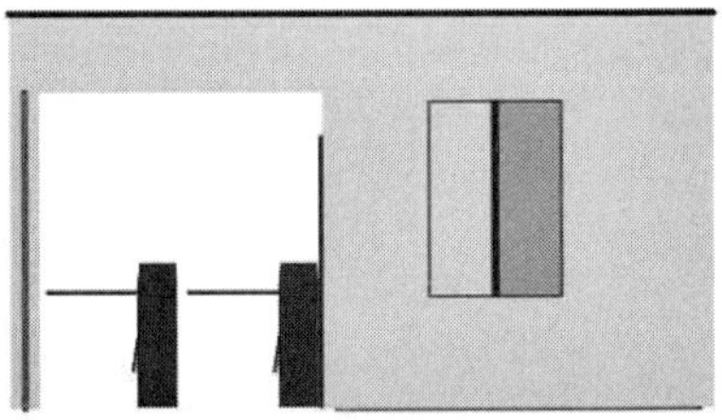
	休息室模块	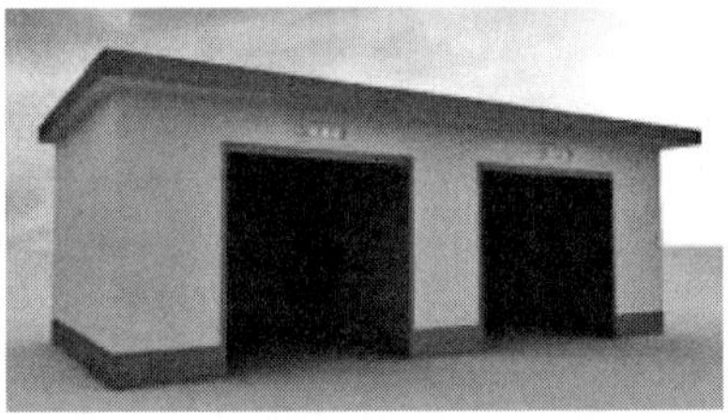
	钢筋加工棚模块	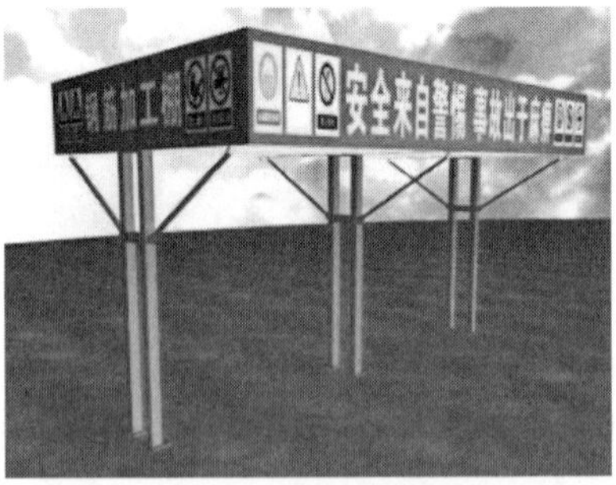
	木工棚模块	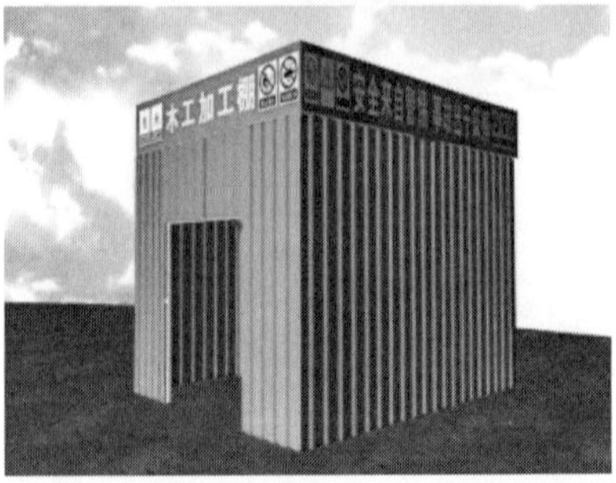

续表

步骤	内容	图示
建立施工临时设施基本构件模型	安全通道模块	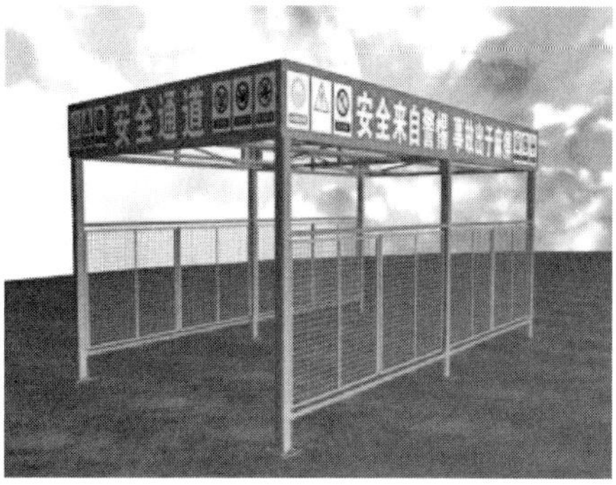
	预制构件堆场栏杆模块	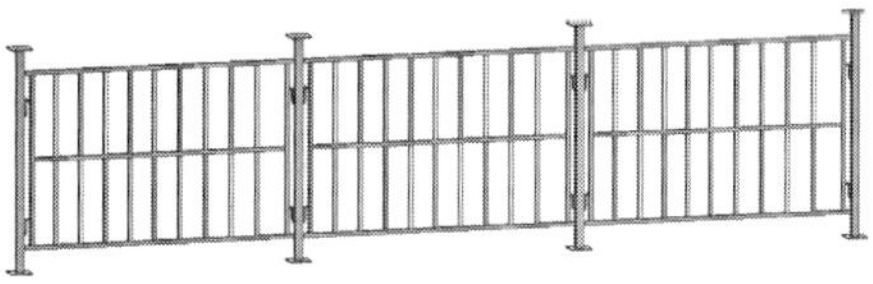
	消防台模块	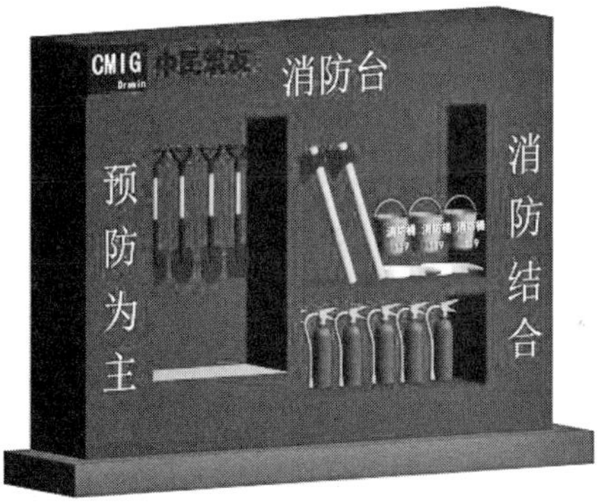
	配电箱模块	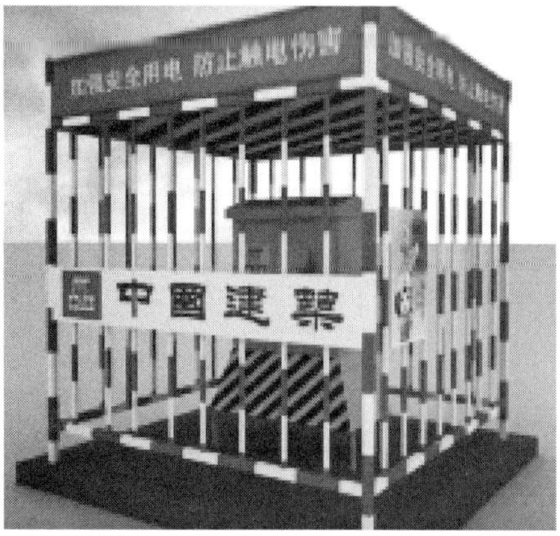
	垃圾池、废料池模块	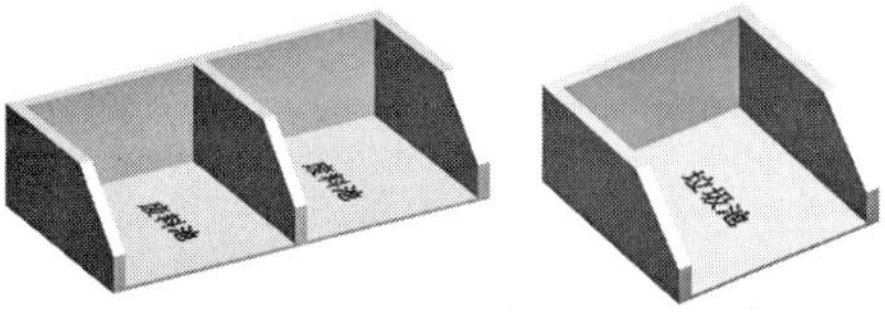

续表

步骤	内容	图示
建立施工临时设施基本构件模型	隔油池模块	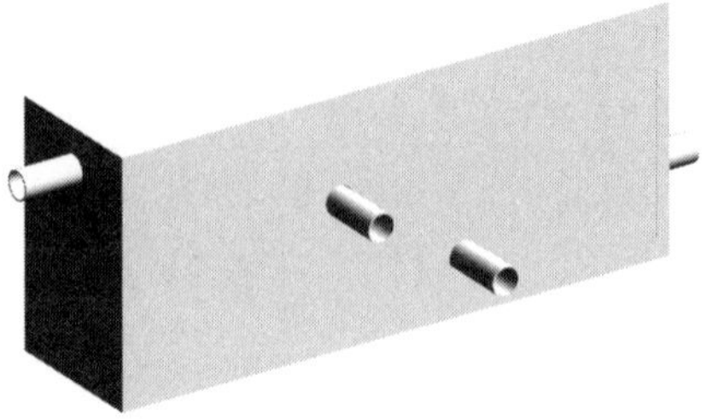
	塔式起重机模块	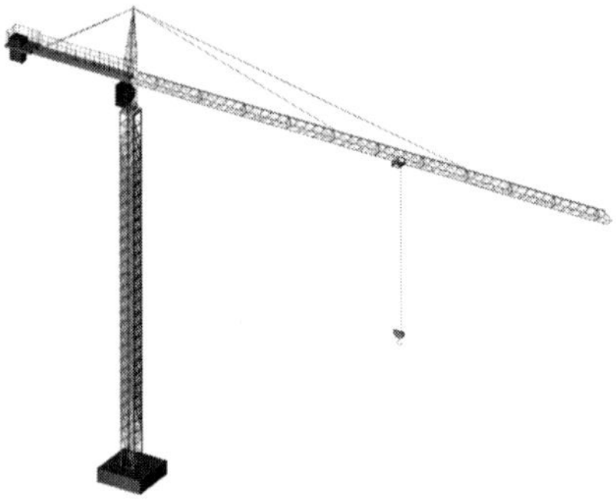
	人货电梯模块	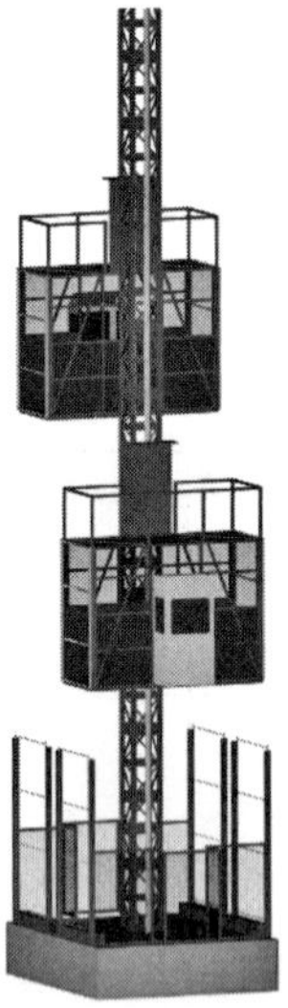
获取设计段设计模型	构件模型（其他模型参考设计章节构件介绍内容）	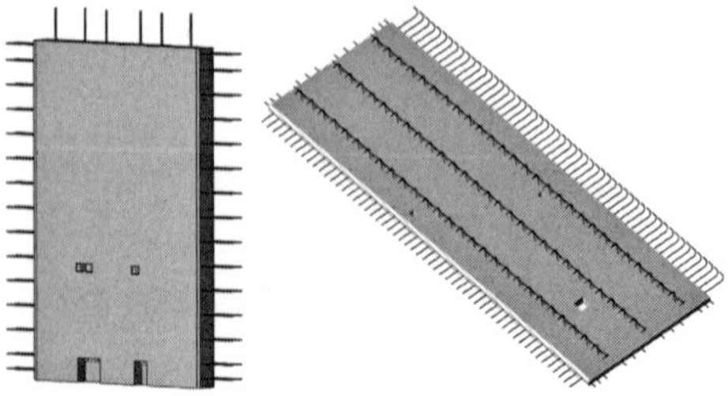

步骤	内容	图示
建立施工措施模型	支撑、辅助措施模型（参考装配程序设计中支撑设计内容）	
进行施工场地布置方案设计	通过多个方案进行比选，选择最优方案	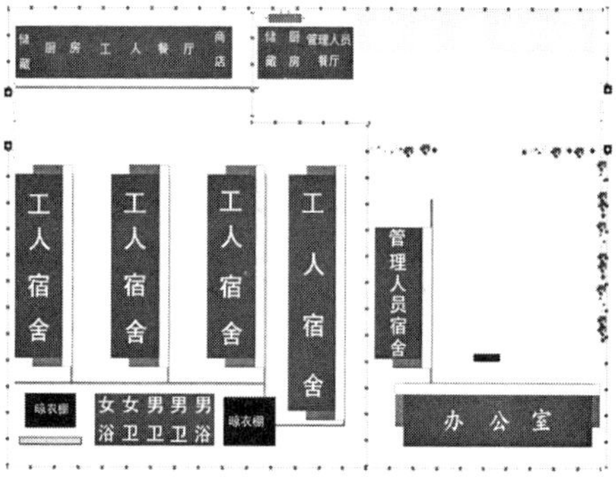
	建立临时场地布置模型	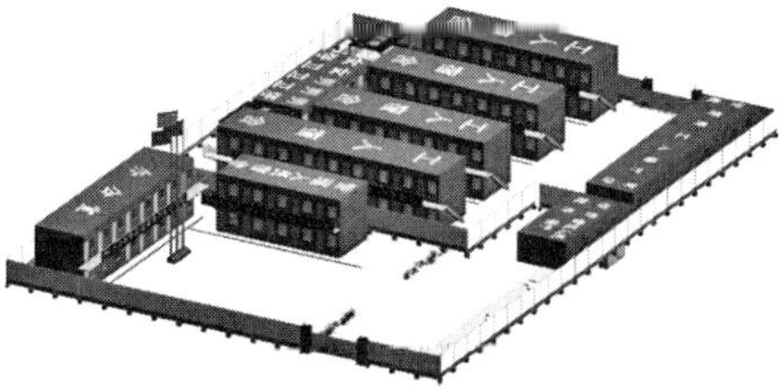
建立施工场地模型	将各类模型进行整合，搭建施工场地模型	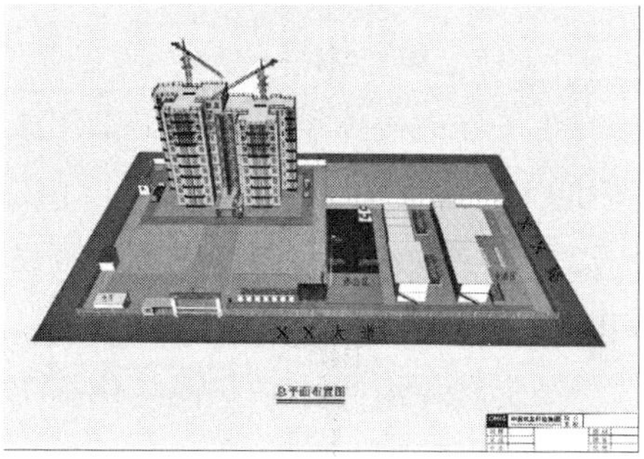

5.2.2 构件制造

钢构件的制造具有明确划分加工工序的作业特点。随着社会生产力的发展,钢结构企业通过新设备的引进、对已有设备的改造以及管理方式的变革等措施,具备了与各自生产力相适应的加工条件和能力。在整个制造过程中,得益于施工数据的即时采集、传递、处理,并与 BIM 进行集成、分析、展现、存储等,使整个制造过程能够更好地被管控。

1.应用流程

钢结构构件制造 BIM 应用主要流程如图 5-6 所示。

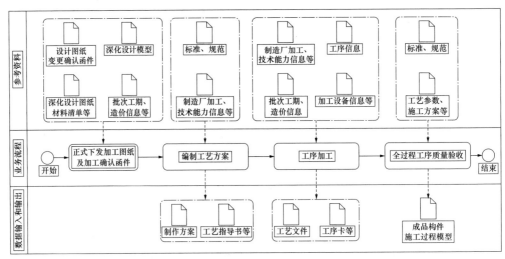

图 5-6 钢结构构件制造应用流程

通过产品工序化管理,将以批次为单位的图纸信息、材料信息、进度信息转化为以工序为单位的制造信息,借助先进的数据采集手段,以钢结构施工过程模型作为信息交流的平台,通过施工信息的实时添加和补充完善,进行可视化的展现,提高数据处理的效率和质量。

2.数据输入

钢结构构件制造阶段应按下列要求进行信息的创建和更新:

(1)建立编码体系

1)工序编码体系:将施工工作流程予以统一编码,建立标准化管理体系,将具体的工艺流程和信息化实施手段相结合。

2)物资设备编码体系:对物资设备进行分类与编码,对企业物资设备进行规范化、标准化管理。

3)零构件编码体系:钢结构施工信息直接来源于深化设计,保证来源的准确性和施工的可追溯性。

4）人员编码体系：按照一定的规则进行统一的人员编码，进行人员的追溯管理。

（2）选择施工数据采集方式

对制造过程进行数据采集，面对的是各种离散型数据（如表5-7所示），保证数据的真实性、完整性、有效性，需要选择合适的数据采集方式。

制造过程中的数据类型　　　　　　　　　　　　　　　表5-7

信息类别	采集内容	所属类别	实时性要求
物料信息	包括物料名称、尺寸等	动态信息	按一定时间间隔采集
工人信息	包括工人工号、姓名、工种等	静态信息	一次性录入
设备信息	包括设备编号、名称、性能等	静态信息	一次性录入
产品加工信息	产品在车间的加工完成状况	动态信息	按一定时间间隔采集
产品质量信息	产品的质量状态等	动态信息	针对生产结果进行连续采集
……	……	……	……

在选择数据采集的方式上，需要考虑的因素有很多：针对生产车间的关键节点，可以对加工设备的效率等进行实时监控，组织传感器网络向上层传递数据信息，反馈控制整个生产过程；在产品流水线上，可利用条码技术或RFID读取产品信息，配合电子看板等在车间实时显示加工状况。现实中受限于生产环节的复杂性与环境的苛刻，除了RFID、条码和传感器的采集模式之外，还可以利用人机交互的形式直接读取数据、利用现场设备如PLC和仪器仪表直接采集数据。

在数据采集的过程中，需要将生产过程中的"人、机、料、法、环"等要素进行综合分析，先实现生产的基本进度信息、物料信息和质量信息的准确采集，然后再根据产品生产的需求逐步深化，层层递进。针对当前钢结构行业现状，可以普遍采用以条码技术为主导的产品数据管理方式。

（3）规范数据输入

钢结构构件制造BIM应用依托于工序管理，通过BIM技术可以整合施工过程中多个部门的数据信息，实现协同作业与信息共享。各部门的数据输入要求参见表5-8。

构件制造数据输入要求　　　　　　　　　　　　　　　表5-8

职责	负责部门	BIM应用内容
系统信息维护	信息维护部门	负责基础数据的配置（用户账号、角色创建等）；负责日常系统维护（数据备份、数据恢复等）、系统升级保障；收集整理系统运行过程中遇到的问题，并进行反馈和答复；对业务员进行系统指导等

职责	负责部门	BIM 应用内容
深化设计管理	深化设计管理部门	按照项目部划分的结构批次组织深化设计及相关管理工作；按结构批次从深化设计模型中导出数据文件，包括材料清单、构件图、零件图、深化设计模型等；将导出的模型数据文件提供给项目部审核，并将确认版模型数据导入信息系统等
生产管理	制造厂生产管理部门	划分并维护生产批次信息；进行生产过程管控；工程计划协调、进度统计与反馈等
物资管理	物资管理部门	材料库存与构件管理等
工艺质量管理	制造厂工艺质量管理部门	按照生产管理部发布的生产批次进行排板套料；进行图纸文件的管理；制定零构件的生产工序路线；进行零构件工序质量验收
制造加工管理	制造生产管理车间	按照工艺文件进行生产制造；实时反馈施工状态；制造过程检验、构件运输管理等

5.2.3　数字化安装

合格的钢构件产品运输到项目现场后，按照工期计划进行施工。此时，构件制造及安装状态的实时动态跟踪，对项目施工来说尤为重要。构件制造过程中，项目部需对构件的生产及物流进行跟踪，了解制造状态，以便及时调整项目安装进度；在钢构件产品送达后，需组织构件验收，临时存储，吊装与焊接，将构件制造与项目安装纳入同一管理体系。

基于 BIM 技术，在施工期间还可以利用 3D 模型数字化处理相关的管理参数，并利用相关的参数信息构建相关的工程模型，全方位的模拟施工现场，最大化处理可能出现的施工风险，并进行有效解决，确保钢结构的顺利安装，以免因施工工序或施工安全问题导致延工。近年来，相关研究人员深入分析了 BIM 技术，并实现了加入时间轴与资金流的 5D 施工安装模拟，促进了建模的智能化与高速化（图 5-7）。

图 5-7　施工模拟

1. 应用流程

BIM 技术在钢结构项目现场安装过程中的应用，主要有以下三个方面的原则：

（1）工期计划统一管理原则

项目部负责制定工期计划并实时更新。施工过程模型按照工期计划，在深化设计、材料管理、构件制造、项目安装各阶段进行进度更新与状态跟踪，并通过可视化管理进行工程进度的反馈与警示。

（2）工程变更统一管理原则

项目部负责变更管理和变更指令的下达，由工艺管理部门负责模型的更新或替换，并由各相关部门进行制造、安装阶段的模型信息跟踪。

（3）工序全过程管理原则

将钢构件安装过程中的测量、焊接以及验收等工序，视为制造阶段各工序的延伸，形成全过程追溯管理体系，对钢构件在项目现场的工序流转进行跟踪管理。

钢结构项目安装阶段 BIM 应用主要流程如图 5-8 所示。

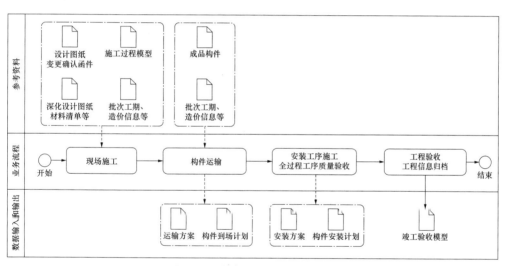

图 5-8 钢结构项目安装应用流程

2. 数据输入

钢结构安装依托于施工现场环境，应用 BIM 技术可以整合安装过程中多个部门的数据信息，实现协同作业与信息共享。各部门的数据输入要求参见表 5-9。

项目安装数据输入要求   表 5-9

职责	负责部门	BIM 应用内容
系统信息维护	信息维护部门	负责基础数据的配置（用户账号、角色创建等）；负责日常系统维护（数据备份、数据恢复等）、系统升级保障；收集整理系统运行过程中遇到的问题，并进行反馈和答复；对业务员进行系统指导等

职责	负责部门	BIM 应用内容
深化设计管理	深化设计管理部门	按照项目部划分的结构批次组织深化设计及相关管理工作；按结构批次从深化设计模型中导出数据文件，包括材料清单、构件图、零件图、深化设计模型等；将导出的模型数据文件提供给项目部审核，并将确认版模型数据导入信息系统等
生产管理	项目生产管理部门	制订新开工项目的工程编号。维护新建工程、工程概况、业主及设计方信息；工程计划协调、进度统计与反馈；合同任务完成情况自检与确认、产值与完工工程量统计等
物资管理	物资管理部门	供应商信息维护，包括供应商名称、材料产品类型与规格、钢材均价等；制订主材材料计划，材料订单汇总与下达，组织材料采购；制订辅材、五金材料计划，组织辅材及五金材料采购；材料库存与构件管理，常用材料备品库的维护等
技术质量管理	项目技术质量管理部门	负责项目结构批次划分协调工作，确定批次号，并将结构批次信息及时发送给制造厂；根据深化设计部门提供的材料清单，编制材料计划，并提交给物资管理部门；将深化设计部门提供的材料清单、构件图、零件图、深化设计模型等发送给工艺管理部门；对运输到达构件进行质量验收确认等

5.3 项目建造

5.3.1 资源管理

从深化设计模型中获取的材料清单，经过处理形成了材料采购信息，进入实际生产施工环节。在这个过程中，采购计划编制、材料仓储管理、材料使用管理、信息追溯管理等可应用 BIM 技术。

1. 应用流程

在材料管理阶段，经处理的材料清单被编制成采购计划，采购计划进一步形成采购合同，按照合同组织材料采购。材料进厂后，通过库存管理系统（或模块）对材料进行验收入库，按照业务流程进行材料的在库、出库、退库、退货等管理工作，主要流程如图 5-9 所示。

钢材的仓储管理与钢构件制造存在直接关系，其合理性、便捷性等不仅直接关系着制造任务的顺利进行，而且还影响着控制损耗的有效实施。材料存放可分环节实施控制：

（1）材料验收入库

依据合同确定所需钢材的项目名称、规格型号、数量等，质检人员进行验收并取样送检。若有探伤要求，须经现场探伤合格后方能验收。材料验收后，应建立物资验收记录台账、合格品入库手续等，不合格品根据合同规定进行退换处理。

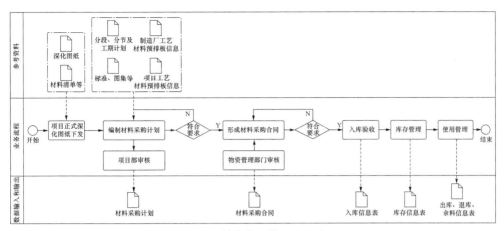

图 5-9　钢结构资源管理应用流程

（2）材料库存管理

钢材的存放，需根据其特性选择合适的存储场所，保持场地清洁干净，不得与酸、碱、盐等对钢材有侵蚀性的材料堆放在一起，做好防腐、防潮、防损坏等工作。根据库房布局合理堆放，尽量减少二次转运，尽量分类、分批次堆放，并明确标示。

（3）材料使用管理

材料领用和发放时，工艺人员应依照材料采购计划中的定制规格进行排板套料操作，开具材料领用单；材料发放人员应依照材料领用单发放材料；车间人员应依照材料领用单核对材料信息，核实无误后确认。

2.数据输入

钢结构材料管理阶段应按下列要求进行信息的创建和更新：

（1）建立材料编码体系。对材料进行分类编码，进行规范化、标准化管理；

（2）规范数据输入管理。通过 BIM 技术可以整合材料管理过程中多个部门的数据信息，实现协同作业与信息共享，各部门的数据输入要求参见表 5-10。

材料管理数据输入要求　　　　　　　　　　　　表 5-10

职责	负责部门	应用内容
系统信息维护	信息维护部门	负责基础数据的配置（用户账号、角色创建等）；负责日常系统维护（数据备份、数据恢复等）、系统升级保障；收集整理系统运行过程中遇到的问题，并进行反馈和答复；对业务员进行系统指导等
深化设计管理	深化设计管理部门	按照项目部划分的结构批次组织深化设计及相关管理工作；按结构批次从深化设计模型中导出数据文件，包括材料清单、构件图、零件图、深化设计模型等；将导出的模型数据文件提供给项目部审核，并将确认版模型数据导入信息系统等
生产管理	生产管理部门	划分并维护生产批次信息；进行生产过程管控；工程计划协调、进度统计与反馈等

职责	负责部门	应用内容
物资管理	物资管理部门	材料供应商信息维护，包括供应商名称、材料产品类型与规格、钢材均价等；制订主材材料计划，材料订单汇总与下达，组织材料采购；制订辅材、五金材料计划，组织辅材及五金材料采购；材料库存与构件管理，常用材料库的维护等
工艺质量管理	工艺质量管理部门	按照质量要求进行质量验收；维护材料质量追溯材料（如材质书、炉批号等）；使用排板软件进行预排板工作，生产材料预排板信息；按照工艺要求使用材料，提高材料利用率
制造加工管理	生产车间	按照工艺文件进行生产制造；按时退余料

资源管理基本包含三个步骤：① 获取或设置基础数据；② 主动收集基础信息及条件数据；③ 对数据进行实时追踪（表 5-11）。

资源管理步骤表   表 5-11

名称	管理内容	图示说明
数据导入	收集准确的数据	
收集基础信息	将楼层信息、构件信息、进度表、报表等设备与材料信息添加进施工作业模型中，使建筑信息模型建立可以实现设备与材料管理和施工进度协同，并当可追溯大型设备及构件的物流与安装信息	
实时追踪	根据工程进度，在模型中实时输入／输出相关信息。输入信息包括工程设计变更信息、施工进度变更信息等。输出信息包括所需的设备与材料信息表、已完工程消耗的设备与材料信息、下个阶段工程施工所需的设备与材料信息等。 资源管理应用点的主要工作成果应包括： 1. 施工设备与材料的物流信息； 2. 基于施工作业面的设备与材料表	

5.3.2 进度与成本管理

项目的进度与成本是项目管理中非常重要的内容。

1. 进度管理

基于 BIM 模型的进度管理，比如 Navisworks 仅仅包含进度本身的管理，而 iTWO 不仅包含了进度管理的内容，还包含了成本的互动功能（表 5-12、图 5-10）。

进度管理流程表（基于 iTWO）　　　　　　　　　　　　　　表 5-12

步骤及内容	图示说明
iTWO 导入模型	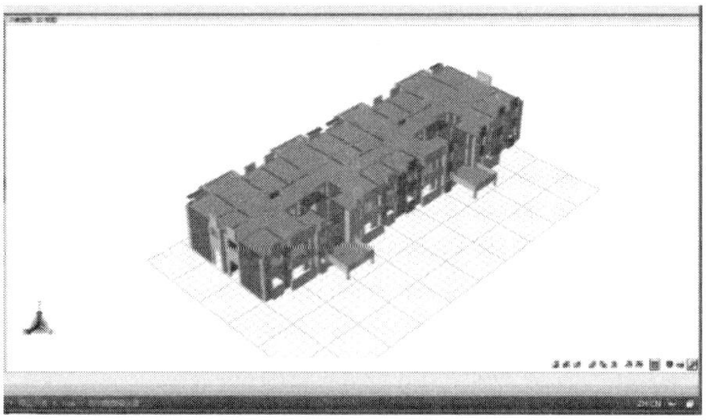
iTWO 模型与清单关联	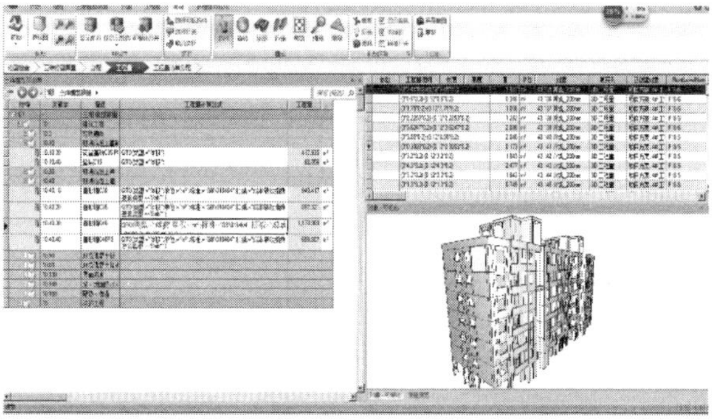
iTWO 工作量清单	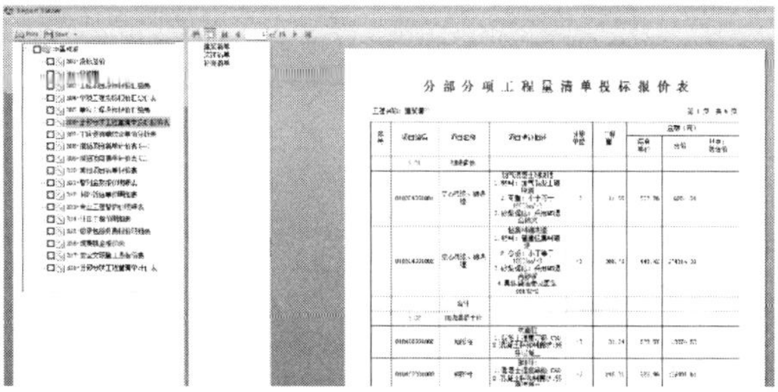
进度管理关联	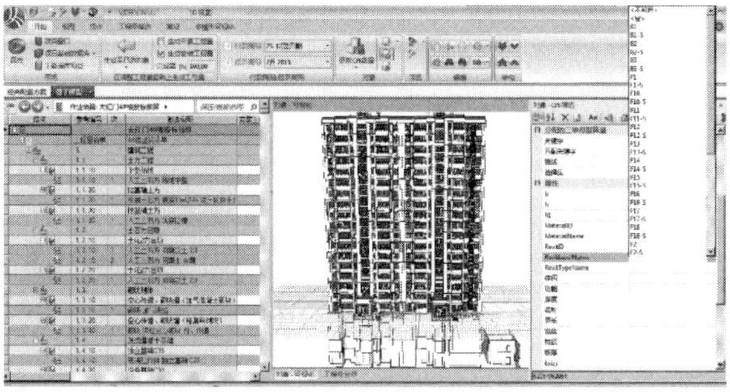

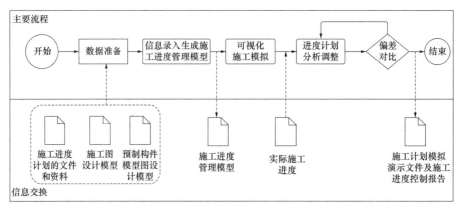

图 5-10　施工进度管理 BIM 应用操作流程

2. 成本管理

成本管理基于基础数据中企业定额库的数据，对项目过程中的成本进行管理（表 5-13～表 5-16、图 5-11）。

成本管理步骤表（基于 iTWO）　　　　　　　　　　　表 5-13

步骤及内容	图示说明
调用基本定额数据	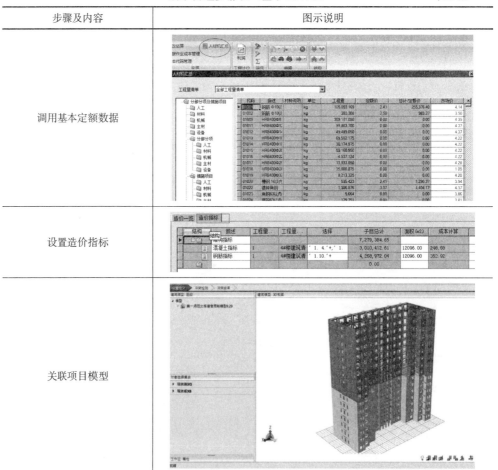
设置造价指标	
关联项目模型	

步骤及内容	图示说明
定义项目模型	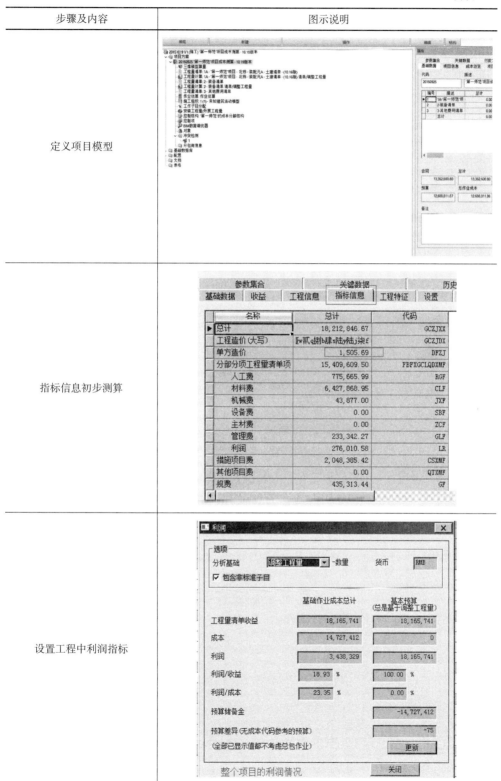
指标信息初步测算	
设置工程中利润指标	

续表

步骤及内容	图示说明
对项目单项进行调整	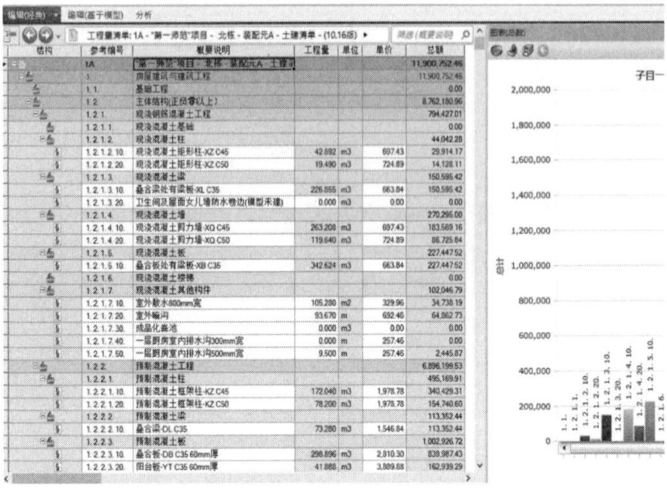
检查项目的分部分项工程条目	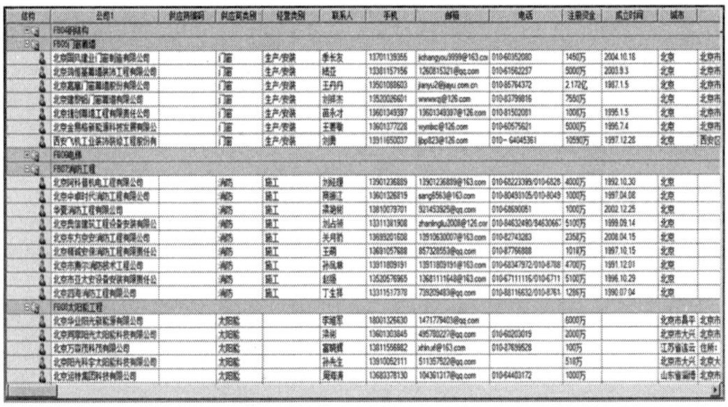
设置项目的自定义工程量单价	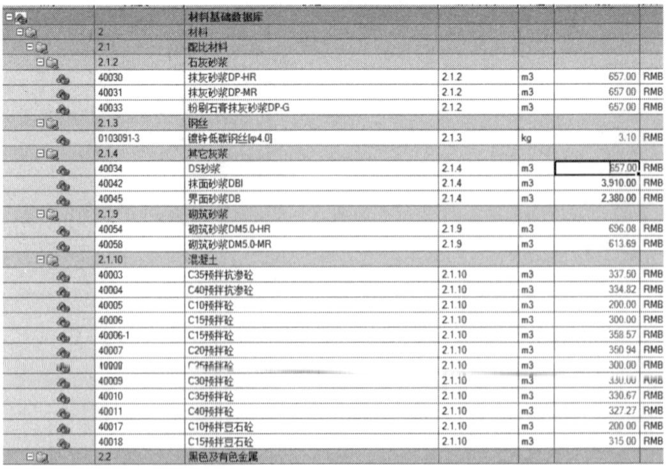

步骤及内容	图示说明
调整部分参数	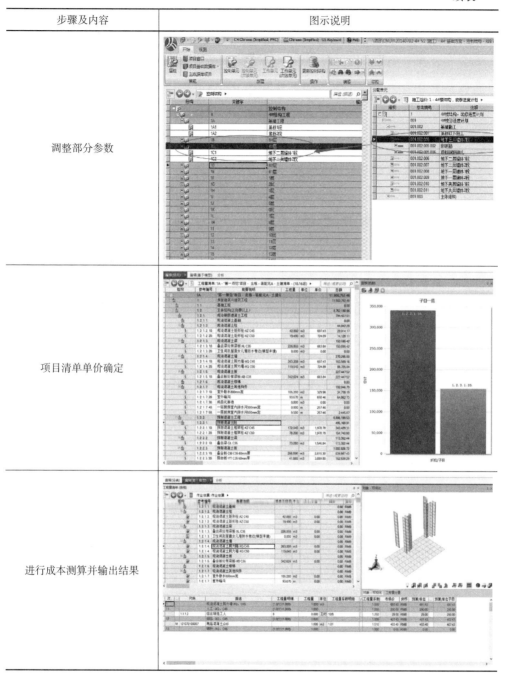
项目清单单价确定	
进行成本测算并输出结果	

成本管理内容表　　　　　　　　　　表 5-14

序号	工程量	序号	单价
1	清单工程量	A	综合单价
2	图纸净量	B	定额价

序号	工程量	序号	单价
3	优化工程量	C	目标成本单价
4	实际用量	D	分包单价
5	进度款申请工程量		
6	分包工程量		

成本管理各项计算表 表 5-15

序号	数据分析单元	组合公式
1	投标报价	1×A
2	投标初始成本	1×B
3	核算总预算	2×A
4	核算初始成本	2×B
5	公司对项目的目标成本	2×C
6	预计结算最低价	3×A
7	公司自身可接受最低价	3×B
8	项目部可接受最低目标成本（对公司）	3×C
9	项目部分包目标成本	3×D
10	应收进度款	4×A
11	公司应分配项目部进度款	4×C
12	已消耗成本	4×D
13	进度款申请额	5×A
14	项目部自身目标成本	6×C
15	分包应收款	6×D

成本控制实施表 表 5-16

步骤及内容	图示说明
建立项目数据及调用基础成本和定额数据，收集准确的数据	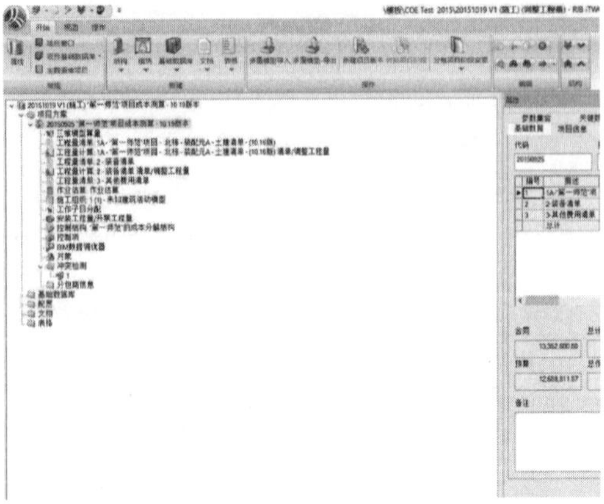

续表

步骤及内容	图示说明
成本与模型进行关联： 结合工程项目施工进度计划的文件和资料，将模型与进度计划文件整合，形成各施工时间、施工工作安排、现场施工工序完整统一，可以表现整个项目施工情况的进度计划模拟文件	
进行可视化模拟： 根据可视的施工计划文件，及时发现计划中待完善的区域，整合各相关单位的意见和建议，对施工计划模拟进行优化、调整，形成合理、可行的整体项目施工计划方案	
成本实时跟踪： 在项目实施过程中，利用施工计划模拟文件指导施工中各具体工作，辅助施工管理，并不断进行实际进度与项目计划间的对比分析，如有偏差，分析并解决项目中存在的潜在问题，对施工计划进行及时调整更新，最终达到在要求时间范围内完成施工目标。施工进度管理的主要工作成果是施工计划模拟演示文件及施工进度控制报告	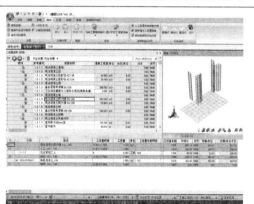

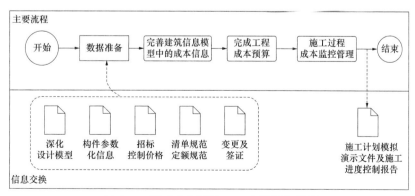

图 5-11 施工成本管理 BIM 应用操作流程

5.3.3 安全与质量管理

由于环境的复杂性、动态性以及建筑的大体量性，给质量和安全管理造成了诸多的困难。BIM 技术的快速发展为上述技术难题的解决提供了全新的思考方向，为质量和安全管理水平的提升提供了全新的可能。

质量和安全管理中的 BIM 应用目标是：通过信息化的管理方法和技术手段，在提升质量、确保安全的同时，更好地实现工程项目的质量管理和安全管理目标，进而全面提升工程项目的建设水平。基于 BIM 的安全与质量信息化管理是对施工现场重要生产要素进行可视化模拟和实时监控，通过对危险源以及质量问题的辨识和动态管理，减少和防范施工过程中的不安全行为以及质量通病，确保工程得以安全和有质量的实施。

1. 专项施工方案模拟及优化管理

专项施工方案模拟及优化对施工过程有着重要的指导意义。科学、合理、优化的专项施工方案能够确保工程项目实施阶段的精密性和可实施性，其业务流程主要涉及 5 个参与方，7 个工作步骤，如图 5-12 所示。

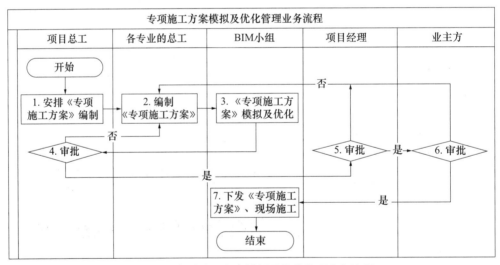

图 5-12 专项施工方案模拟及优化管理业务流程

通过 BIM 技术，在计算机环境下对专项施工方案进行辅助编制、模拟、优化。能够对专项施工方案中涉及的新材料、新工艺之间的逻辑时序关系进行空间展示。同时，配合简单的文字描述，在降低施工人员、劳务人员对专项施工方案的认知和理解的难度的同时，进一步确保了专项施工方案的精密性和可实施性。

BIM 技术在专项施工方案模拟及优化管理中的技术优势如表 5-17 所示。

2. 三维、四维技术交底管理

三维、四维技术交底管理的 BIM 应用目标是：使施工人员对工程项目的技术要求、质量要求、安全要求、施工方法产生细致的认知和理解。以便科学、合理、优化地组织施工，避免技术、质量、安全事故的发生。其业务流程涉及 4 个参与方，6 个工作步骤，如图 5-13 所示。

不同工作模式下专项施工方案模拟及优化管理的特征分析列表　　　表 5-17

分析指标	传统工作模式	BIM 辅助模式
表达方式	二维设计图纸、文字描述	二维设计图纸、文字描述、BIM 视频
理论依据	施工人员的经验、规范	施工人员的经验、规范、施工模拟分析
比选难度	难度大，对施工人员业务能力要求高	计算机辅助比选，难度小
保障措施	专项施工方案需依据施工现场情况进行调整	依据施工模拟分析进行专项施工方案的编制，针对性强
现场管理	各专业之间的配合难度大	计算机辅助管理，确保现场管理有序

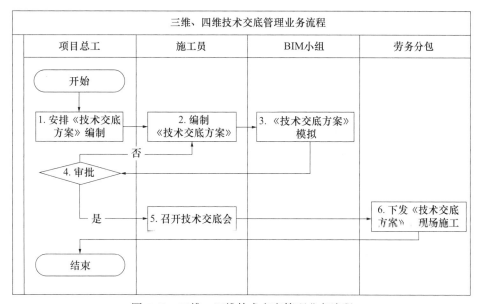

图 5-13　三维、四维技术交底管理业务流程

通过 BIM 技术，在计算机环境下进行技术交底方案的辅助编制、模拟、优化，能够对技术交底方案中涉及的各施工步骤、施工工序之间的逻辑时序关系进行空间展示。同时，配合简单的文字描述，在降低施工人员、劳务人员对技术交底方案的认知和理解的难度的同时，进一步确保了技术交底方案的精密性和可实施性。

3. 碰撞检测及深化设计管理

碰撞检测及深化设计管理的 BIM 应用目标是：在计算机环境下，对工程项目中各专业（建筑、结构、机电、钢结构、幕墙）之间存在的空间冲突、逻辑时序冲突进行检测并加以解决。其业务流程涉及 6 个参与方，13 个工作步骤，如图 5-14 所示。

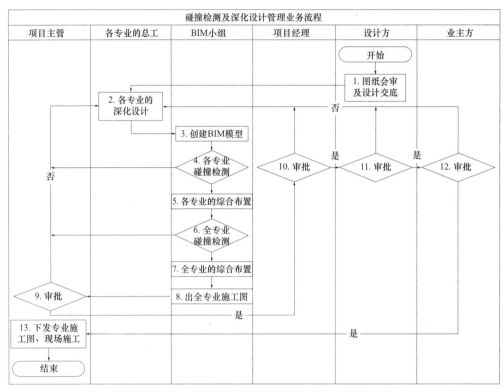

图 5-14　碰撞检测及深化设计管理业务流程

BIM 技术在碰撞检测及深化设计管理中的技术优势在于：能够实现冲突问题的自动检测，检测速度快且效率高。通过 BIM 技术，对施工现场所有的生产要素及其状态进行创建和控制，在施工策划阶段就能够对施工过程中潜在的冲突问题在施工开始前就予以暴露，以便及时进行优化和变更，确保工程项目的质量。

4. 危险源辨识及动态管理

危险源辨识及动态管理是施工安全管理中的基础性工作。危险源辨识及动态管理的 BIM 应用目标是：对施工过程中潜在的可能引发人员伤害、设备设施损坏的危险源进行辨识和动态管理。其业务流程涉及 5 个参与方，9 个工作步骤，如图 5-15 所示。

通过 BIM 技术，对施工现场所有的生产要素及其状态进行创建和控制。同时，结合施工模拟分析的结果，安全管理人员能够在施工开始前就实现危险源的全面、精密辨识和评价，进而能够对施工过程中的各类危险源进行动态管理。

5. 安全策划管理

安全策划管理的 BIM 应用目标是：基于工程项目规模、结构、环境、技术方面的特点，对危险源进行科学、合理的辨识和分析。同时，结合法律法规、资源配置等方面的要求，对工程项目进行安全策划。其业务流程涉及 4 个参与方，6 个工作步骤，如图 5-16 所示。

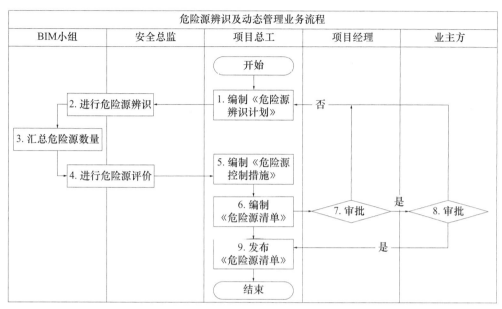

图 5-15　危险源辨识及动态管理业务流程

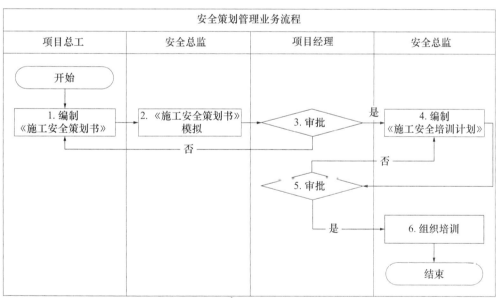

图 5-16　安全策划管理业务流程

　　通过 BIM 技术，安全管理人员能够很容易地对需要进行辅助安全策划、安全防护的区域进行全面、精密定位，能够事先编制出相应的安全策划方案。同时，通过安全防护 BIM 模型的创建，能够在提升安全策划管理的针对性和有效性的同时，也将有助于施工人员、劳务人员安全教育工作的普及和开展。依据施工现场经验显示：通过 BIM 技术，面向新入职员工进行安全策划教育和培训，能够显著提升新入职员工的安全防护意识，做到"事先警示、防患未然"。

5.4 集 成 模 型

进行了完整的项目设计、构件生产以及建设过程，通过模型的搭建形成了一套具备运维的信息模型。竣工模型包含了诸多内容，同时竣工模型并非一蹴而就的，是通过项目的发展而沉淀出来的，通过数据与模型的沉淀实现了模型的可持续发展。

5.4.1 建模方法

钢结构深化设计应按下列技术文件进行模型的创建和更新：

（1）甲方提供的最终版设计施工图及相关设计变更文件；

（2）钢结构材料采购、加工制造及预拼装、现场安装和运输等工艺技术要求；

（3）其他相关专业配合技术要求；

（4）国家、地方现行相关规范、标准、图集等。

深化设计阶段在建模时，对软件应用和模型数据有以下几点要求：

（1）统一软件平台。同一工程的钢结构深化设计应采用统一的软件及版本号，设计过程中不得更改。同一工程宜在同一设计模型中完成，若模型过大需要进行模型分割，分割数量不宜过多，同时需注意模型分割面的信息处理。模型分割面一般位于某轴线或某标高处，轴线、标高两侧的构件信息分别在两个分割模型中建立，模型分割完成后，须仔细核查分割面处构件的定位信息，避免出现无法对接的情况。

（2）人员协同管理。钢结构深化设计多人协同作业时，应明确职责分工，注意避免模型碰撞冲突。设置好稳定的软件联机网络环境，保证每个深化人员的深化设计软件运行顺畅。

（3）软件基础数据配置管理。钢结构深化设计软件应用前需配置好基础数据，如设定软件自动保存时间、使用统一的字体、设定统一的符号、设定统一的报表模板等。

（4）编号唯一性管理。钢结构深化设计模型，要求一个零构件号只能对应一种零构件，当零构件的尺寸、重量、材质、切割类型等发生变化时，需赋予零构件新的编号，以避免零构件的模型信息冲突报错。

（5）截面类型匹配。一般在深化设计软件中有一个钢材截面库，对深化设计模型中每一种截面的材料都会指定唯一的截面类型与之对应。例如一根高 500mm、宽 200mm 的 H 型钢，它可以有多种命名方式：H500×200、HN500×200 等。在深化设计建模时，需对模型截面库进行更新、补充和完善。对于钢结构工程而言，零件数量繁多，相应的截面信息匹配工作量也会非常繁重，为减少模型截面数据输入的工作量，需要制定统一的截面代码规则，使建模时选用的截面类型规范统一。参照《热轧 H 型钢和剖分 T 型钢》GB/T 11263—2017 等相关规范，建议模型截面编码按表 5-18 所示进行统一。不在此表范围内的截面，一般在深化设计前与业主、设计等单位沟通确定截面表示方式。

推荐模型截面编码表　　　　　　　　　　　表 5-18

截面类型代码	截面类型名称	截面类型	模型截面型材示例
H	H 型钢	型材	H500×200×10×16
HW	宽翼缘 H 型钢	型材	HW300×300×10×15
HM	中翼缘 H 型钢	型材	HM340×250×9×14
HN	窄翼缘 H 型钢	型材	HN300×150×6.5×9
HP	桩用 H 型钢	型材	HP400×400×13×21
HT	薄壁 H 型钢	型材	HT120×59×4×5.5
I	工字钢	型材	I20A
T	T 型钢	型材	T100×100×5.5×8
TW	宽翼缘 T 型钢	型材	TW100×200×8×12
TM	中翼缘 T 型钢	型材	TM195×300×10×16
TN	窄翼缘 T 型钢	型材	TN125×125×6×9
∟	等边角钢	型材	∟75×6
∟	不等边角钢	型材	∟100×80×7
C	槽钢	型材	C16B
CC	冷弯薄壁 C 型钢	型材	CC100×50×20×2
Z	冷弯薄壁 Z 型钢	型材	Z160×60×20×2
SHS	方管	型材	SHS300×16
RHS	矩形管	型材	RHS300×200×10
PD	圆管	型材	PD450×12
RS	方钢	型材	RS22
D	圆钢	型材	D30
PB	光圆钢筋	型材	PB18
RB	带肋钢筋	型材	RB32
PL	钢板	型材	PL12
FLT	条板	型材	FLT12×25
PIP	板卷圆管	型材	PIP1800×30
BH	板拼 H 型钢	型材	BH600×300×12×20
BT	板拼 T 型钢	型材	BT200×100×8×12
BOX	板拼箱形柱	型材	BOX900×900×30×30

（6）材质匹配。深化设计模型中每一个零件都有其对应的材质，为保证模型

数据的准确，应根据相关国家钢材标准指定统一的材质命名规则，可参考标准有：
《碳素结构钢》GB/T 700—2006、《低合金高强度结构钢》GB/T 1591—2008、《高层建筑结构用钢板》YB 4104—2000、《建筑结构用钢板》GB/T 19879—2005、《厚度方向性能钢板》GB/T 5313—2010 等。深化设计人员在建模过程中需保证使用的钢材牌号与国家标准中的钢材牌号相同。对于特殊的钢材，因根据相应的设计说明或其他材料标准建立相应的材质库，标识相应的钢材牌号。常用材料如表 5-19 所示。

常用材质表 表 5-19

材质	有厚度性能要求的材质
Q235B	—
Q345B	Q345B-Z15
	Q345GJC-Z15
	Q345GJC-Z25
	……
Q390C	Q390GJC
	Q390GJC-Z15
	Q390GJC-Z25
	……
Q420D	Q420GJD
	Q420GJD-Z15
	Q420GJD-Z25
	……

5.4.2 模型细度

钢结构深化设计模型除应包含施工图设计模型元素外，还应包括预埋件、预留孔洞等模型元素，主要内容如表 5-20 所示。

钢结构深化设计模型主要内容 表 5-20

模型元素类型		模型元素及信息
钢结构深化设计模型元素	钢结构施工图设计模型元素	几何信息： 1. 模型准确的轴网及标高； 2. 钢梁、钢柱、钢支撑、钢板墙、钢梯等构件的准确几何位置、方向和截面尺寸； 3. 钢结构连接节点位置，连接板及加劲板的准确位置和尺寸； 4. 现场分段连接节点位置，连接板及加劲板的准确位置和尺寸 非几何信息： 1. 钢构件及零件的材料属性； 2. 钢结构表面处理方法； 3. 钢构件的编号信息
	预埋件元素	几何信息：准确位置和尺寸
	孔洞等元素	钢梁、钢柱、钢板墙、压型金属板等构件上的预留孔洞的准确位置及尺寸等

5.4.3 设计模型延续

采用设计模型进行现场施工管理是 BIM 技术应用的重要环节。如何实现施工阶段的模型应用，需要明确设计所提供模型的精度要求（表 5-21、表 5-22）。

竣工模型发展过程表 表 5-21

过程名称	过程内容	图示说明
设计模型延续	通过前端设计模型的沿用，形成施工所需的模型及图纸信息，为施工提供基础性条件	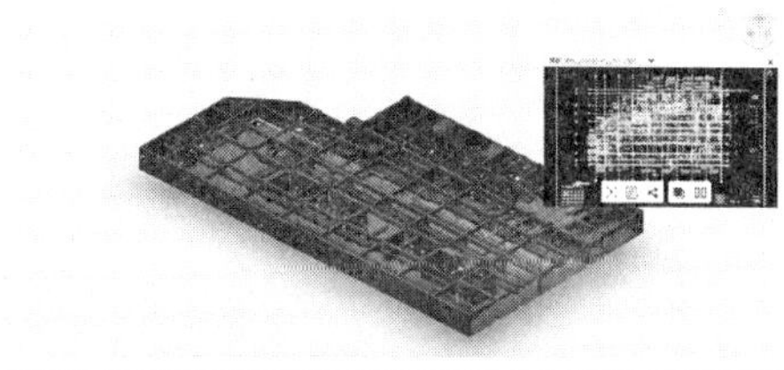
模型与信息沉淀	在项目实施过程中，数据和模型是在不断的变化和增加的，而这些增加的模型是通过信息的沉淀形成最终的竣工信息模型	

施工应用模型的需求 表 5-22

模型内容	需求要点	图示说明
构件模型	构件模型实体	
	构件信息数据	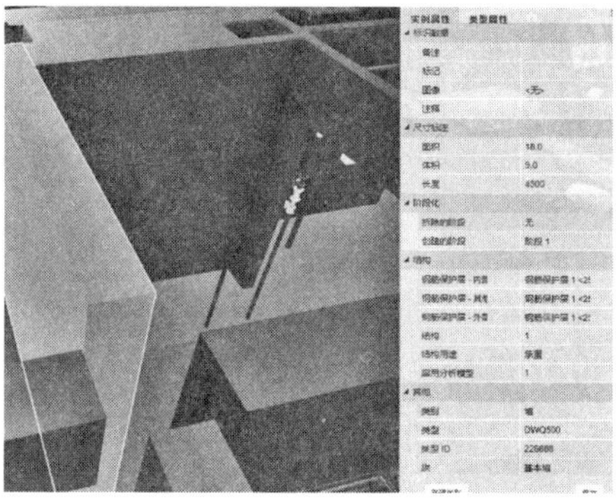

模型内容	需求要点	图示说明
建筑模型	建筑模型实体	

5.4.4 模型与信息沉淀

在项目实施过程中，通过设计所提供模型的不断发展，形成了一套具备施工模型及施工信息的模型沉淀数据，此类型的模型及信息数据为竣工模型提供基础数据，并能通过项目最终实现模型的复用，为后续运维阶段提供模型基础（表 5-23）。

模型与信息沉淀内容表   表 5-23

沉淀分类	内容	图示说明
模型	原始模型 施工工程的项目模型来自前端设计模型	
	变更模型 在项目实施过程中因很多因素会产生一些新的模型数据，需要跟原模型进行合并，并进行比对	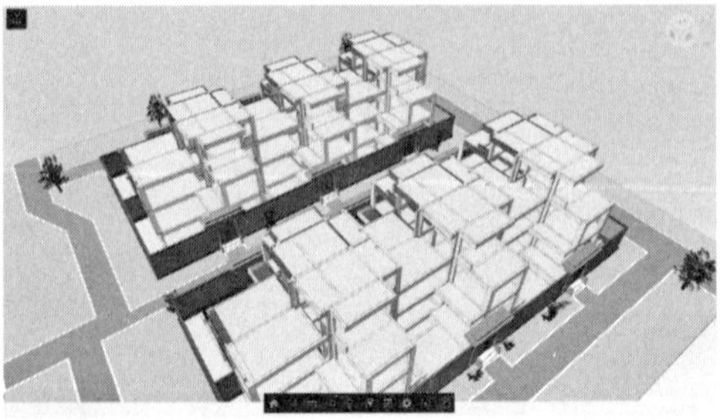

沉淀分类	内容	图示说明
模型	增加模型 因现场或深化需要，增加的一些模型数据，比如：幕墙模型、脚手架等模型数据	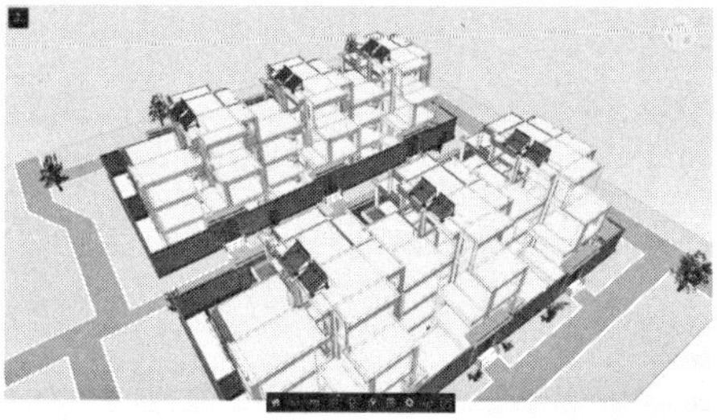
信息	原始模型信息 来自设计前端模型的数据信息	
	变更信息及文档 在项目开展过程中产生的与变更模型对应的变更信息及文档数据	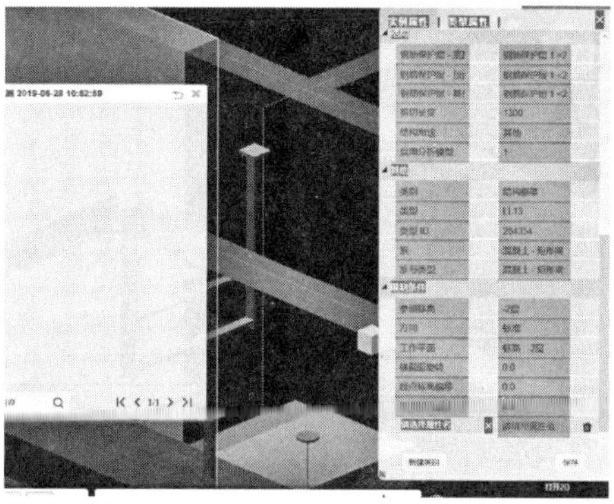
	问题发现信息 现场在项目实施过程中，发现了问题数据，并存储在基础模型数据中	
	问题解决信息 针对发现的问题对问题解决的过程及处理办法的数据信息	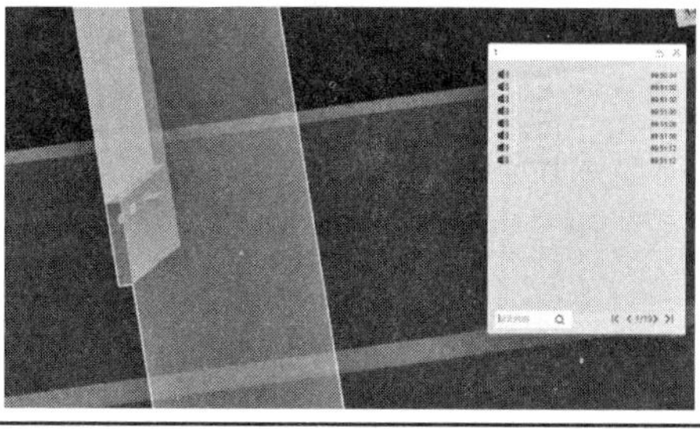

5.5 验收管理

项目管理涉及大量的资料管理，验收管理不仅仅是对建筑主体所交付建筑产品的管理，还需要对建筑设计、生产、建造过程中资料进行验收，对于装配式建筑而言主要包含一些关于装配式建筑的资料管理。装配式建筑的构件验收资料主要包含三个方面：（1）构件设计及生产过程中的资料；（2）构件运输和现场过程中的验收资料；（3）构件安装过程及安装完成后的验收资料。

5.5.1 深化设计验收交付

钢结构深化设计成果作为构件制造和安装的指导性文件，要求其具有正确性、完整性和条理性。具体交付内容参见表5-24。

深化设计交付成果   表 5-24

交付内容	说明
深化设计总说明	包括：原结构施工图中的技术要求；设计依据；软件说明；材料说明；焊缝等级及焊接质量检查要求；高强度螺栓摩擦面技术要求；制造、安装工艺技术要求及验收标准；涂装技术要求；构件编号说明；构件视图说明；图例和符号说明；其他需说明的要求
图纸封面和目录	按册编制，内容包含：工程名称；本册图纸的主要内容；图纸的批次编号；设计单位和制图时间；图纸目录；版本编号等
深化设计模型	零构件三维模型
布置图	完整表达构件安装位置的详细信息
构件图	完整表达单根构件加工的详细信息
零件图	完整表达单个零件加工的详细信息
清单	根据已建立好的深化设计模型导出详细清单
其他	施工过程仿真分析与安全验算计算书；节点坐标预调值等

BIM的核心价值之一就是要解决施工各阶段信息的共享和协作的问题，可视化是其重要体现。通过深化设计与BIM技术的有机结合，可以为施工下游提供标准化、多元化、关联化的施工数据，并依托深化设计模型建立施工过程模型，为施工数据的全过程管理提供智能化的手段。

标准化主要体现在：钢材牌号、型钢截面、板拼截面、零构件属性（状态）等标识的统一，以及图纸的表达、输出、整理、存档等过程管理的统一。关联化主要体现在：通过BIM技术的应用，将模型、图纸、清单等信息关联起来，在任何阶段都可以通过系统平台进行关联查看。

作为信息的载体，深化设计模型将被赋予更多的要求和作用。通过BIM技术将标准化、多元化、关联化的数据进行集成，并在施工过程中进行信息的及时添加、更新等，形成了钢结构施工过程模型。不同岗位的工程人员可以从模型中获取、更新与本岗位相关的信息，既能指导实际工作，又能将相应工作的成果更新到模型中，使工程人员对钢结构施工信息做出正确理解和高效共享。

5.5.2 材料管理验收交付

钢结构材料管理阶段交付的模型内容参见表 5-25。

材料管理成果交付   表 5-25

模型元素类型		模型元素及信息
施工过程模型元素 （材料管理阶段）	深化设计模型元素	项目结构基本信息，包含：结构层数，结构高度等；结构分段、分节位置，标高信息等；项目结构批次信息，包含：批次范围、工程量、构件数量等；具体结构批次的工期要求等
	材料采购计划、合同	具体结构批次的工期要求，包含采购量、送货/到货日期等
	材料清单	包括入库单、盘点表、退货单、出库单、退库单等
	材料质量信息	材料质量追溯信息等
	材料物流信息	材料物流追溯信息等

5.5.3 构件制作验收交付

钢结构构件制作阶段交付的材料内容参见表 5-26。

构件制作成果交付   表 5-26

模型元素类型		模型元素及信息
施工过程模型元素 （构件制造阶段）	深化设计模型元素	项目结构基本信息，包含：结构层数，结构高度等；结构分段、分节位置，标高信息等；项目结构批次信息，包含：批次范围、工程量、构件数量等；具体结构批次的工期要求等
	施工过程模型元素 （材料管理阶段）	材料采购计划、合同；材料清单；材料质量信息；材料物流信息等
	生产批次清单	项目生产批次信息，包含：批次范围、工程量、构件数量等
	生产批次工期清单	具体生产批次的工期要求
	生产批次分班清单	具体生产批次的分班信息，包含具体生产班组的工程量、材料、工期等
	零构件加工工序清单	具体生产批次的零构件需要经历的工序信息
	零构件模型	具体生产批次的所有零构件实体模型，包含零构件的属性信息，如材质、截面类型、重量等
	零构件清单	具体生产批次的所有零构件详细清单，包含：零件号、构件号、材质、数量、净重、毛重、图纸号、表面积等
	零构件图纸	具体生产批次的所有零构件图纸，包含：零件图、构件图、多构件图、布置图等
	零构件材料物流清单	具体生产批次的所有零构件材料物流情况，包含：材料计划编制、材料到场时间、堆场位置等

模型元素类型		模型元素及信息
施工过程模型元素 （构件制造阶段）	零构件工艺文件	具体生产批次的所有零构件工艺信息，包含：打砂油漆要求、直发件要求、工艺排板图、数控文件等
	生产批次造价清单	具体生产批次的造价信息，包含：工程量、制造单价、人工费、设备费、劳务费等

5.5.4 构件安装验收交付

钢结构项目安装阶段交付的模型内容参见表 5-27。

项目安装成果交付   表 5-27

模型元素类型		模型元素及信息
施工过程模型元素 （项目安装阶段）	深化设计模型元素	项目结构基本信息，包含：结构层数，结构高度等；结构分段、分节位置，标高信息等；项目结构批次信息，包含：批次范围、工程量、构件数量等；具体结构批次的工期要求等
	施工过程模型元素 （材料管理阶段）	材料采购计划、合同；材料清单；材料质量信息；材料物流信息等
	施工过程模型元素 （构件制造阶段）	项目生产批次信息；工期要求；分班信息；工序信息；模型、清单、图纸；工艺文件；造价清单等
	项目安装阶段工序 实施情况	具体结构批次的构件到场时间、重量、构件号；实际完成时间等

5.5.5 竣工验收交付

在竣工验收阶段，可通过点云扫描等技术的应用，获取项目现场建成后建筑的点云扫描模型，并通过计算机智能分析系统与设计的 BIM 竣工模型进行分析对比，核查空间净高，房间进深等数据是否与设计意图一致，对于误差较大的位置进行提示，提高项目竣工验收的准确性和效率。

5.6 施工阶段范例展示

1. 工程概况及特点

武汉中心项目位于武汉王家墩中央商务区，与城市大型公共配套连接紧密，紧邻规划中的梦泽湖。项目建筑高度 438m，地下 4 层（局部 5 层），地上 88 层。项目主体由裙楼和塔楼两部分组成，裙楼主体为框架－剪力墙结构体系。塔楼主体为巨柱框架－核心筒－伸臂桁架结构体系。项目钢结构节点主要有：桁架外框柱节点，伸臂桁架劲性柱节点，塔冠相贯节点，巨柱柱脚预埋螺栓等，如表 5-28 所示。

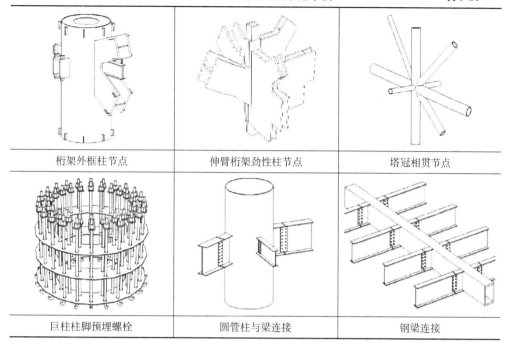

桁架外框柱节点	伸臂桁架劲性柱节点	塔冠相贯节点
巨柱柱脚预埋螺栓	圆管柱与梁连接	钢梁连接

2. 管理重点

武汉中心项目钢结构工程构造复杂，施工精度要求高，在管理方面主要有以下几项重难点工作：

（1）施工过程中各专业之间信息交叉多，协调工作量巨大。项目施工过程中，土建、钢构、幕墙等专业形成流水作业，工作面复杂。从结构承载到施工过程管理各方面，钢构在各专业间均起到"承上启下"的作用，钢构件制造安装的进度计划等信息的准确性和及时性成为工程各方协同工作的重要前提。

（2）项目材料类型繁多，管理周期长、跨度大。项目用钢量约 4 万吨，主材为钢板，主要板厚规格在 10～100mm 间分布，类型多达数十种。从材料计划编制、库存管理、排板套料到余料管理等过程，通过材料统筹管理、精细化应用实现项目降本增效的空间巨大。

（3）构件形式复杂，建造过程控制难度大。项目大型埋件、多肢相贯节点等复杂异形构件较多，生产工序多、过程控制难度大。

（4）施工场地受限，构件按计划集中供应时管理任务繁重。项目地下室、主塔楼、裙楼基坑同时开挖，现场施工临时用地狭小，构件堆放受限，同时还要按工期计划集中供应，对发运计划、堆场管理计划、吊装计划等一体化计划管理的精细化和准确性要求高。

（5）施工计划落实影响因素多，进度可视化管理需求迫切。项目施工计划受设计、采购、制造以及其他建设主体的影响，施工过程中变更等不稳定因素较多，工程过程可视化管理需求迫切。

3. 应用软件

武汉中心项目钢结构施工 BIM 管理应用软件主要包括：Tekla Structures、AutoCAD、物联网系统、SinoCAM、钢结构 BIM 平台、Autodesk 3ds Max 等，各软件的相关应用环节、主要功能等如表 5-29 所示。

BIM 应用软件   表 5-29

序号	软件名称	应用环节	主要功能	原始文件
1	Tekla Structures	深化设计	3D 实体模型建立、3D 钢结构细部设计、钢结构深化设计详图设计、清单报表生成等	数控文件（.nc）、清单（.xsr）、深化设计模型（.bswx）
2	AutoCAD	深化设计现场协调	CAD 图纸编辑与查看等	图纸文件（.dwg、.dxf）
3	物联网系统	材料管理	计划管理、合同管理、材料入库、材料退货、材料排板、材料出库、材料调拨、材料退库等	清单（.xls）
4	SinoCAM	制造工艺	零件放样、手动套料、自动编程、代码反显、项目统计、全自动统筹套料、自动接料等	数控文件（.txt）、图纸文件（.dwg、.dxf）
5	钢结构 BIM 平台	构件制造构件安装	工程计量、库存管理、采购管理、工程管理、生产管理、图纸管理、综合管理等	数控文件（.nc）、清单（.xsr、.xls）、深化设计模型（.bswx）
6	Autodesk 3ds Max	施工模拟场景渲染	施工模拟与场景渲染等	模型文件（.max）
……	……	……	……	……

4. 应用内容

武汉中心项目依托深化设计模型生成的施工过程模型，实现过程可视化管控和信息共享，主要应用点包括：模型自动化处理、钢构数字化建造、资源集约化管理、工程可视化管理、施工过程信息智能管理等。

（1）模型自动化处理

通过使用 Tekla Structures 软件对项目深化设计模型进行碰撞校核，检测结构节点碰撞、预留管洞碰撞等信息，如表 5-30 所示。在检测出碰撞后，经过二次优化及与结构设计进行沟通，加以合理改正。

在桁架层位置，考虑到幕墙安装因素：由于幕墙梁均为弧形梁，制造及定位需要准确的尺寸及空间信息。利用 Tekla Structures 进行建模时，调整各杆件之间的碰撞，并对连接节点进行优化，保证安装施工的精确定位，如表 5-31 所示。

（2）钢构数字化建造

钢构数字化建造主要体现在深化设计、材料管理、构件制造、构件安装等阶段的数据转换、数据共享、数据采集、数据跟踪等方面，如图 5-17 所示。

应用BIM技术，将以项目为单位的模型及结构信息转换为以工序为单位的加工准备、采购、制造和其他跟踪信息；采用现代物联网数据采集手段，将进度等管理信息更新至模型，再进行可视化的展现，实现信息共享。通过数控设备与工序的绑定和联网集成，将施工过程的数据采集、工艺巡查和施工管理重心下移到以工序为单位的操作层，实现施工过程信息化管理。如图5-18所示，为项目某构件在施工过程中的工序路线。

模型碰撞校核1　　　　　　　　　　　　　　　　表5-30

武汉中心模型校核	模型校核结果
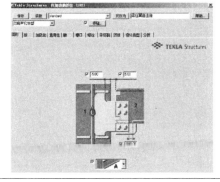	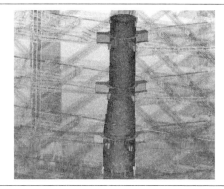
梁梁节点碰撞检查	圆管柱与梁连接校核

模型碰撞校核2　　　　　　　　　　　　　　　　表5-31

	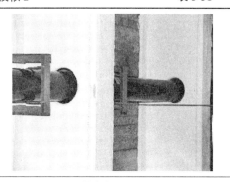
幕墙梁施工	管线布设施工

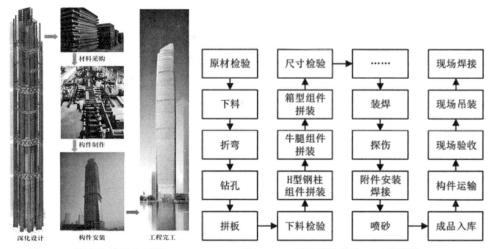

| 图 5-17 | 数字化建造全过程 | 图 5-18 | 项目某构件施工工序路线 |

（3）资源集约化管理

在钢板材料仓储方面，长期以来存在两大管理难题，一是仓储管理与工艺管理存在信息共享程度不高的问题；二是仓储码单难以实时反映钢板堆放的精确空间位置。这就容易造成施工过程中大量翻堆找料和材料排板重复、错误等情况的发生。项目使用电子标签对材料进行精确定位，为工艺方案提供材料的空间位置信息，提高了施工效率和材料综合利用率。

通过 BIM 技术与先进的数据采集手段相结合，应用电子标签解决方案，将材料的物流过程与工序、人员、设备等信息进行绑定。从订单状态、库存管理、经手人等多个维度进行材料智能化的管理，大大减少了人工统计工作量，实现准确、高效、灵活的材料快速盘点。施工中的资源需求、材料库存等信息，可以通过模型按材质、类型等进行筛分、汇总，实现集约化资源需求分析、存量分析等功能，实现资源的有效管控。

（4）工程可视化管理

与传统钢结构管理模式相比，应用 BIM 技术的一个重要优势就是实现了可视化的管理，大大增强了工程管理的直观性，同时提高了进度、造价等信息共享的及时性和准确性。武汉中心钢结构施工过程中通过数据采集设备将实际施工进度信息更新至模型，通过可视化模型中的计划进度信息与实际进度信息的对比，实现了钢结构工程可视化进度管理。例如将采集设备所采集的构件制造情况、运输情况、安装情况等，以不同的颜色在模型上进行显示，使工程进度更加直观，各方人员都能实时形象地了解工程的建造进度，如表 5-32 所示。

（5）施工过程信息智能管理

在传统钢结构施工管理模式下，施工过程信息以纸质文件、离散的电子文档等形式进行保存，如图 5-19（a）所示。施工全过程的信息离散分布，过程管理和存档混乱、遗漏等问题也多有发生。通过 BIM 技术的应用，将武汉中心项目的结构批次、材料物流、生产加工、项目安装等信息以及与施工过程配套的进度等信息进行归集处理和存档，形成武汉中心项目施工信息数据库，并进行可视化的展现，便于施工各阶段的提取使用，如图 5-19（b）所示。

工程可视化管理   表 5-32

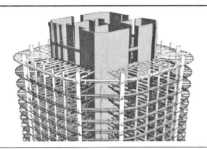	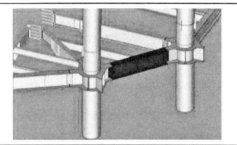
深化设计阶段	深化设计阶段对应的模型示意
	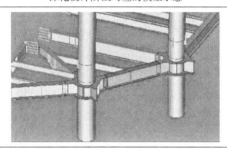
材料管理阶段	材料管理阶段对应的模型示意
	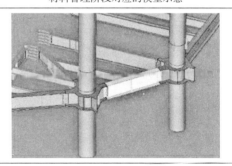
构件制造阶段	构件制造阶段对应的模型示意
	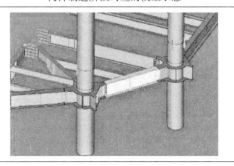
项目安装阶段	项目安装阶段对应的模型示意

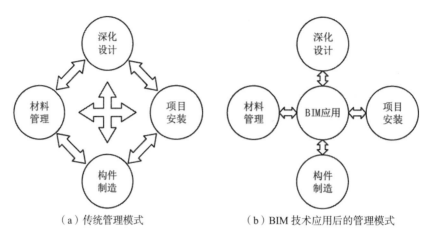

（a）传统管理模式   （b）BIM 技术应用后的管理模式

图 5-19　信息交流模式

本工程 BIM 应用以制造精细、信息完整、数据翔实的信息模型为基础，以贯穿深化设计、材料管理、构件制造、项目安装的 BIM 管理系统为平台，为专业配合提供串联协同，为组织管理提供分析优化，为决策制定提供数据支撑，以达到管理升级、降本增效的目的。同时为"构件形式复杂，生产工序较多，精度要求高，建造过程控制难度大""材料类型繁多，管理混乱""构件供应较为集中""施工计划落实影响因素多"等项目施工管理难点提供了解决手段。

例如，利用 BIM 技术，在建模时发现伸臂桁架节点按照设计采用全焊接形式，工艺难度极大，且焊接变形质量不可控，通过节点优化，经与设计沟通，将节点优化为锻钢节点，降低了工艺难度，且保证了重要节点的质量。在建造过程中，通过 BIM 技术进行工序管理，将建造流程细分为几十道工序，使用对应的工序配套表进行过程管理，提高了综合效率，如表 5-33 所示。

通过在武汉中心项目钢结构施工管理中应用 BIM 技术，实现了工序精细化管理，建立了施工全过程追溯体系，打通了传统钢结构建造过程的信息壁垒，解决了施工过程信息共享和协同工作的问题，提高了项目的生产效率和管理水平。

桁架节点优化   表 5-33

全焊接桁架节点	优化后的锻钢节点

| 桁架节点 1 | 桁架节点 2 |

5.7 本章小结

钢结构施工包括深化设计、材料管理、构件制造、项目安装四大阶段，各阶段又可以按照管理需要划分为若干个子阶段（如构件制造阶段又可以划分为零件加工、构件加工等子阶段），每个（子）阶段又可以划分为若干个工序（如图纸审核、材料采购、下料、组立、装配、运输、现场验收、吊装等）。

钢结构施工过程中会涉及深化设计、生产管理、物资管理、技术管理、质量管理、物流管理、制造车间等多个专业和业务部门。钢结构施工 BIM 应用的核心价值之一就是要解决施工各阶段的协同作业和信息共享问题。使不同岗位的工程人员可以从施工过程模型中获取、更新与本岗位相关的信息，既能指导实际工作，又能将相应工作的成果更新到模型中，使工程人员对钢结构施工信息做出正确理解和高效共享，起到了提升钢结构施工管理水平的作用。在钢结构施工过程中应用 BIM 技术，建立新型管理模式，已成为钢结构施工管理发展的必然趋势。

第6章 运维阶段 BIM 技术应用

基于 BIM 技术的运维管理，是将传统运维功能和实施方式从二维层面向三维层面转换，将采集到的数据经过处理后，与三维模型构件相关联，通过可视化的展示实现智慧运维。

6.1 BIM 运维管理平台

基于 BIM 技术的装配式钢结构建筑运维管理平台是集成了三维可视化技术、物联网技术和 GIS 技术的智慧管理软件系统，其具体包含了接收、处理传感器采集的数据信息，BIM 模型轻量化处理、运维功能模块分析处理以及投放大屏展示等内容。

BIM 运维系统首先要从最底层的传感器埋设以及数据采集开始实施，再将采集到的数据与各子系统和 BIM 模型对接，最后通过应用平台将系统功能展示，实现运维场景可视化（表 6-1）。

BIM 运维管理系统架构 表 6-1

应用层	场景 1	场景 2	场景 3	场景 4	场景 5	场景 6
	应用平台 1		应用平台 2		应用平台 3	
业务逻辑层	高级业务 AI 算法					
	共管业务 AI 算法					
集成平台层	基于 BIM 的 IBMS 数据云					
	BIM 模型：设计建造运维			集成系统后台 API		
子系统层	能源管理	视频监控	冷源系统		电梯监控	设施资产
	计费管理	应急管理	热源系统		给水排水	人员定位
	消防报警	入侵报警	空调末端		室内照明	停车管理
	电子巡更	门禁管理	送排风机		夜景照明	信息发布
基础层	执行器、传感器、计量表具等			采集、传输设备		

6.2 BIM 运维模型标准

BIM 运维模型应根据项目运维的具体需求，对设计、生产、施工阶段使用的 BIM 模型进行核查和处理，具体核查内容和基本要求详见表 6-2、表 6-3。

BIM 运维模型核查汇总表   表 6-2

		合标基本检查
项目基本设定核查	拆分逻辑	按专业拆分
		按楼层拆分
	测量点与项目基点各专业对应	需提供各个展馆的正确点位
	机电专业 BIM 模型必须包含所有管线系统	项目浏览器、系统浏览器、过滤器核查
		机电连接总文件，明细表统计是否包含所有涉及新系统类
	机电 BIM 模型必须包含满足涉及需求的管段尺寸设定	
项目完整性核查	BIM 模型必须包含所有定义的轴网，且应在各平面视图中正确显示	
	BIM 模型必须包含所有定义的楼层	不允许出现跨楼层构件
	BIM 模型中必须包含完整的房间定义	族构件需添加房间计算点
		防火分区平面图
	BIM 模型中必须包含项目的材质做法	材质库
建模规范性要求	构件应使用正确的对象创建	构件应有规范的、统一的族类别，同一构件不得使用三类及三类以上的族类别创建
		同类构件应使用统一创建与命名逻辑
		机械设备不能用常规模型表达
	模型中没有多余的构件	模型冗余检查，进行模型清理，核查是否有多余构件
	模型中没有重叠或者重复构件	框选
		使用插件
	构件应与建筑楼层标高关联	明细表
		模型中当层构件，应当以当层标高作基准偏移，而不应以其他构件作偏移

BIM 运维模型核查操作表   表 6-3

核查顺序	核查内容	核查操作
1	全专业构件名称	选中 Revit 构件，查看同一类构件名称是否一致并修改
2	构件完整性	在平面及三维视图中查看构件连接是否完整并修改
3	房间定义	在楼层平面查看房间范围及名称是否定义正确并修改
4	楼层	在每层平面查看构件参照标高是否为当前楼层并修改
5	项目基点	查看各专业模型中的项目基点三维坐标，并修改成一致
6	楼层拆分	对整栋楼的 Revit 模型按照楼层空间进行拆分，删除其他楼层空间内的构件，形成单独每层的 Revit 模型

模型轻量化处理:

BIM 技术贯穿应用于建筑全生命周期,以实现模型数据无缝流转,可发挥 BIM 的最大价值。在运维阶段,由设计和施工传递来的模型往往质量较大,属性信息较为丰富,运维平台直接搭载往往运行不够流畅,且对硬件设备要求较高。因此需要对原始 BIM 模型进行轻量化处理,删除和丢弃不必要的属性信息,如简化构件表面形状,使得模型质量减小,有利于 BIM 运维平台的流畅运行。

无论基于何种数据格式的 BIM 原始模型文件,在运维准备阶段都需要针对具体运维需求进行轻量化处理,以舍弃掉不必要的冗余数据。其方法分为两种,分别是模型文件轻量化和引擎渲染轻量化(表 6-4)。

模型轻量化处理方法 表 6-4

轻量化类别	轻量化方法
模型文件轻量化	数模分离,将模型数据分为模型几何数据和模型属性数据
	对模型进行参数化几何描述和三角化几何描述处理减少单个图元的体积
	相似性算法减少图元数量,通过这种方式我们可以有效减少图元数量,达到轻量化的目的
引擎渲染轻量化	多重 LOD 用不同级别的几何体来表示物体,距离越远加载的模型越粗糙,距离越近加载的模型越精细,从而在不影响视觉效果的前提下提高显示效率并降低存储
	遮挡剔除,减少渲染图元数量。将无法投射到人眼视锥中的物体裁剪掉
	批量绘制,提升渲染流畅度。可以将具有相同状态(例如相同材质)的物体合并到一次绘制调用中,这叫作批次绘制调用

经过轻量化处理后的模型信息可分别存储为属性信息、几何信息等多个维度,将这些信息根据运维具体需求选择性导入运维模型中,形成基础运维 BIM 模型,其流程详见图 6-1。

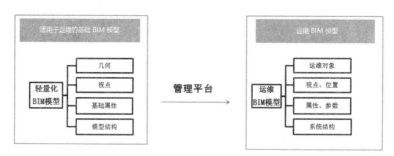

图 6-1 基础模型创建流程图

6.3 数据采集

BIM 运维系统应具备各类设备的数据信息采集功能,通过传感器将运维需要的数据信息从设备中提取出来，并上传到智能化系统中。数据采集的具体技术指标要求详见表6-5。

数据采集技术指标表 表6-5

类别	指标项	关键技术指标要求
运维数据采集技术指标	开放性	平台具备开放的连接能力，包括硬件连接和软件连接能力，支持主流厂家设备和协议，形成开放互联的生态
	高效性	从各种数据源和平台获取数据并进行存储，通过高扩展的数据库、实时数据处理、结构化和非结构化数据的处理等，提供多维度的数据管理服务，进行全面的数据实时监管及可视化，助力统计分析需求的实现
	扩展性	运维系统能够对接其他智能化应用或平台提供的接口方式，进行数据交互
	安全性	终端安全——提供适度的防攻击能力：为轻量级物联网终端接入提供基本的安全防护能力
		连接安全——对恶意终端进行检测与隔离：当个别终端被攻破时，在平台侧和网络侧能够对终端的异常行为进行分析检测、隔离
		平台安全——对平台数据进行安全保护：基于云计算和大数据安全防护技术对统一物联聚合平台的数据进行保护
		安全管控——为运维人员提供安全指导和工具支持：包括安全操作指导书、安全检测工具等
	硬件设备连接能力	支持信令类设备、音视频类设备连接，覆盖停车应用智能设备、照明设备、视频监控设备、支付及收费终端、门禁安控终端等不同领域多样化的设备
		支持直连设备和网关子设备连接，直连设备包括智能网关和音视频类设备，网关子设备包括智能照明、供配电、能源能耗、环境监测、能源管理等不同行业类型的设备
		支持Linux、Android、RTOS、Windows等主流操作系统之硬件设备的接入
		兼容物联网行业常用的物理层及连接层相关技术标准及协议，包括BACnet、Modbus、Ethernet、2G/3G/4G、Wi-Fi、ZigBee、Bluetooth、LPWAN等
	软件应用连接能力	支持网页应用、小程序、公众号、APP等不同类型的物联网应用的接入
		支持Windows、Linux、Android、iOS等主流操作系统的物联网应用的接入
		通过物联网行业常用的通信协议，例如HTTP、WebSocket、XMPP、CoAP、MQTT，或其他同等功能并适用于本项目应用场景的通信协议
		支持不同物联网应用的接入，包含访客管理、门禁权限管理、车辆进出及停车管理、消费管理等
		支持应用按需调用平台提供的账号权限、设备管理、设备控制、视频服务、消息服务、智能分析等多种能力

6.4 协议接口

基于BIM技术的运维管理系统采集部分支持Modbus、BACNet、OPC协议，同时也支持RTMP、RTSP、ONVIF等协议的扩展，并且具备开放的数据库通信接口，比如：ODBC、WebService XML/SOAP 技术接口、MQTT 实时接口、REST API 接口等。

需要采集的数据主要分为以下几类：

（1）智能化子系统等软件数据采集

智能化子系统等软件类的数据采集，通常采用物联网行业常用的通信协议，例如 HTTP、WebSocket、XMPP、CoAP、MQTT、OPC、BACnet 等，优先采取 OPC 协议或 BACnet 协议接口通信，智能化子系统厂商若能提供 OPC 接口，则该子系统需作为 OPCServer 提供数据。

若智能化子系统不能提供 OPC 协议或 BACnet 协议接口，则子系统需要提供 ODBC 数据库及详细数据结构说明，通过 ETL 定时任务的方式从数据临时表中抽取数据的方式进行采集。

若智能化子系统不能提供 OPC 协议或 BACnet 协议接口，也不能开放数据库，则子系统厂家需要开发相应的 WebService、XML 协议，并且提供详细的协议和格式说明，实现子系统数据的采集。

若子系统本身也含有系统集成，则还需提供其与被集成系统的软件接口。

（2）视频类子系统的数据采集

对于视频类子系统，需要提供相应的 SDK、通信协议、测试环境等资料，配合集成平台通过接口传输视频图像信号。

（3）智能化设备的数据采集

需要传感器本身有通信模块，可以对数据进行远传。部分传感器有国际（或行业）通用的标准传输协议，可以通过 485 线或无线传输的方式，经过现场的数据采集模块直接上传到远端服务器，由 BIM 运维管理系统的数据采集程序对数据包进行解码并写入相应的数据库。一些较为特殊的传感器或没有标准协议的传感器，需要设备厂商提供相应的传输规约，由 BIM 运维管理系统编译相应的程序，对数据包进行编译。

这类协议主要包括 BACnet、Modbus、Ethernet、2G/3G/4G、Wi-Fi、ZigBee、Bluetooth、LPWAN 等。

6.5 可视化管理

BIM 三维模型根据运维需求进行轻量化处理和渲染之后，可与各运维功能相关联，在客户端和网页端进行可视化展示、管理。

6.5.1 客户端展示

客户端界面展示如图 6-2 所示。

图 6-2　客户端界面展示

6.5.2　网页端展示

网页端界面展示如图 6-3 所示。

图 6-3　网页端界面展示

6.5.3　平台功能模块

BIM 运维基本功能模块如表 6-6 所示。

BIM 运维基本功能模块及内容　　　　　　　　表 6-6

基本功能模块	运维场景内容
BIM 运维平台基本操作	3D 模型查看、功能界面查看及硬件设备
平台报警提示	报警规则

基本功能模块	运维场景内容
平台报警提示	报警提示
	查看报警日志
	报警的关联信息
空间管理	查看空间信息
	GIS 管理与空间计算
设备管理	查看设备信息
	查看设备运行状态
备件管理	备件管理的信息查询、使用方法及备品分析
机构信息管理	录入和查询运维单位内部组织机构数据
人员管理模块	查看人员管理信息、权限、用户状态
人员定位管理	查看室内外人员定位
	查看人员分布
	查看环境提示及路径记录
能耗管理	通过 BIM 平台查询各设备能源信息
	查看系统能耗报表及能源消耗情况
维保管理	查看维保、维护计划
	手持终端设备扫描方法
巡检管理	手持终端扫码提交方法
	巡检数据上传方法
	巡检漫游、巡检信息及巡检路径的操作
停车管理	通过 BIM 模型查看车辆引导方式
	结合 BIM 模型查看车位统计及寻车功能
档案管理	查看档案的实施、设备、运维、设计资料
数据分析	监控、设备、报警、位置等统计方法及处理情况
系统管理	系统日志、数据备份及帮助信息的查看查询
报警提示	对报警规则的制定与编辑
设备管理	对设备控制的理解与操作
	对设备生命周期的分析与理解
计费管理	计费管理规则的制定
	人工录入与自动录入方法
	费率调整方法与计费统计分析
能耗管理	对报表数据进行分析及制定节能方案

基本功能模块	运维场景内容
维保管理	对各类机电设备编辑维护计划及维护统计
任务管理	通过 PC 端、Web 端和 APP 端下达工作指令
	基层工作人员查看和执行分配给自己的任务
租赁管理	租赁登记方法
	租户到期报警查看及查看合同到期情况
租户信息	租户信息的录入和租户信息的统计分析
安保管理	通过手机对安保人员进行管控及查看人员位置
餐厅管理	餐厅的环境监控与背景音乐的控制方法
应急管理	应急预案、应急通信和应急处理方式方法

不同建筑类型的运维重点也不一样，现以设备管理和能耗管理为例，介绍其具体应用方法及功能。

1. 设备管理

基于 BIM 模型可准确查看对设备终端及管线路由的空间位置，并通过安置在设备终端或管线上的传感器采集到的数据，对设备运行状态实施监测，对出现故障的设备自动报警，方便管理人员及时准确地查看报警故障的位置，进行检修核查（图 6-4）。

图 6-4 设备管理

2. 能耗管理

通过能耗传感器的数据采集，将各机电系统的能耗数据上传到数据中台，按照运维管理需求进行能耗数据的动态分析和展示。对能耗异常数据进行报警提示并分析可能的原因，智能化、自动化管控能源使用，节约能源成本（图 6-5）。

图 6-5　能耗管理

6.6　本章小结

　　本章主要阐述了基于 BIM 技术的建筑运维的基本流程和系统架构，从数据采集、数据处理、最后到 BIM 运维平台的建设做了可操作性的指示，并对运维的基本功能在三维可视化场景下实现的场景和内容进行了详细的表述。由于运维内容涵盖范围较广，技术更新速度较快，本章针对目前主流 BIM 运维功能及做法进行了可操作性的阐述。

　　本章列举了 BIM 运维管理平台的基本条件，阐述了运维模型获取的途径和标准，并将基于 BIM 的各类运维功能在三维可视化场景下的实现方式与传统的运作方式进行了对比与分析。依据 BIM 运维流程的顺序，对数据的采集技术指标、模型的轻量化处理、BIM 运维平台的功能模块进行了规定和描述。此外，本章阐述了建筑智能化系统（IBMS）架构，提出将其运用到 BIM 运维系统的方法。最后通过两个运维案例展现了 BIM 运维管理的实施场景。

第7章 BIM集成化平台应用

对于装配式建筑行业的发展而言，BIM技术的推广应用只是初级阶段，要统筹装配式建筑产业链的方方面面仅靠BIM软件本身无法实现，针对装配式建筑建设全过程的信息化建设，使装配式建筑在设计、生产、施工到运维的全过程中，实现构件的标准化设计、精益化生产、精细化管理的目的，通过建设BIM集成化管理平台是解决各阶段衔接问题的有效途径。建立集成化管理平台对于促进装配式建筑产业的健康发展有着重要意义。

7.1 BIM集成化平台建设内容

目前，BIM集成化的应用平台大致分为企业级与政府级两类，其功能有交叉的部分，但侧重点又各不相同（表7-1）。

企业级与政府级平台功能表　　　　　　　　　　　表7-1

平台类型	平台功能
企业级平台	1. 对于设计单位而言，平台功能应涵盖多专业协同，将BIM模型上传到平台后，模型在Web端可以以三维可视化的方式进行交互，方便设计单位与施工单位、建设单位等其他参与单位之间的沟通。 2. 对于建设单位而言，包括施工进度、排产进度的查询以及合同管理、支付管理与BIM的结合。 3. 对于生产单位而言，根据平台显示的项目进度、现场进度来制定生产计划，驻场监理可通过平台上传质检记录。 4. 对于施工单位而言，在施工现场，将安装、质检的记录上传平台，实现安全质量的管理
政府级平台	1. 对于政府级平台来说，没有必要管理到全流程的细枝末节，更应该关注项目的整体进度、构件的质量追溯以及对于产业链的信息服务。 2. 具体功能涵盖新闻公告的发布，政府部门间项目信息的公开、BIM模型数据的上传，政府部门可以跟踪构件的生产、施工、安装、质检的过程，同时也包括构件二维码的生成，基于BIM的企业及标准构件库。 3. 实现与项目现场智慧工地、政府其他部门的平台以及与省级更高级别平台的数据对接，形成下游、中游及上游三条数据链

7.2 某市政府级集成化应用平台示例

BIM集成化管理平台不仅要为装配建筑产业链的各参与方提供信息服务，还要作为相关政府部门对于装配式建筑质量监管的工具。以BIM技术为基础，基于"项目管理"与"构件追踪"，实现全产业链信息互通，各相关部门信息共享，全过程轨迹跟踪，全方位质量监管。

通过统一的构件编码规则、构建全产业链通用构件库与产业结构优化、基于物联网的构件全流程追踪与质量追溯、基于大数据的统计与分析应用以及预制装配率的自动计算与设计优化五大技术途径来实现BIM集成化管理平台的建设。

7.2.1 BIM端

BIM端应用指的是与该系统平台配套使用的基于Revit软件开发的插件程序，该Revit插件是沟通装配式建筑BIM模型与系统平台的桥梁，通过该Revit软件插件将BIM模型中的信息数据自动导入系统平台，真正地实现BIM模型与系统平台的无缝衔接，真正地做到平台数据来源于BIM模型，从装配式建筑信息服务与监管的角度出发，真正地体现BIM模型的价值（图7-1）。

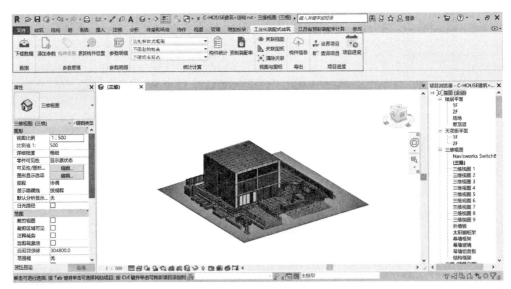

图7-1　BIM端插件界面

该Revit插件主要包括数据、参数管理、参数明细、统计计算、视图与图纸、导出、项目进度等若干个功能模块。具体功能见表7-2。

某市装配式建筑信息服务与监管平台 BIM 端应用表 **表 7-2**

功能模块	操作步骤与图示	
数据	操作步骤	数据功能模块主要包括的是“下载数据”功能按钮，作用是将该市系统平台系统服务器后台设置的 BIM 参数下载至本地计算机。插件安装完成之后必须先下载数据，数据只需下载一次即可
	图示	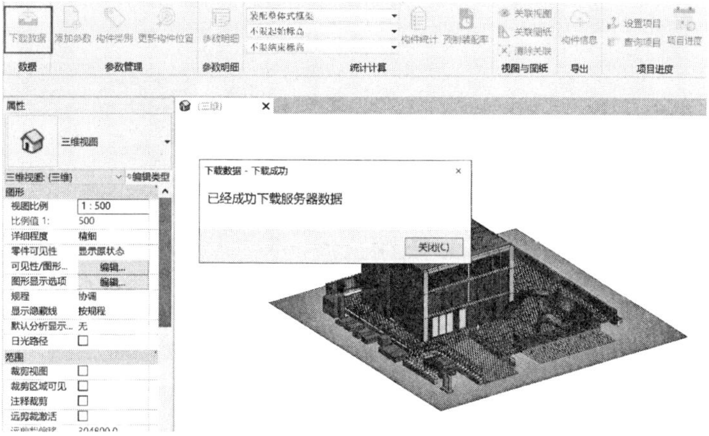
参数管理	操作步骤	下载参数之后，就需要应用参数管理功能区的功能。该功能区的三个功能按钮分别为：添加参数，构件类别以及更新构件位置。 添加参数——点击“添加参数”按钮，即可把下载的 BIM 参数自动地添加到 BIM 模型构件。添加参数分为两种情况：一是在项目环境下可以直接点击“添加参数”按钮给构件添加参数；二是要给项目中的自定义族添加参数，需要分别进入每个自定义族的编辑环境下添加参数。 构件类别——点击“构件类别”按钮，为项目中所选择的系统族与部件设置构件类别，以及设置所选构件是否为预制构件。针对自定义族同样是在族编辑环境下指定该族的构件类别。指定完系统族与部件后，还需在属性栏中对相应的族实例指定是否为预制。 更新构件位置——在项目环境下点击“更新构件位置”按钮，插件会对所有设置了构件类别的预制构件的空间位置参数（包括标高、轴网及位置）进行自动更新，赋予构件准确的空间定位信息
	图示	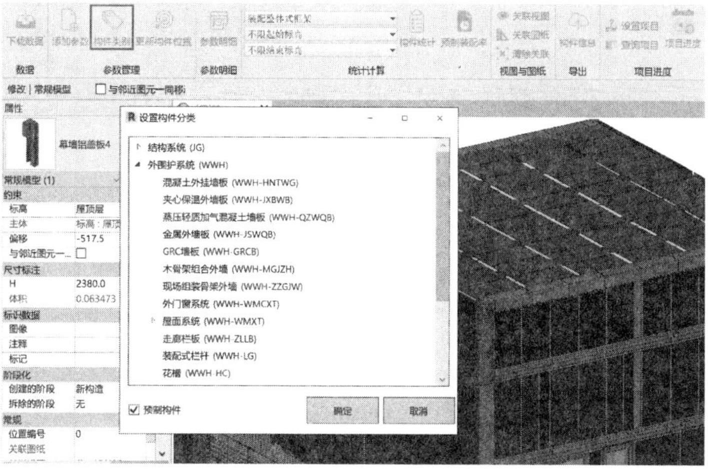

功能模块		操作步骤与图示
参数管理	图示	
参数明细	操作步骤	参数明细功能，便于查询构件参数信息，包括构件分类、面积、体积等，同时可以导出为 Excel 表格，方便数据整理。 参数明细窗口中可以通过勾选预制构件选项来过滤项目中的预制构件与全部构件，此外还可以使用参数分组，以分层级形式显示构件的参数明细，窗口中的所有单元格参数值都可以直接双击修改，并且如同 Revit 自带明细表功能一般，点击所选单元格即等同选择了相关构件，从而可以对模型进行再编辑
	图示	
统计计算	操作步骤	统计计算选项卡包括"构件统计"与"预制装配率计算"两部分。点击构件统计，可以直观地浏览各类别预制构件的详细信息，包含数量、体积以及标准化率等数据信息，左侧的下拉菜单可以自定义选择该项目的建筑类型，以及过滤选择出所需统计标高范围的构件。 插件可分别计算 Z1、Z2、Z3 部分对应的预制装配率指标，并且在勾选创新加分项的内容后，最后得出装配式建筑项目楼栋整体预制装配率数据指标，并且可以以表格的形式生成计算报告

功能模块		操作步骤与图示
统计计算	图示	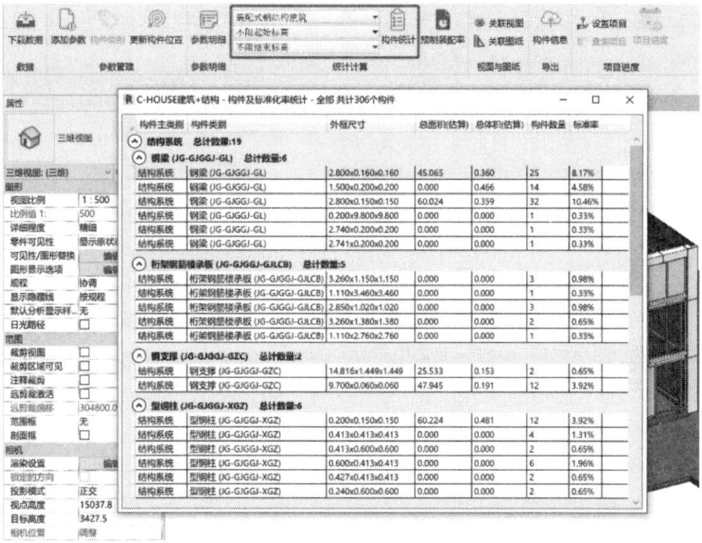 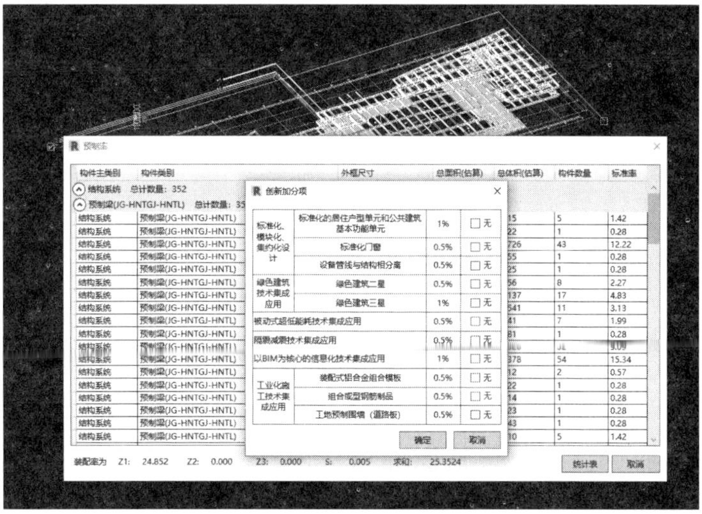
视图与图纸	操作步骤	视图与图纸选项卡包括"关联视图"与"关联图纸"两个功能按钮，关联视图是为了后期打印构件二维码时，方便辨别构件空间位置，从而确保准确地将二维码粘贴于所对应的构件之上。 具体操作步骤为：确定构件所要显示的三维视图，利用视图可见性窗口中的过滤器将各类构件分别设置可见性，而后进入该视图，选中所要显示的构件，点击关联视图，并勾选左侧属性栏"裁剪视图"与"裁剪区域可见"，视图视角、方向及视图样式需根据当前视图中所需要展示的构件进行手动调整。同一构件可关联多个视图，视图的图片可在平台中构件实例的详细页面查看。平台中的二维码打印页面只会显示第一个被关联的视图，视图名称修改后需要重新关联视图

功能模块		操作步骤与图示
视图与图纸	图示	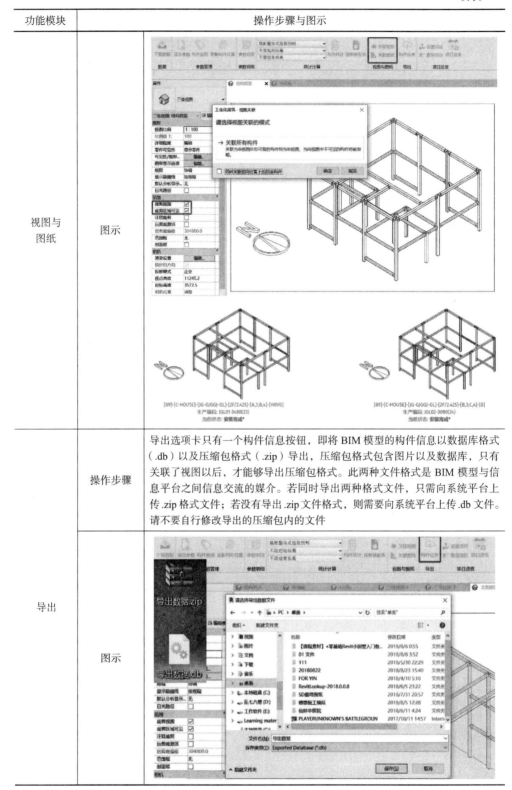
导出	操作步骤	导出选项卡只有一个构件信息按钮,即将 BIM 模型的构件信息以数据库格式(.db)以及压缩包格式(.zip)导出,压缩包格式包含图片以及数据库,只有关联了视图以后,才能够导出压缩包格式。此两种文件格式是 BIM 模型与信息平台之间信息交流的媒介。若同时导出两种格式文件,只需向系统平台上传 .zip 格式文件;若没有导出 .zip 文件格式,则需要向系统平台上传 .db 文件。请不要自行修改导出的压缩包内的文件
	图示	

功能模块	操作步骤与图示	
项目进度	操作步骤	若要在 BIM 模型中查看项目进度，需要先将当前项目文件关联到系统平台中的项目。点击设置项目按钮，在弹出的对话框中输入项目名称（全称或关键词）并按回车键或点击搜索按钮，然后在列表中选择正确的项目与楼栋并点击确定。 在项目列表中还可以双击项目名称，跳转至系统平台查看项目详情。 关联项目后，点击项目进度按钮，弹出一个日期选择对话框，且下方列出了构件各阶段状态的图例，如下图所示，我们选择了"7 月 10 日"，右侧 Revit 模型部分构件由无色变为了褐色，表示该构件已经安装完成，直观地反映了项目进度
	图示	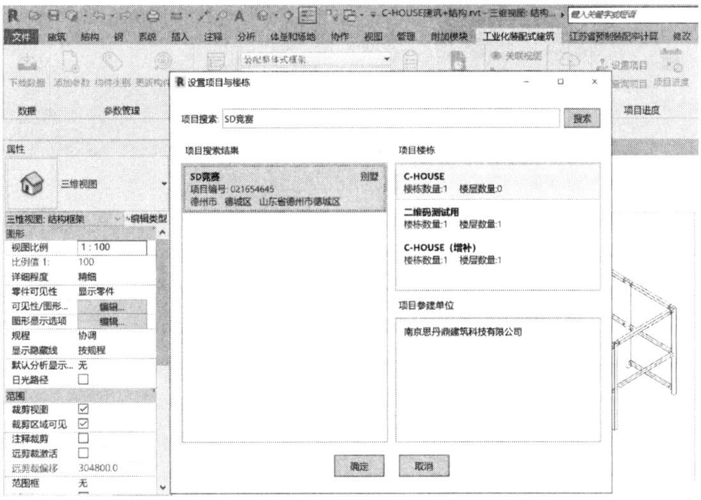 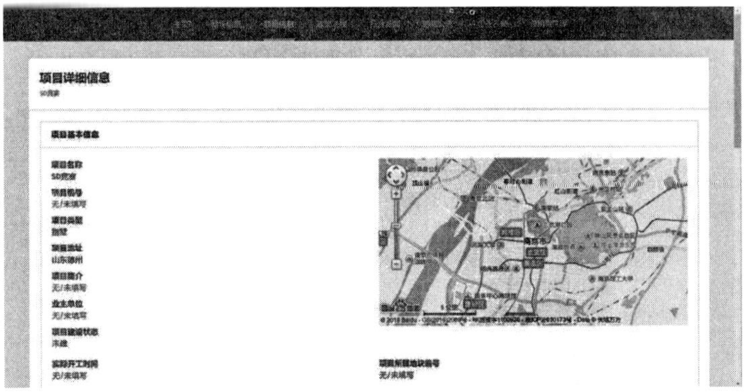

功能模块	操作步骤与图示	
项目进度	图示	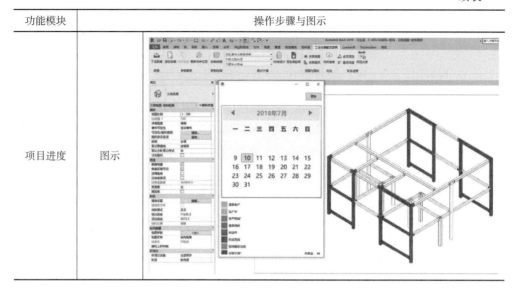

7.2.2　Web 端

平台首页的上方分布了信息服务、地块信息、项目信息、名录库、构件库、产业地图以及项目管理等功能模块，页面中部分为行业新闻与通知公告快捷浏览版块，页面下方则为示范项目、示范基地的快捷浏览界面以及工具下载版块（图7-2）。具体各版块功能简介见表 7-3。

图 7-2　某市装配式建筑信息服务与监管平台

某市装配式建筑信息服务与监管平台 Web 端应用表 表 7-3

功能模块	操作步骤与图示	
信息服务	操作步骤	输入网址进入网页端，在信息服务模块下包括政策法规、行业新闻、通知公告等具体功能选项。以政策法规为例，可以查看江苏省内关于装配式建筑的政策法规等相关条文规定
	图示	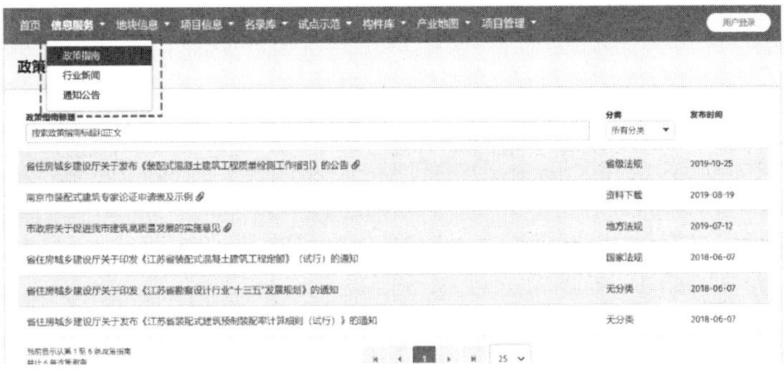
地块信息	操作步骤	地块信息模块通过搜索地块名称、区域、区域类型以及出让时间等内容来查看市内装配式建筑地块信息
	图示	
项目信息	操作步骤	项目信息选项卡，可根据项目名称、项目类型、项目地址等查询方式来查看具体的装配式建筑项目，进入具体项目，可以查看项目基本信息，项目所在位置、项目建设规模、装配式建筑相关信息等具体内容
	图示	

功能模块		操作步骤与图示
项目信息	图示	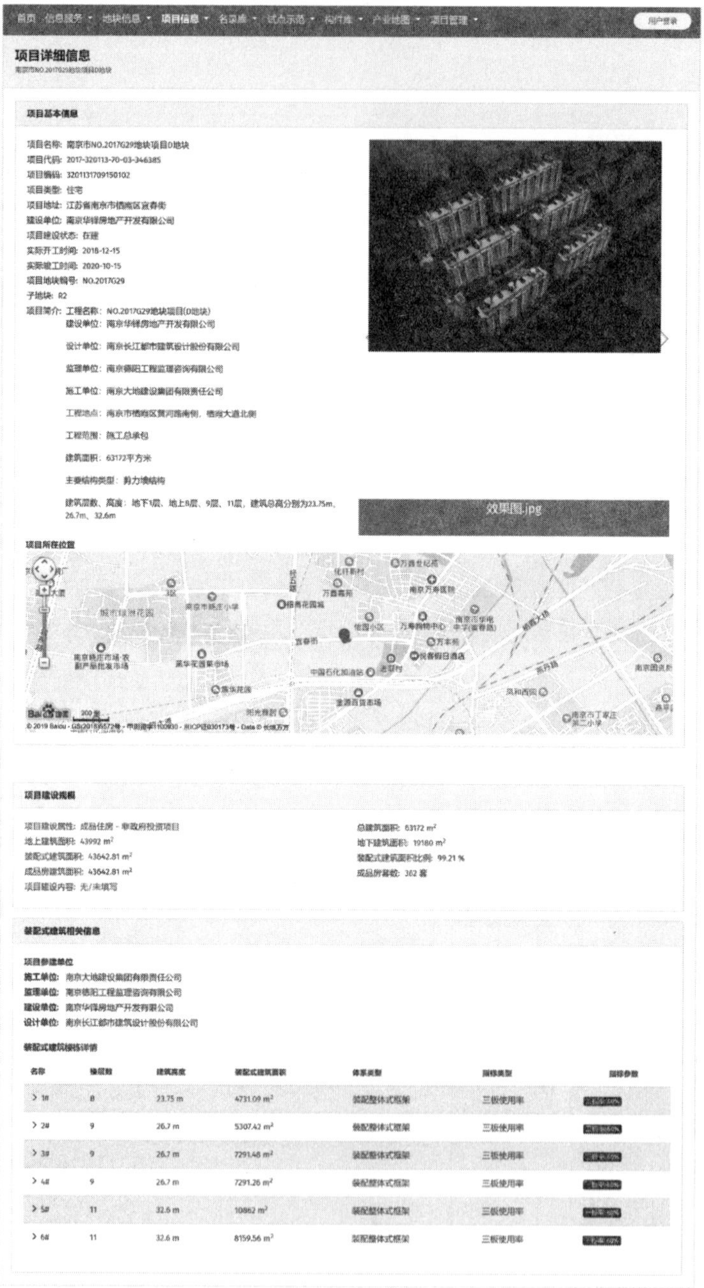
名录库	操作步骤	名录库主要包括省级装配式部品构件生产基地、监理企业、设计企业、全过程工程咨询试点企业、工程总承包试点企业、登记部品部件生产商、示范项目、示范基地以及平台企业等名目，可以通过搜索名称、类型等内容查询具体企业信息

功能模块	操作步骤与图示	
名录库	图示	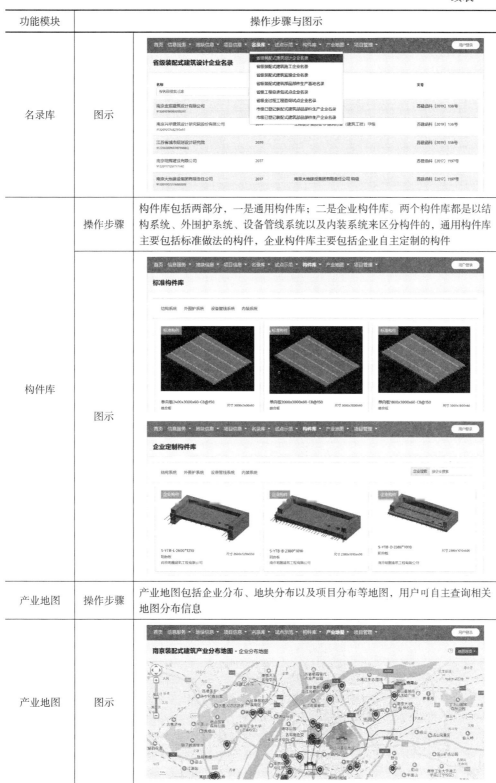
构件库	操作步骤	构件库包括两部分，一是通用构件库；二是企业构件库。两个构件库都是以结构系统、外围护系统、设备管线系统以及内装系统来区分构件的，通用构件库主要包括标准做法的构件，企业构件库主要包括企业自主定制的构件
	图示	
产业地图	操作步骤	产业地图包括企业分布、地块分布以及项目分布等地图，用户可自主查询相关地图分布信息
	图示	

功能模块	操作步骤与图示	
项目管理	操作步骤	项目管理模块中的项目功能选项,用户在登录完成后会进入系统后台,可以通过项目名称、项目类型以及项目地址来搜索用户自己的项目,也可以通过添加新项目按钮继续添加新的装配式项目。 通过项目管理模块中构件动态跟踪功能选项,用户可以进入项目构件列表,查询项目进度、构件种类及构件明细。 进入构件详情菜单,用户可以详细地查看项目基本信息、建设规模、建设手续、参建单位、总体进度、楼栋进度等具体内容。 项目管理下的构件二维码打印功能,可以通过选择具体项目、构件类别、楼栋、标高等内容来筛选由平台自动生成的构件二维码以及构件在模型中所处位置的简图。统计分析功能包含地块数据统计分析、项目数据统计分析以及构件数据分析。以项目统计分析为例,用户可以通过选择频率、周期、统计数据类型来具体数据统计
	图示	  

功能模块		操作步骤与图示
项目管理	图示	

7.3 本章小结

　　BIM 集成化平台是 BIM 应用的深入应用，在平台软件开发中，需要针对平台使用者不同和项目具体需求，有所侧重。在基于 Revit 软件的 BIM 平台开发中，通过 Revit 的二次开发，实现 BIM 模型与系统平台的无缝衔接，更好地体现了建筑信息模型的价值。在 Web 端平台开发中，侧重于 BIM 模型的轻量化应用及展示功能。

附录 A 信息模型精细度规定

A.1 钢 柱

阶段	模型精细度描述	模型示例图片
初步设计	几何表达精度： （1）柱底部及顶部楼层信息 （2）平面位置 （3）尺寸、长度、厚度 信息深度： （1）结构材质 （2）结构类型样式	
施工图设计	几何表达精度： （1）柱底部及顶部楼层信息 （2）平面位置 （3）尺寸、长度、厚度 信息深度： （1）结构材质 （2）结构类型样式 （3）材料要求 （4）钢柱标识 （5）节点详图	
深化设计	几何表达精度： （1）柱底部及顶部楼层信息 （2）平面位置 （3）尺寸、长度、厚度 （4）与其他构件连接节点 （5）节点的螺栓连接 （6）构件上加劲肋、预埋件及预留孔洞位置和尺寸 信息深度： （1）结构材质 （2）结构类型样式 （3）材料要求 （4）钢柱标识 （5）节点详图 （6）外露钢结构柱防火防腐 （7）材料进场日期，操作单位与安装日期，进场日期，施工工艺，生产厂家，工程量，养护说明	

A.2 钢 梁

阶段	模型精细度描述	模型示例图片
初步设计	几何表达精度： （1）钢梁底部及顶部楼层信息 （2）平面位置 （3）尺寸、长度、厚度 信息深度： （1）结构材质 （2）结构类型样式	
施工图设计	几何表达精度： （1）钢梁底部及顶部楼层信息 （2）平面位置 （3）尺寸、长度、厚度 信息深度： （1）结构材质 （2）结构类型样式 （3）材料要求 （4）钢梁标识 （5）节点详图	
深化设计	几何表达精度： （1）钢梁底部及顶部楼层信息 （2）平面位置 （3）尺寸、长度、厚度 （4）与其他构件连接节点 （5）节点的螺栓连接，加劲肋 （6）构件上预埋件及预留孔洞位置和尺寸 信息深度： （1）结构材质 （2）结构类型样式 （3）材料要求 （4）钢梁标识 （5）节点详图 （6）外露钢结构柱防火防腐 （7）材料进场日期，操作单位与安装日期，进场日期，施工工艺，生产厂家，工程量，养护说明	

A.3 钢筋桁架楼承板

阶段	模型精细度描述	模型示例图片
初步设计	几何表达精度： （1）楼板底部及顶部楼层信息 （2）平面位置 （3）尺寸、长度、厚度 信息深度： （1）结构材质 （2）结构类型样式	

阶段	模型精细度描述	模型示例图片
施工图设计	几何表达精度： （1）楼板底部及顶部楼层信息 （2）平面位置 （3）尺寸、长度、厚度 信息深度： （1）结构材质 （2）结构类型样式 （3）钢筋桁架楼承板节点详图	
深化设计	几何表达精度： （1）楼板底部及顶部楼层信息 （2）平面位置 （3）尺寸、长度、厚度 （4）钢筋桁架楼承板中构件连接节点，构件上预埋吊钩 信息深度： （1）结构材质 （2）结构类型样式 （3）钢筋桁架楼承板节点详图 （4）构件及零件材料属性 （5）材料进场日期，操作单位与安装日期，进场日期，施工工艺，生产厂家，工程量，养护说明	

A.4 钢 桁 架

阶段	模型精细度描述	模型示例图片
初步设计	几何表达精度： （1）钢桁架组成及结构形式 （2）钢桁架中各个构件尺寸、长度、厚度 信息深度： （1）结构材质 （2）结构类型样式	
施工图设计	几何表达精度： （1）钢桁架组成及结构形式 （2）钢桁架中各个构件尺寸、长度、厚度 信息深度： （1）结构材质 （2）结构类型样式 （3）材料要求 （4）节点详图	

阶段	模型精细度描述	模型示例图片
深化设计	几何表达精度： （1）钢桁架组成及结构形式 （2）钢桁架中各个构件尺寸、长度、厚度 （3）与其他构件连接节点 （4）节点的螺栓连接，加劲肋，栓钉及安装构件 信息深度： （1）结构材质 （2）结构类型样式 （3）材料要求 （4）节点详图 （5）外露钢结构柱防火防腐 （6）材料进场日期，操作单位与安装日期，进场日期，施工工艺，生产厂家，工程量，养护说明	

A.5 钢 檩 架

阶段	模型精细度描述	模型示例图片
初步设计	几何表达精度： （1）钢檩架组成及布置形式 （2）檩条尺寸、长度、厚度 信息深度： （1）结构材质 （2）结构类型样式	
施工图设计	几何表达精度： （1）钢檩架组成及布置形式 （2）檩条尺寸、长度、厚度 信息深度： （1）结构材质 （2）结构类型样式 （3）材料要求 （4）檩条标识 （5）节点详图	
深化设计	几何表达精度： （1）钢檩架组成及布置形式 （2）檩条尺寸、长度、厚度 （3）节点的螺栓连接，檩托板 信息深度： （1）结构材质 （2）结构类型样式 （3）材料要求 （4）檩条标识 （5）节点详图 （6）外露钢结构柱防火防腐 （7）材料进场日期，操作单位与安装日期，进场日期，施工工艺，生产厂家，工程量，养护说明	

A.6 钢 支 撑

阶段	模型精细度描述	模型示例图片
初步设计	几何表达精度： （1）钢支撑底部及顶部楼层信息 （2）空间位置 （3）尺寸、长度、厚度 信息深度： （1）结构材质 （2）结构类型样式	
施工图设计	几何表达精度： （1）钢支撑底部及顶部楼层信息 （2）空间位置 （3）尺寸、长度、厚度 信息深度： （1）结构材质 （2）结构类型样式 （3）材料要求 （4）支撑标识 （5）节点详图	
深化设计	几何表达精度： （1）钢支撑底部及顶部楼层信息 （2）空间位置 （3）尺寸、长度、厚度 （4）与其他构件连接节点 （5）节点的螺栓连接，加劲肋 （6）构件上预埋件及预留孔洞位置和尺寸 信息深度： （1）结构材质 （2）结构类型样式 （3）材料要求 （4）支撑标识 （5）节点详图 （6）外露钢结构柱防火防腐 （7）材料进场日期，操作单位与安装日期，进场日期，施工工艺，生产厂家，工程量，养护说明	

A.7 钢 板 墙

阶段	模型精细度描述	模型示例图片
初步设计	几何表达精度： （1）墙底部及顶部楼层信息 （2）平面位置 （3）尺寸、长度、厚度 信息深度： （1）构件材质 （2）构件说明 （3）钢板类型	
施工图设计	几何表达精度： （1）墙底部及顶部楼层信息 （2）平面位置 （3）尺寸、长度、厚度 信息深度： （1）构件材质 （2）构件说明 （3）钢板类型 （4）预埋件、预留孔洞 （5）钢板墙标识 （6）钢板墙大样详图	
深化设计	几何表达精度： （1）墙底部及顶部楼层信息 （2）平面位置 （3）尺寸、长度、厚度 （4）与其他构件连接节点 信息深度： （1）构件材质 （2）构件说明 （3）钢板类型 （4）预埋件、预留孔洞 （5）钢板墙标识 （6）钢板墙大样详图 （7）墙体施工工序、防水保温、面层及墙体施工细节 （8）材料进场日期，操作单位与安装日期，进场日期，施工工艺，生产厂家，工程量，养护说明	

A.8 钢 屋 架

阶段	模型精细度描述	模型示例图片
初步设计	几何表达精度： （1）钢屋架组成及布置形式 （2）钢梁及钢柱尺寸、长度、厚度 信息深度： （1）结构材质 （2）结构类型样式	
施工图设计	几何表达精度： （1）钢屋架组成及布置形式 （2）钢梁及钢柱尺寸、长度、厚度 信息深度： （1）结构材质 （2）结构类型样式 （3）材料要求 （4）节点详图	
深化设计	几何表达精度： （1）钢屋架组成及布置形式 （2）钢梁及钢柱尺寸、长度、厚度 （3）与其他构件连接节点 （4）节点的螺栓连接，加劲肋 （5）构件上预埋件及预留孔洞位置和尺寸 信息深度： （1）结构材质 （2）结构类型样式 （3）材料要求 （4）节点详图 （5）外露钢结构柱防火防腐 （6）材料进场日期，操作单位与安装日期，进场日期，施工工艺，生产厂家，工程量，养护说明	

A.9 钢 楼 梯

阶段	模型精细度描述	模型示例图片
初步设计	几何表达精度： （1）钢楼梯组成及布置形式 （2）钢梁钢柱钢平台尺寸、长度、厚度 信息深度： （1）结构材质 （2）结构类型样式	

阶段	模型精细度描述	模型示例图片
施工图设计	几何表达精度： （1）钢楼梯组成及布置形式 （2）钢梁钢柱钢平台尺寸、长度、厚度 信息深度： （1）结构材质 （2）结构类型样式 （3）材料要求 （4）节点详图	
深化设计	几何表达精度： （1）钢楼梯组成及布置形式 （2）钢梁钢柱钢平台尺寸、长度、厚度 （3）构件连接节点 （4）节点的螺栓连接，加强构造 （5）构件上预埋件及预留孔洞位置和尺寸 信息深度： （1）结构材质 （2）结构类型样式 （3）材料要求 （4）节点详图 （5）外露钢结构柱防火防腐 （6）材料进场日期，操作单位与安装日期，进场日期，施工工艺，生产厂家，工程量，养护说明	

A.10 天　沟

阶段	模型精细度描述	模型示例图片
初步设计	几何表达精度： （1）平面位置 （2）尺寸、长度、厚度 信息深度： （1）构件材质 （2）构件规格型号	
施工图设计	几何表达精度： （1）平面位置 （2）尺寸、长度、厚度 信息深度： （1）构件材质 （2）构件规格型号 （3）天沟节点详图	

阶段	模型精细度描述	模型示例图片
深化设计	几何表达精度： （1）平面位置 （2）尺寸、长度、厚度 （3）与其他构件连接节点 信息深度： （1）构件材质 （2）构件规格型号 （3）天沟节点详图 （4）材料进场日期，操作单位与安装日期，进场日期，施工工艺，生产厂家，工程量，养护说明	

A.11 桩

阶段	模型精细度描述	模型示例图片
初步设计	几何表达精度： （1）平面位置 （2）桩顶高程 （3）尺寸、长度 信息深度： （1）结构材质 （2）桩基型号	
施工图设计	几何表达精度： （1）平面位置 （2）桩顶高程 （3）尺寸、长度 信息深度： （1）结构材质 （2）桩基型号 （3）桩基大样详图，节点详图	
深化设计	几何表达精度： （1）平面位置 （2）桩顶高程 （3）尺寸、长度 （4）桩与承台连接样式 信息深度： （1）结构材质 （2）桩基型号 （3）桩基大样详图，节点详图 （4）材料进场日期，操作单位与安装日期，进场日期，施工工艺，生产厂家，工程量，养护说明	

A.12 承　　台

阶段	模型精细度描述	模型示例图片
初步设计	几何表达精度： （1）平面位置 （2）尺寸、长度、厚度 信息深度： （1）结构材质 （2）结构类型样式	
施工图设计	几何表达精度： （1）平面位置 （2）尺寸、长度、厚度 （3）承台顶部高度 信息深度： （1）结构材质 （2）结构类型样式 （3）基础大样详图，节点详图	
深化设计	几何表达精度： （1）平面位置 （2）尺寸、长度、厚度 （3）承台顶部高度 信息深度： （1）结构材质 （2）结构类型样式 （3）基础大样详图，节点详图 （4）材料进场日期，操作单位与安装日期，进场日期，施工工艺，生产厂家，工程量，养护说明	

A.13 地　　梁

阶段	模型精细度描述	模型示例图片
初步设计	几何表达精度： （1）地梁底部及顶部楼层信息 （2）平面位置 （3）尺寸、长度、厚度 信息深度： （1）结构材质 （2）结构类型样式	

阶段	模型精细度描述	模型示例图片
施工图设计	几何表达精度： （1）地梁底部及顶部楼层信息 （2）平面位置 （3）尺寸、长度、厚度 信息深度： （1）结构材质 （2）结构类型样式 （3）地梁标识 （4）节点详图	
深化设计	几何表达精度： （1）地梁底部及顶部楼层信息 （2）平面位置 （3）尺寸、长度、厚度 信息深度： （1）结构材质 （2）结构类型样式 （3）地梁标识 （4）节点详图 （5）地梁构件的位置，方向和截面尺寸，构件预埋件 （6）材料进场日期，操作单位与安装日期，进场日期，施工工艺，生产厂家，工程量，养护说明	

A.14 柱　　脚

阶段	模型精细度描述	模型示例图片
初步设计	几何表达精度： （1）柱脚底部及顶部楼层信息 （2）平面位置 （3）柱脚长、宽、高 信息深度： （1）结构材质 （2）结构类型样式	
施工图设计	几何表达精度： （1）柱脚底部及顶部楼层信息 （2）平面位置 （3）柱脚长、宽、高 信息深度： （1）结构材质 （2）结构类型样式 （3）柱脚标识 （4）节点详图	

阶段	模型精细度描述	模型示例图片
深化设计	几何表达精度： （1）柱脚底部及顶部楼层信息 （2）平面位置 （3）柱脚长、宽、高 （4）节点的锚栓、加劲肋、抗剪键 信息深度： （1）结构材质 （2）结构类型样式 （3）柱脚连接样式 （4）柱脚标识 （5）节点详图 （6）详细参数 （7）材料进场日期，操作单位与安装日期，进场日期，施工工艺，生产厂家，工程量，养护说明	

A.15 排 水 沟

阶段	模型精细度描述	模型示例图片
初步设计	几何表达精度： （1）平面位置 （2）尺寸、长度、厚度 信息深度： （1）构件材质 （2）构件说明	
施工图设计	几何表达精度： （1）平面位置 （2）尺寸、长度、厚度 信息深度： （1）结构材质 （2）构件说明 （3）结构类型样式 （4）排水沟标识 （5）节点详图	
深化设计	几何表达精度： （1）平面位置 （2）尺寸、长度、厚度 （3）垫层及保护层 信息深度： （1）结构材质 （2）构件说明 （3）结构类型样式 （4）排水沟标识 （5）节点详图 （6）材料进场日期，操作单位与安装日期，进场日期，施工工艺，生产厂家，工程量，养护说明	

A.16 钢 门

阶段	模型精细度描述	模型示例图片
初步设计	几何表达精度： （1）平面位置 （2）尺寸、长度、厚度 信息深度： （1）构件材质 （2）构件规格型号	
施工图设计	几何表达精度： （1）平面位置 （2）尺寸、长度、厚度 信息深度： （1）构件材质 （2）构件规格型号 （3）门窗标识 （4）门窗大样详图	
深化设计	几何表达精度： （1）平面位置 （2）尺寸、长度、厚度 （3）与其他构件连接节点 信息深度： （1）构件材质 （2）构件规格型号 （3）门窗标识 （4）门窗大样详图 （5）材料进场日期，操作单位与安装日期，进场日期，施工工艺，生产厂家，工程量，养护说明	

A.17 钢 窗

阶段	模型精细度描述	模型示例图片
初步设计	几何表达精度： （1）平面位置 （2）尺寸、长度、厚度 信息深度： （1）构件材质 （2）构件规格型号	

阶段	模型精细度描述	模型示例图片
施工图设计	几何表达精度： （1）平面位置 （2）尺寸、长度、厚度 信息深度： （1）构件材质 （2）构件规格型号 （3）门窗标识 （4）门窗大样详图	
深化设计	几何表达精度： （1）平面位置 （2）尺寸、长度、厚度 （3）与其他构件连接节点 信息深度： （1）构件材质 （2）构件规格型号 （3）门窗标识 （4）门窗大样详图 （5）材料进场日期，操作单位与安装日期，进场日期，施工工艺，生产厂家，工程量，养护说明	

A.18 卷帘门

阶段	模型精细度描述	模型示例图片
初步设计	几何表达精度： （1）平面位置 （2）尺寸、长度、厚度 信息深度： （1）构件材质 （2）构件规格型号	
施工图设计	几何表达精度： （1）平面位置 （2）尺寸、长度、厚度 信息深度： （1）构件材质 （2）构件规格型号 （3）卷帘门标识 （4）卷帘门大样详图	

阶段	模型精细度描述	模型示例图片
深化设计	几何表达精度： （1）平面位置 （2）尺寸、长度、厚度 （3）与其他构件连接节点 信息深度： （1）构件材质 （2）构件规格型号 （3）卷帘门标识 （4）卷帘门大样详图 （5）材料进场日期，操作单位与安装日期，进场日期，施工工艺，生产厂家，工程量，养护说明	

A.19 天 窗

阶段	模型精细度描述	模型示例图片
初步设计	几何表达精度： （1）平面位置 （2）尺寸、长度、厚度 信息深度： （1）构件材质 （2）构件规格型号	
施工图设计	几何表达精度： （1）平面位置 （2）尺寸、长度、厚度 信息深度： （1）构件材质 （2）构件规格型号 （3）天窗标识 （4）天窗大样详图	
深化设计	几何表达精度： （1）平面位置 （2）尺寸、长度、厚度 （3）与其他构件连接节点 信息深度： （1）构件材质 （2）构件规格型号 （3）天窗标识 （4）天窗大样详图 （5）材料进场日期，操作单位与安装日期，进场日期，施工工艺，生产厂家，工程量，养护说明	

A.20 栏杆扶手

阶段	模型精细度描述	模型示例图片
初步设计	几何表达精度： （1）空间位置 （2）几何形状 信息深度： （1）构件材质 （2）构件说明	
施工图设计	几何表达精度： （1）空间位置 （2）几何形状 （3）栏杆扶手与楼梯连接节点 （4）预埋件位置 信息深度： （1）构件材质 （2）构件说明 （3）栏杆扶手标识 （4）栏杆扶手大样详图	
深化设计	几何表达精度： （1）空间位置 （2）几何形状 （3）栏杆扶手与楼梯连接节点 （4）预埋件位置 信息深度： （1）构件材质 （2）构件说明 （3）栏杆扶手标识 （4）栏杆扶手大样详图 （5）材料进场日期，操作单位与安装日期，进场日期，施工工艺，生产厂家，工程量，养护说明	

A.21 吊 顶

阶段	模型精细度描述	模型示例图片
初步设计	几何表达精度： （1）空间位置 （2）尺寸、长度、厚度 信息深度： （1）构件材质 （2）构件说明	

阶段	模型精细度描述	模型示例图片
施工图设计	几何表达精度： （1）空间位置 （2）尺寸、长度、厚度 （3）预留洞口，风口 信息深度： （1）构件材质 （2）构件说明 （3）天花板节点详图	
深化设计	几何表达精度： （1）空间位置 （2）尺寸、长度、厚度 （3）龙骨，预留洞口，风口等深化尺寸 信息深度： （1）构件材质 （2）构件说明 （3）节点大样 （4）材料进场日期，操作单位与安装日期，进场日期，施工工艺，生产厂家，工程量，养护说明	

A.22　暖通设备

阶段	模型精细度描述	模型示例图片
初步设计	几何表达精度： （1）坐标定位 （2）占位尺寸 信息深度： （1）基本描述 （2）编码信息	
施工图设计	几何表达精度： （1）坐标定位 （2）占位尺寸 （3）主要构造尺寸 （4）连接形式 信息深度： （1）基本描述 （2）编码信息 （3）系统分类 （4）技术信息	

阶段	模型精细度描述	模型示例图片
深化设计	几何表达精度： （1）坐标定位 （2）占位尺寸 （3）真实构造尺寸 （4）连接形式 （5）连接构件 信息深度： （1）基本描述 （2）编码信息 （3）系统分类 （4）技术信息 （5）生产信息 （6）资产信息	

A.23 给水排水设备

阶段	模型精细度描述	模型示例图片
初步设计	几何表达精度： （1）坐标定位 （2）占位尺寸 信息深度： （1）基本描述 （2）编码信息	
施工图设计	几何表达精度： （1）坐标定位 （2）占位尺寸 （3）主要构造尺寸 （4）连接形式 信息深度： （1）基本描述 （2）编码信息 （3）系统分类 （4）技术信息	

阶段	模型精细度描述	模型示例图片
深化设计	几何表达精度： （1）坐标定位 （2）占位尺寸 （3）真实构造尺寸 （4）连接形式 （5）连接构件 信息深度： （1）基本描述 （2）编码信息 （3）系统分类 （4）技术信息 （5）生产信息 （6）资产信息	

A.24 电 气 设 备

阶段	模型精细度描述	模型示例图片
初步设计	几何表达精度： （1）坐标定位 （2）占位尺寸 信息深度： （1）基本描述 （2）编码信息	
施工图设计	几何表达精度： （1）坐标定位 （2）占位尺寸 （3）主要构造尺寸 信息深度： （1）基本描述 （2）编码信息 （3）系统分类 （4）技术信息	
深化设计	几何表达精度： （1）坐标定位 （2）占位尺寸 （3）真实构造尺寸 信息深度： （1）基本描述 （2）编码信息 （3）系统分类 （4）技术信息 （5）生产信息 （6）资产信息	

A.25 风 系 统

阶段	模型精细度描述	模型示例图片
初步设计	几何表达精度： （1）坐标定位 （2）占位尺寸 信息深度： （1）基本描述 （2）编码信息	
施工图设计	几何表达精度： （1）坐标定位 （2）占位尺寸 （3）主要构造尺寸 （4）连接形式 信息深度： （1）基本描述 （2）编码信息 （3）系统分类 （4）技术信息	
深化设计	几何表达精度： （1）坐标定位 （2）占位尺寸 （3）真实构造尺寸 （4）连接形式 （5）连接构件 信息深度： （1）基本描述 （2）编码信息 （3）系统分类 （4）技术信息 （5）生产信息 （6）资产信息	

A.26 水 系 统

阶段	模型精细度描述	模型示例图片
初步设计	几何表达精度： （1）坐标定位 （2）占位尺寸 信息深度： （1）基本描述 （2）编码信息	

阶段	模型精细度描述	模型示例图片
施工图设计	几何表达精度： （1）坐标定位 （2）占位尺寸 （3）主要构造尺寸 （4）连接形式 信息深度： （1）基本描述 （2）编码信息 （3）系统分类 （4）技术信息	
深化设计	几何表达精度： （1）坐标定位 （2）占位尺寸 （3）真实构造尺寸 （4）连接形式 （5）连接构件 信息深度： （1）基本描述 （2）编码信息 （3）系统分类 （4）技术信息 （5）生产信息 （6）资产信息	

A.27 电气系统

阶段	模型精细度描述	模型示例图片
初步设计	几何表达精度： （1）坐标定位 （2）占位尺寸 信息深度： （1）基本描述 （2）编码信息	
施工图设计	几何表达精度： （1）坐标定位 （2）占位尺寸 （3）主要构造尺寸 （4）连接形式 信息深度： （1）基本描述 （2）编码信息 （3）系统分类 （4）技术信息	

阶段	模型精细度描述	模型示例图片
深化设计	几何表达精度： （1）坐标定位 （2）占位尺寸 （3）真实构造尺寸 （4）连接形式 （5）连接构件 信息深度： （1）基本描述 （2）编码信息 （3）系统分类 （4）技术信息 （5）生产信息 （6）资产信息	

A.28 支 吊 架

阶段	模型精细度描述	模型示例图片
初步设计	—	—
施工图设计	几何表达精度： （1）坐标定位 （2）占位尺寸 （3）主要构造尺寸 （4）连接形式 信息深度： （1）基本描述 （2）编码信息 （3）系统分类 （4）技术信息	
深化设计	几何表达精度： （1）坐标定位 （2）占位尺寸 （3）真实构造尺寸 （4）连接形式 （5）连接构件 信息深度： （1）基本描述 （2）编码信息 （3）系统分类 （4）技术信息 （5）生产信息 （6）资产信息	

附录 B　施工场布设施信息模型精细度规定

B.1　基于 BIM 施工场布的建模要求

模型类别	案例场景	模型元素	元素信息
现状场地		场地边界（用地红线） 现状地形 现状道路、广场 现状景观绿化／水体 现状市政管线 既有建（构）筑物	几何信息： 尺寸、定位 等高距 简单几何形体表达 场地及周边的水体、绿地等景观 非几何信息： 设施使用性质、性能、污染等级、噪声
临时构筑物		临时道路 临时大门与围墙 临时加工厂、配电房 施工用大型设备（塔式起重机、人货梯、汽车式起重机等） 临时办公室、生活区 外墙脚手架／提升作业平台 施工现场临边防护	几何信息： 临时构筑物的尺寸、定位 非几何信息： 材质、构造、施工单位、数量、工程量
基坑围护工程		边坡支护结构 内支撑结构 内外降排水设施	几何信息： 尺寸、定位 等高距 简单几何形体表达 场地及周边的水体、绿地等景观 非几何信息： 供应商、产品合格证、生产厂家、生产日期、价格
预制构件的临时安装措施		预制构件安装设备及相关辅助设施	几何信息： 尺寸、定位 非几何信息： 设备设施的性能参数

B.2 基于 BIM 的土方平衡计算建模要求

模型内容	案例场景	模型信息
现场场地		若周边现状场地中有铁路、地铁、变电站、水处理厂等基础设施时，宜采用简单几何形状表达，但应输入设施使用性质、性能、污染等级、噪声等级等对于项目设计产生影响的非几何信息； 除非可视化需要，场地及周边的水体、绿地等景观可以二维区域表达
设计场地	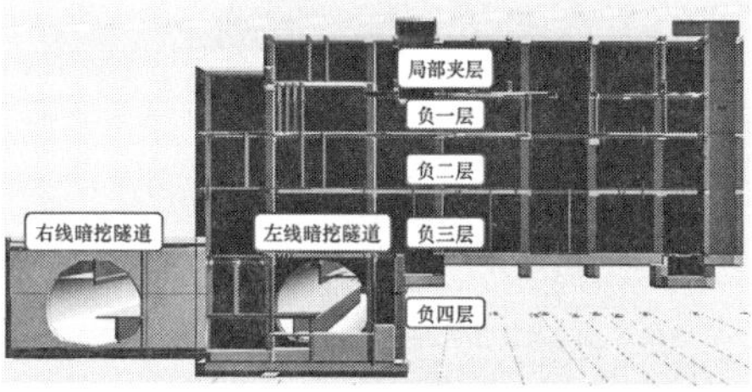	应在剖切视图中观察到与现状场地的填挖关系； 项目设计的水体、绿化等景观设施应建模
道路及市政		道路定位、标高、横坡、纵坡、横断面设计相关内容
基础	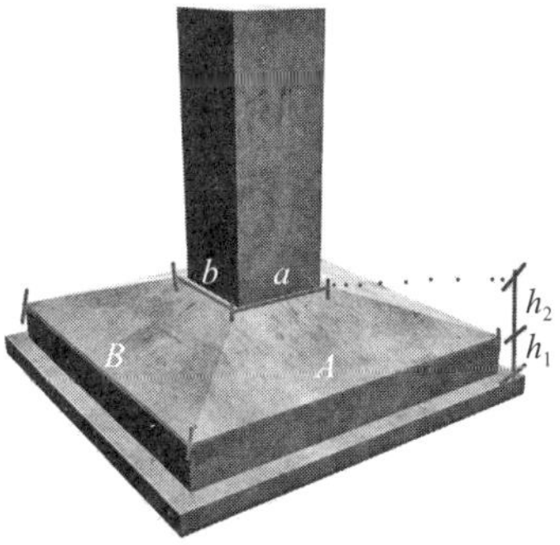	基础类型 几何尺寸 定位信息
次要的结构构件（如楼梯、坡道、排水沟、集水坑、马道、管沟、节点构造、次要的预留孔洞）	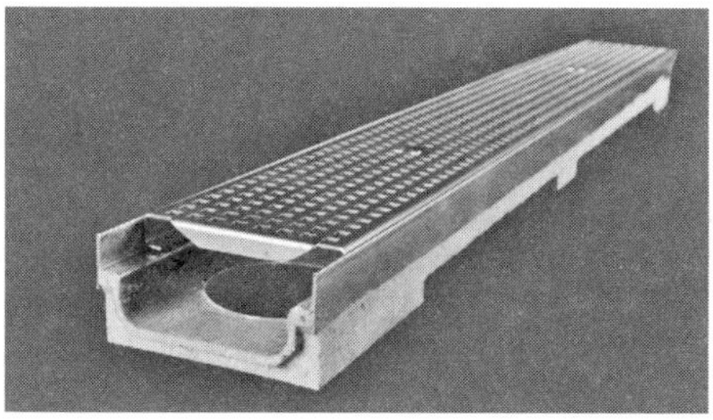	深化几何尺寸 定位信息

B.3 基坑工程 BIM 模型内容

模型类别	案例场景	模型元素及信息
地质模型		地形模型、土层模型等几何尺寸、材质、空间位置信息
支护体系模型	 3 道钢筋混凝土内支撑 2 灌注桩排桩　1 道钢筋混凝土内支撑（圆环撑）	基坑支护结构模型（钢板桩、排桩、桩孔灌注桩、土钉墙、地下连续墙等）、支撑或锚固形式模型等几何尺寸、材质、空间位置信息
基坑模型		基坑、土方开挖分区、行车路线等几何尺寸、空间位置信息
场地环境模型		地下管线、周边道路与建筑、基坑临边防护、上下基坑通道、施工通道等几何尺寸、材质、空间位置信息

B.4 模板与脚手架 BIM 模型细度

模型类型	案例场景	模型元素	模型信息
结构模型		梁、板、柱	几何信息： 模架支设起止结构标高、轴线、梁的几何尺寸（跨度）、板厚、柱的几何尺寸 非几何信息： 规格型号、材质信息

模型类型		案例场景	模型元素	模型信息
模架模型	扣件式		模板、木方、钢木结合梁、直角扣件、旋转扣件、对接扣件、U形托、立杆、纵横向水平杆、纵横向扫地杆、纵横向剪刀撑、水平剪刀撑、水平安全网、对拉螺栓、连墙件、垫木等	几何信息：构件的尺寸、主次龙骨的间距、立杆横距、立杆纵距、步距、纵横向扫地杆、自由端高度、对拉螺栓的间距、连墙件布置间距、纵横向剪刀撑间距、水平剪刀撑布置间距 非几何信息：架体荷载、规格型号、材质信息、支撑的地基情况（楼板／底板／回填土）、材料租赁方或厂家信息
	碗扣式		模板、木方、钢木结合梁、U形托、立杆、纵横向水平杆、纵横向扫地杆、纵横向剪刀撑、水平剪刀撑、水平安全网、对拉螺栓、连墙件、垫木等	几何信息：构件的尺寸、主次龙骨的间距、立杆横距、立杆纵距、步距、纵横向扫地杆、自由端高度、对拉螺栓的间距、连墙件布置间距、纵横向剪刀撑间距、水平剪刀撑布置间距 非几何信息：架体荷载、规格型号、材质信息、支撑的地基情况（楼板／底板／回填土）、材料租赁方或厂家信息
	盘扣式		模板、木方、钢木结合梁、U形托、立杆、纵横向水平杆、纵横向扫地杆、纵横向剪刀撑、水平剪刀撑、水平安全网、对拉螺栓、连墙件、垫木、插销等	几何信息：构件的尺寸、主次龙骨的间距、立杆横距、立杆纵距、步距、纵横向扫地杆、自由端高度、对拉螺栓的间距、连墙件布置间距、纵横向剪刀撑间距、水平剪刀撑布置间距 非几何信息：架体荷载、规格型号、材质信息、支撑的地基情况（楼板／底板／回填土）、材料租赁方或厂家信息
脚手架模型	落地式双排脚手架		立杆、小横杆、纵向水平杆、横向水平杆、纵向扫地杆、横向扫地杆、垫木、剪刀撑、直角扣件、旋转扣件、对接扣件、安全立网、水平安全网、防护栏杆、连墙件、木脚手板	几何参数：构件的尺寸、立杆纵距、立杆横距、步距、小横杆间距、连墙件布设间距、剪刀撑间距 非几何参数：架体荷载、规格型号、材质信息、支撑的地基情况（楼板／底板／回填土）、材料租赁方或厂家信息

模型类型		案例场景	模型元素	模型信息
脚手架模型	悬挑式双排脚手架		悬挑钢梁、锚筋、立杆、小横杆、纵向水平杆、横向水平杆、纵向扫地杆、横向扫地杆、垫木、剪刀撑、直角扣件、旋转扣件、对接扣件、安全立网、水平安全网、防护栏杆、连墙件、木脚手板	几何参数：构件的尺寸、钢梁长度、锚脚个数、限位钢筋、钢丝绳布置、悬挑长度、立杆纵距、立杆横距、步距、小横杆数、连墙件布置间距非几何参数：架体荷载、规格型号、材质信息、材料租赁方或厂家信息
	满堂脚手架		悬挑钢梁、锚筋、立杆、纵向水平杆、横向水平杆、纵向扫地杆、横向扫地杆、垫木、竖向剪刀撑、横向剪刀撑、直角扣件、旋转扣件、对接扣件、安全立网、水平安全网、防护栏杆、连墙件	几何参数：构件的尺寸、立杆纵距、立杆横距、步距、小横杆间距、连墙件布设间距、剪刀撑间距等非几何参数：架体荷载、规格型号、材质信息、支撑的地基情况（楼板／底板／回填土）、材料租赁方或厂家信息

附录 C　钢结构建筑示例

C.1　东南大学 C-House 房屋 BIM 技术应用示范

C.1.1　项目概况

"C-House"主动式绿色低碳产能房屋示范项目（以下简称"C-House"，建筑完成效果见图 C-1）位于山东省德州市太阳能小镇内，是东南大学和德国布伦瑞克工业大学联合赛队（以下简称"TUBSEU 团队"）参加 2018 年国际太阳能十项全能竞赛的作品，并在竞赛中取得了并列综合第三名和建筑第三名的成绩。

图 C-1　C-House 室外及室内建成实景图

C.1.2　项目应用

C-House 是 TUBSEU 团队对未来概念房理念的一次实践，C-House 中的建筑可变与适应设计、长寿命与可维修技术、智慧产能与用能技术以及智慧运营与管理技术研发和应用等，集中体现未来建筑设计模式创新、建造技术研发应用和未来生活方式的研究和展现。以 BIM 技术为核心，贯穿项目设计、生产及建造等多个阶段，实现了基于构件的全流程智能化管理（表 C-1）。

实施阶段	应用分项	详细描述
设计阶段	应用目标	制定全过程实施 BIM 实施计划，建立 BIM 工作团队，完成设计阶段的建模与数据导出任务
	应用内容	1. 依据项目工程图纸与建模规则的要求，创建初步 BIM 模型，包括建筑、结构等专业模型。 2. 在设计阶段，通过模拟软件实施构件冲突检测与建造进度模拟，优化设计方案与建造流程。 3. 将设计阶段构件模型信息数据上传至 BIM 集成化应用平台，形成对构件展开质量追踪的基础
	相关成果	1. 创建 C-House 房屋建筑、结构等专业的 Revit 模型。 2. 借助于南京市装配式建筑信息服务与质量监管平台的配套 Revit 插件，可以为构件自动添加轴网、标高、位置等参数，这是整个 BIM 流程对于构件质量追踪的源头。

实施阶段	应用分项	详细描述

常规	
构件生产商	
位置编号	V1
轴网编号	A,1;B,2
构件生产商编码	JGLB03(7)
标高编号	2F/2.430
预制构件	☑
关联视图	
关联图纸	

3. 深化各专业 BIM 模型，创建相关专业施工图与节点详图。

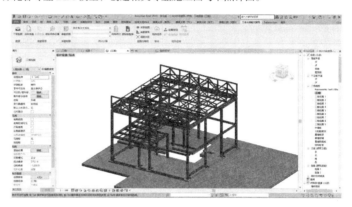

4. 利用 Revit 软件进行构件冲突检测与建造进度模拟。

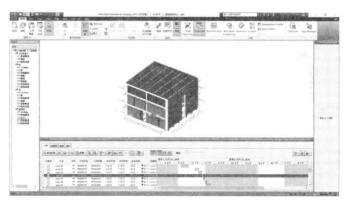

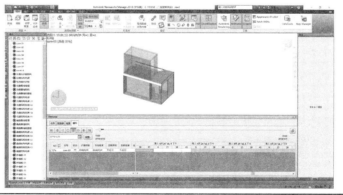

实施阶段	应用分项	详细描述
设计阶段	相关成果	5. Revit 生成的平面图纸。

实施阶段	应用分项	详细描述
设计阶段	相关成果	6. 使用 Revit 插件导出 BIM 模型数据信息，并将其上传至南京平台 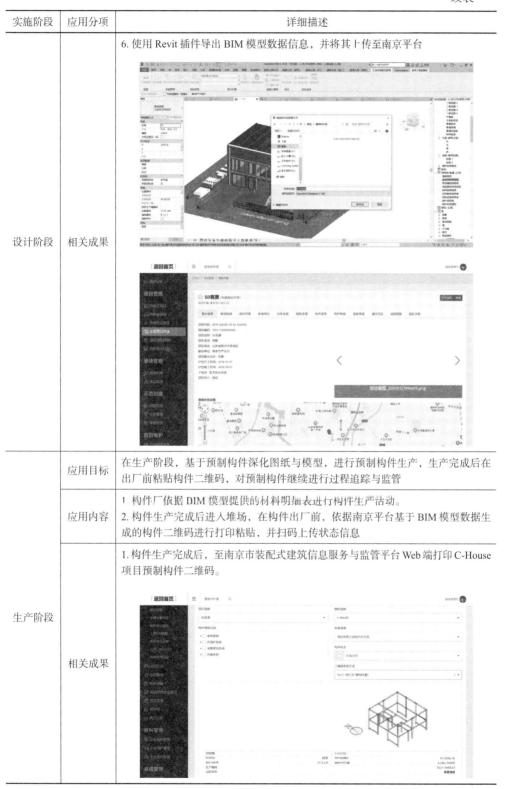
生产阶段	应用目标	在生产阶段，基于预制构件深化图纸与模型，进行预制构件生产，生产完成后在出厂前粘贴构件二维码，对预制构件继续进行过程追踪与监管
	应用内容	1. 构件厂依据 BIM 模型提供的材料明细表进行构件生产活动。 2. 构件生产完成后进入堆场，在构件出厂前，依据南京平台基于 BIM 模型数据生成的构件二维码进行打印粘贴，并扫码上传状态信息
	相关成果	1. 构件生产完成后，至南京市装配式建筑信息服务与监管平台 Web 端打印 C-House 项目预制构件二维码。

实施阶段	应用分项	详细描述
生产阶段	相关成果	 2.构件完成进入工厂堆场后，在出厂转运之前粘贴构件二维码
施工阶段	应用目标	进入施工阶段，依托 BIM 模型为业主、施工单位解决各项施工问题，施工安装完成后，对预制构件的追踪与监管暂时告一段落，及时向平台上传构件信息
	应用内容	1.根据 BIM 模型与进度计划或施工方案集成应用，对施工进度与施工方案进行4D 模拟，提供施工决策依据，优化资源配置。 2.基于 BIM 模型，进行工程量统计，快速生成相关数据统计表并做出成本核算，为工程预决算提供数据支持。 3.预制构件施工安装完成后，扫描构件二维码并上传构件状态信息

实施阶段	应用分项	详细描述
施工阶段	相关成果	构件安装完成后，使用平台手机 App，扫码并上传构件"安装完成"状态信息 

C.2 宿迁市中心城区中小学建设项目厦门路学校

C.2.1 项目概况

宿迁市中心城区中小学建设项目厦门路学校位于宿迁市经济技术开发区，占地149亩，东侧为城市主干道——世纪大道，南侧为厦门路，西侧为湖州路，北侧为浦东路。该校为九年一贯制学校，学校设计为钢结构装配式建筑。

厦门路学校项目建筑效果图见图 C-2，其中 1 号中学教学楼单体效果图见图 C-3，建筑平面布置图见图 C-4。1 号中学教学楼结构体系为钢支撑框架结构，面积 1.561 万 m²，无地下室，地上 4 层，一层层高 4.8m，二～五层层高 3.9m，建筑总高度 23.35m。

1 号中学教学楼为钢结构装配式建筑，内隔墙及走廊通道处的外墙采用预制墙板。根据《装配式建筑评价标准》GB/T 51129—2017，经计算，该单体装配率为 71.5%（图 C-5）。

图 C-2 项目总平面鸟瞰图

图 C-3 1 号中学教学楼单体效果图

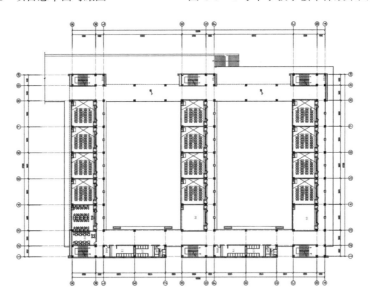

图 C-4 1 号中学教学楼平面布置图

图 C-5 修改材质目录

C.2.2 施工图阶段 BIM 模型

施工图设计阶段，采用 Revit 2018 建立 BIM 模型，总体效果如图 C-6～图 C-19 所示。

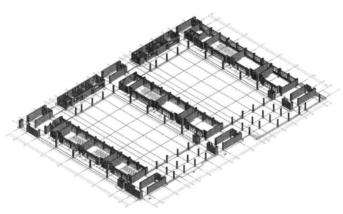

图 C-6　一层透视图

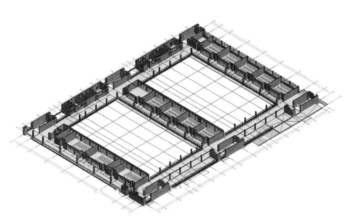

图 C-7　二层透视图

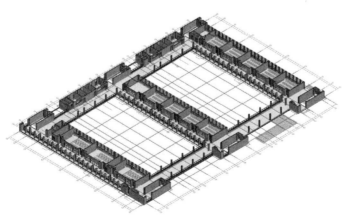

图 C-8　三层透视图

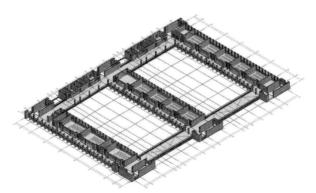

图 C-9 四层透视图

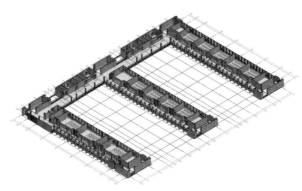

图 C-10 五层透视图

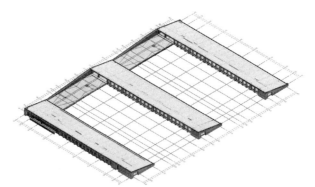

图 C-11 屋面透视图

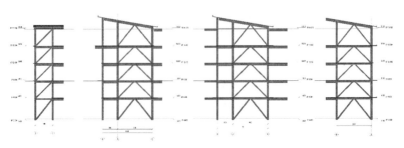

图 C-12 支撑立面布置图

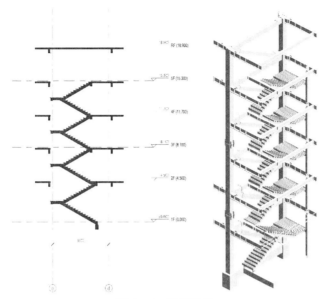

图 C-13　楼梯详图

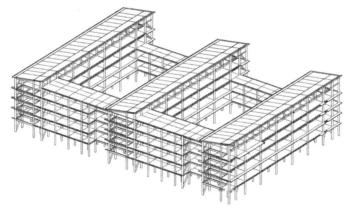

图 C-14　1号教学楼结构三维模型

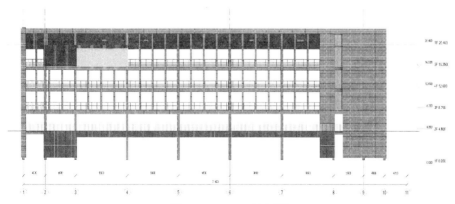

图 C-15　1~11轴剖面

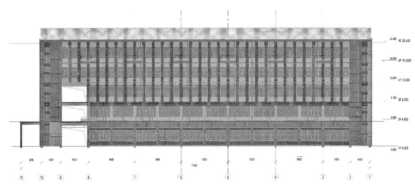

图 C-16 11～1 轴剖面

图 C-17 S～A 轴剖面

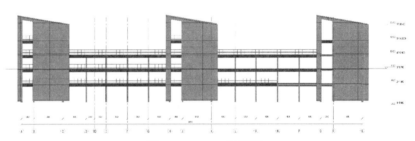

图 C-18 A～S 轴剖面

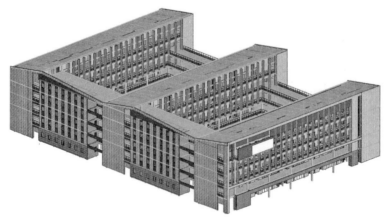

图 C-19 1 号教学楼建筑三维模型

C.2.3 深化设计阶段 BIM 模型

C.2.3.1 总体效果

深化设计阶段，采用 Tekla Structures 建立 BIM 模型，总体效果如图 C-20 所示。

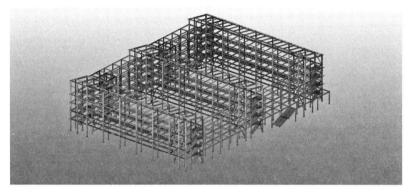

图 C-20 模型完成后的整体视图

C.2.3.2 模型建立主要步骤

1. 建模环境准备

为适应项目的需求，在软件中配置好所需的材质库、截面库，以便建模过程中调用。建立轴网作为定位基准（表 C-2）。

建模环境准备 表 C-2

操作内容	操作入口	示例图
添加材质库	菜单栏中 建模-"截面型材"-"材质库"	
添加截面库	菜单栏中"建模"-"材料"对话框	

操作内容	操作入口	示例图
建立轴网	菜单栏中"建模"-"创建轴线"	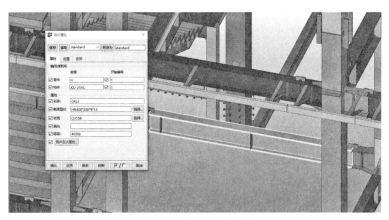

2. 建立基础杆件

以设计图为依据，将各个结构构件放置到模型空间中的确定位置，同时设置好杆件的属性参数，为编号做好准备。如图 C-21 示例。

图 C-21　建立基础杆件

3. 节点处理

基本杆件建立完成后，使用节点工具处理杆件相交的位置，在满足结构设计要求的前提下，满足能够加工，能够运输，能够安装的需求。

图 C-22 为节点工具展示，并不限于这些工具，可以自定义，自行开发节点工具以满足项目要求。

图 C-23 展示的是为了方便吊装与焊接，在模型中放置吊耳、焊接垫板、现场定位板等辅助对象，构件现场坡口焊接的位置，做好坡口准备。

4. 碰撞检查

碰撞检查可以快速找到模型中对象的碰撞位置，便于处理。

顺利通过碰撞检查的模型可以认为已经完成模型阶段的工作，可进行后续的编号与图纸工作（图 C-24）。

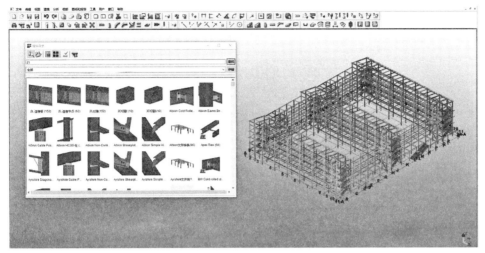

图 C-22　节点工具展示

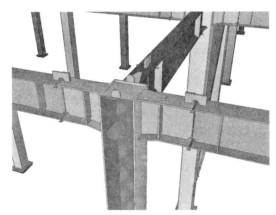

图 C-23　节点处理

标记	编号	类型	状态	优先级	修改日期	对象 ID	构件 ID	对象名称
☑	309	碰撞			2020/6/12 15:11	6894173; 8204035	6894178 (2)	BEAM; GUSSET
☑	310	碰撞			2020/6/12 15:09	6896637; 8201104	6896653 (2)	BEAM; GUSSET
☑	311	碰撞			2020/6/12 15:09	6896637; 8200586	6896653 (2)	BEAM; GUSSET
☑	312	碰撞			2020/6/12 15:09	6781671; 8192174	6781687 (2)	BEAM; GUSSET
☑	313	碰撞			2020/6/12 15:09	6781671; 8191671	6781687 (2)	BEAM; GUSSET
☑	314	碰撞			2020/6/12 15:09	6781671; 8191168	6781687 (2)	BEAM; GUSSET
☑	315	碰撞			2020/6/12 15:09	6781671; 8190665	6781687 (2)	BEAM; GUSSET
☑	316	碰撞			2020/6/12 15:09	6781671; 8190162	6781687 (2)	BEAM; GUSSET
☑	317	碰撞			2020/6/12 15:09	7246496; 8171445	6763872 (2)	PLATE; GUSSET
☑	318	碰撞			2020/6/12 15:09	6781606; 8159877	6781622 (2)	BEAM; GUSSET
❓	319	碰撞	已修复		2020/6/12 15:09	8018046; 8021188	6768252	加劲
❓	320	碰撞	已修复		2020/6/12 15:09	8018046; 8020990	6768252 (2)	加劲; PLATE
❓	321	碰撞	已修复		2020/6/12 15:09	7329247; 7486546	6761338 (2)	衬垫板; 加劲
❓	322	碰撞	已修复		2020/6/12 15:09	7329113; 7486546	6761338 (2)	衬垫板; 加劲

图 C-24　碰撞检查

C.2.3.3 输出成果

在可靠的三维模型的基础上，可以输出零件图纸，构建图纸，安装布置图，以及相关的一系列报表，如材料、螺栓、涂料面积等，示例如图 C-25～图 C-27 所示。

钢号	板材厚度或型材规格(mm)	净重(kg)	毛重(kg)
Q355B	PL6	65.7	103.8
Q355B	PL8	1469.8	1779.4
Q355B	PL10	3787.9	3942.3
Q355B	PL12	1376.4	1511.9
Q355B	PL14	195959.8	197694.7
Q355B	PL16	46331.5	46859.2
Q355B	PL18	10635.3	11801
Q355B	PL20	18610.5	19303.9
Q355B	PL22	25507.4	25899.5
Q355B	PL24	6166.3	6314.4
Q355B	PL25	19594.8	22361.4
Q355B	PL30	10247.6	10297.5
Q355B	PL34	12605	12605
Q355B	BH350×350×16×25	2428.2	2433.3
Q355B	BH390×300×12×20	1827.3	1831.3
Q355B	BH550×300×12×18	11092	11122.1
Q355B	BH600×300×14×24	173.3	173.7
Q235B	C14b	1507.5	1555.1
Q355B	HM594×302×14×23	506.6	511.2
Q355B	HN250×125×6×9	919.2	933
Q355B	HN400×200×8×13	13646.8	14065.3
Q355B	HN450×200×9×14	1947.8	1985.2
Q355B	HN500×200×10×16	1470.4	1494.8
Q355B	HW350×350×12×19	2268.4	2293.9
Q235B	L75×5	1615.7	1775.1
Q235B	L75×8	628.8	636.9
Q235B	L100×63×6	346	353.3
	合计：	392735.8kg	401638.4kg

图 C-25　材料清单

序号	图号	构件编号	截面规格	构件外观尺寸（长x宽x高mm）	构件数量	单净重(kg)	总净重(kg)	单毛重(kg)	总毛重(kg)	单涂装面积（m²）	总涂装面积（m²）	备注
1	XZJ-1GKZ-001	XZJ-1GKZ-1	PL14×400	11250x1850x1150	1	2535.6	2535.6	2570.3	2570.3	47.6	47.6	
2	XZJ-1GKZ-002	XZJ-1GKZ-2	PL14×400	11250x1600x1400	1	2443.9	2443.9	2471.3	2471.3	47.3	47.3	
3	XZJ-1GKZ-003	XZJ-1GKZ-3	PL14×400	11250x1600x1400	1	2541.9	2541.9	2578.1	2578.1	48.5	48.5	
4	XZJ-1GKZ-004	XZJ-1GKZ-4	PL14×400	11250x1600x1400	1	2472.3	2472.3	2503.3	2503.3	47.6	47.6	
5	XZJ-1GKZ-005	XZJ-1GKZ-5	PL14×400	11250x1600x1400	1	2472.3	2472.3	2503.3	2503.3	47.6	47.6	
6	XZJ-1GKZ-006	XZJ-1GKZ-6	PL14×400	11250x1600x1400	1	2472.3	2472.3	2503.3	2503.3	47.6	47.6	
7	XZJ-1GKZ-007	XZJ-1GKZ-7	PL14×400	11250x1600x1400	1	2472.3	2472.3	2503.3	2503.3	47.6	47.6	
8	XZJ-1GKZ-008	XZJ-1GKZ-8	PL14×400	11250x1600x1400	1	2565.3	2565.3	2602.9	2602.9	49.6	49.6	
9	XZJ-1GKZ-009	XZJ-1GKZ-9	PL14×400	11250x1600x1400	1	2488.8	2488.8	2518.9	2518.9	49.2	49.2	
10	XZJ-1GKZ-010	XZJ-1GKZ-10	PL14×400	11250x1600x1150	1	2386.5	2386.5	2410.1	2410.1	46.8	46.8	
11	XZJ-1GKZ-011	XZJ-1GKZ-11	PL14×350	11250x1350x975	1	2430	2430	2470.6	2470.6	44.2	44.2	
12	XZJ-1GKZ-012	XZJ-1GKZ-12	PL14×350	11250x1350x1350	1	2352.2	2352.2	2393.9	2393.9	45.3	45.3	
13	XZJ-1GKZ-013	XZJ-1GKZ-13	PL22×450	11250x1650x1450	1	4793	4793	4957.8	4957.8	68.6	68.6	
14	XZJ-1GKZ-014	XZJ-1GKZ-14	PL16×350	11250x1350x1349	1	2602.9	2602.9	2648.1	2648.1	47	47	
15	XZJ-1GKZ-015	XZJ-1GKZ-15	PL16×350	11250x1350x1350	1	2603.2	2603.2	2648.1	2648.1	47	47	
16	XZJ-1GKZ-016	XZJ-1GKZ-16	PL16×350	11250x1350x1350	1	2603.1	2603.1	2648.1	2648.1	47	47	
17	XZJ-1GKZ-017	XZJ-1GKZ-17	PL16×350	11250x1350x1350	1	2603.1	2603.1	2648.1	2648.1	47	47	
18	XZJ-1GKZ-018	XZJ-1GKZ-18	PL30×450	11250x1650x1450	1	5638.5	5638.5	5803.4	5803.4	68.9	68.9	
19	XZJ-1GKZ-019	XZJ-1GKZ-19	PL14×350	11250x1350x1350	1	2352.3	2352.3	2393.9	2393.9	45.3	45.3	
20	XZJ-1GKZ-020	XZJ-1GKZ-20	PL14×350	11250x1350x975	1	2239.1	2239.1	2272.3	2272.3	42.5	42.5	

图 C-26　构件清单

螺栓等级	工地/工厂	类型	数量	重量（kg）
C	工地	M 16x45	44	-
C	工地	M 20x55	96	-
TS10.9	工地	M 24x80	9824	778.00
TS10.9	工地	M 24x85	6600	161.75
共计：				939.75

图 C-27　螺栓清单

C.3 和路雪太仓项目 BIM 技术的设计施工全过程应用

C.3.1 项目概况

和路雪太仓项目，位于太仓市高新区广州路北，人民路以西，用地面积 62934.60m²，总建筑面积 35568.66m²。主要的建构筑物为生产车间、办公用房、设备用房、垃圾房、污水处理房以及连接各建构筑物之间的管廊、连廊、楼梯等。其中 1 号、2 号生产车间及连廊、楼梯等主体结构为钢结构，其余建构筑物结构为混凝土框架结构。项目鸟瞰图如图 C-28 所示。

图 C-28　和路雪太仓项目鸟瞰图

C.3.2 工程重点及难点

本工程主体结构为钢结构，一个完整的钢结构工程包含了初步设计阶段、施工图设计阶段、深化设计阶段、施工阶段等多个环节，这使得钢结构工程的构件和节点数量巨大且技术复杂。若按传统施工建造方式，各环节之间的信息相对孤立，容易由于信息共享不及时造成大量人力、物力与财力的浪费。

本工程需涉及专业较多，不仅要与传统机电专业配合还要与专业的制冷团队与工艺团队进行协同作业。各专业之间信息交叉较多，需要进行大量的协调工作。

C.3.3 BIM 技术的设计施工全过程应用

C.3.3.1 BIM 实施软件

在和路雪太仓项目中，将 BIM 技术引入钢结构工程的设计施工全过程所需使用的软件主要有：Autodesk Revit、Autodesk Navisworks、Tekla、Dynamo 以及 Lumion 等。其主要功能如表 C-3 所示。

BIM 实施软件简介	表 C-3
软件名称	主要功能
Autodesk Revit	三维建模、碰撞检测、图纸输出
Autodesk Navisworks	碰撞检测、施工模拟、模型集成
Tekla	钢结构深化设计、深化图纸输出
Dynamo	参数化建模
Lumion	三维渲染、VR 漫游

C.3.3.2　BIM 技术在初步设计阶段的应用

首先，方案阶段需要能够使业主及时地、直观地了解各方案的效果与设计意图，而 BIM 技术的一大特点即为"可视化"，通过使用 Revit 等软件建立三维模型后，传统的线条式构件以立体的形式展现出来，再通过软件的渲染功能生成效果图与渲染动画，达到更直观地感受各方案的特点与差异的目的，如图 C-29 所示。

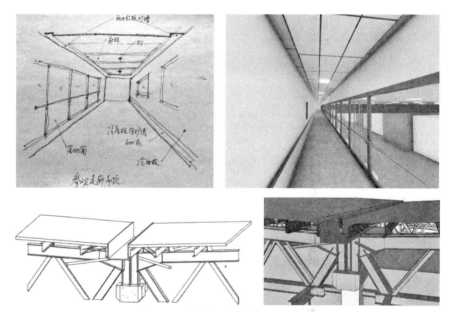

图 C-29　快速、直观展示设计方案

其次，在前期方案阶段与业主进行沟通讨论时，需要经常对建筑设计进行修改，而 BIM 技术可以通过软件的实时更新功能，直接修改钢结构三维模型，然后分别导出项目所需的平立剖或节点大样图，从而减少不必要的重复设计工作，并且还能及时地展示方案修改的效果。

最后，BIM 建立的三维模型是含有构件的几何、物理等属性的数字化模型，在后期随着设计的不断深入，BIM 模型也会保持着动态更新，保证与建筑设计动态改变的一致性。

C.3.3.3 BIM 技术在施工图设计阶段的应用

1. 协同设计

钢结构工程需要在建筑师的统筹协调下与机电、幕墙、制冷与工艺等专业进行分工设计。由于涉及专业多，工程量大，设计协调管理工作十分困难。传统设计方式往往存在大量的"错漏碰缺"问题，致使后期施工返工整改层出不穷，影响施工进度，增大成本投入。

在引入 BIM 技术之后，不同于传统的线性设计流程，BIM 设计人员可以按各专业分工进行交叉设计，各专业间的模型能够及时整合，达到信息共享，提高信息传递效率，减少设计问题的目的。

例如在本工程中，通过 BIM 建模后发现生产车间之间存在大量架空敷设的机电管线（图 C-30），在与结构设计师协调讨论后，对此处增加设计了钢结构管廊用以支撑管道，及时解决了此处问题，如图 C-31 所示。又如在室外管线进入生产车间处，经过 BIM 技术协同后决定对此处管线增加钢结构支撑，用以保证管线的稳定，如图 C-32 所示。这些钢结构的增添、修改在传统设计流程中往往是难以发现的。

2. 参数化设计

参数化设计是利用 BIM 模型中强大的数据存储能力，通过函数关系建立数据之间的相关性，使得在修改部分数据的情况下，其余数据能够协同调整。采用参数化设计，仅需设置好相应的参数便能够快速生成和调整设计方案，提高设计效率。不仅如此，对于钢结构工程，BIM 软件通过参数化设计还可以较为精确的计算用钢量或出具计算书等，为复杂钢结构估算、手算困难提供了帮助（图 C-33）。

图 C-30　设计前期室外管线架空敷设

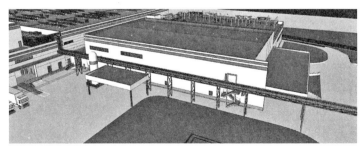

图 C-31　补充钢结构管廊后的 BIM 模型

图 C-32　管道进入车间处新增钢结构支架

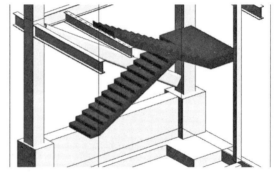

图 C-33　参数化钢楼梯设计

3. 碰撞检测

BIM 技术的碰撞检测是通过将各专业信息整合起来，基于几何形状信息进行检测。和路雪太仓项目作为一个工业厂房，具有设计工作覆盖面广、涉及专业多、管线交叉密集等特点，对于钢结构的设计要求较高，通过 BIM 的碰撞检查可以预先发现图纸中的设计缺陷，减少后期施工的返工风险。

例如：此次工程中原本设计一处钢楼梯需要接入管廊与另一侧楼梯相连。但在 BIM 碰撞检查后发现，此处管廊管线密集，人员无法穿过管廊进入另一侧。在会议上通过进行模型展示和各方讨论后决定更改楼梯设计方案，将钢楼梯形式改为如图 C-34 所示，从管廊上方通过。

4. 管线综合及空间优化

本次项目涉及与工艺厂家及专门制冷团队配合，机电与工艺设备多、管线复杂，对于管线综合排布带来了极大的困难。良好的管线排布方案不仅能带来有序、整齐与美观的表象，对于钢结构的布置与用量也有较大的影响：通过对管线排布的优化，减少支吊架及辅助支撑物的用量，从而节省项目整体用钢量、减少项目成本。

图 C-34　钢楼梯修改后方案展示

　　在设计过程中，通过 BIM 建立综合管线模型，再与各专业人员讨论与调整，逐步确定各区域管线排布方案与净高需求。在屋顶、连廊等管线区域重点关注，解决了大量的如钢平台高度较低管线无法放坡（图 C-35）、室外连廊位置在室内吊顶下方等净高不足（图 C-36）、空间布置不合理的问题。最后，在项目施工前对现场人员进行可视化的交底，导出各专业二维施工图纸用以指导施工。

图 C-35　屋顶钢平台

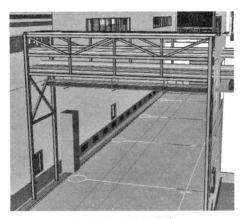

图 C-36　室外钢管廊

5.工程量统计

钢结构工程材料种类复杂多样，如钢梁、钢柱、各类钢构件等，不同的构件有着不用的材质、尺寸以及编号。为了方便管理，会对这些材料进行分类汇总然后进行工程量计算，这是一项计算量非常庞大的工作。

而应用了 BIM 技术后，可以在完成 BIM 模型时，通过 Tekla Structures、Revit 等软件按照使用者的需求制作各类工程报表，其中就包含了估算各类钢材用量的报表（图 C-37）。极大地方便了后期的工程预算、成本控制与施工管理。

图 C-37　钢材用量统计表

6.虚拟仿真漫游

为了提前感受整个项目的效果，业主往往想要获得照片级的渲染图片。若使用 CAD 等二维设计软件，则需使用 3ds Max、C4D 等三维建模软件建模再进行渲染。而 BIM 软件如 Revit 或 Navisworks 则自带渲染功能，或是 Lumion 等后期制作软件可以与 BIM 模型互通，不需再次建模，大大提高了渲染效率和精细度。

此次项目将 BIM 模型与 Lumion 软件进行关联用来进行渲染仿真漫游，分别对关键的管廊、室内夹层马道、项目全景以及夜间场景制作了高精度的仿真漫游视频，见图 C-38，给业主带来了非常直观的视觉感受。

图 C-38　室外管廊漫游

C.3.3.4　BIM 技术在深化设计阶段的应用

1.深化设计

厂房所有的杆件、节点连接、螺栓等所有信息通过三维实体建模得到最终整体模型，该三维模型与施工完成后所建造的实际建筑完全相同，传统的工程建设中，钢结构设计图纸并不能直接用于加工制作钢结构，需要对其做进一步的构建深化设计。以往的深化设计是由施工单位将构件深化设计与加工制作一并委托给钢构件加工厂，该做法存在一些不足，比如钢构件厂技术不足，导致深化后的图纸存在的问题较多，深化后的钢含量过大，成本较高。

本项目钢结构构件和节点数量巨大且技术复杂。若按传统方式进行深化显然不能满足项目要求，为此应用 BIM 协同深化模式，具体为 BIM 项目小组对全部模型进行统一深化然后出图，分发各构件加工厂进行加工。

为保证做法统一，在深化设计之前，应制定统一标准，如：深化设计软件、构件深化标准、节点深化标准、出图规则等，然后统一深化流程：（1）首次建模查找图纸问题；（2）第二次建模应解决首次建模存在的问题，同时考虑钢构件加工厂制作条件、运输、现场安装、施工条件、对无法整体制作的钢构件利用 BIM 技术进行深化；（3）设计师对模型进行检查；（4）模型检查无误后，对各类构件进行顺序编号，方便后期加工制作；（5）对模型进行出图及标注，图纸应包括：构件布置图、构件加工详图、零件图、节点图、构件清单等；（6）设计院重新验算，并由甲方、监理单位参与进行图纸会审（图 C-39）。

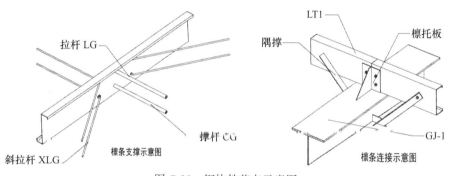

图 C-39　钢构件节点示意图

2. 预制化加工

钢结构工程体量庞大、结构复杂，若将大部分构件采用工厂预制加工的方式，则可以提高施工速度。传统技术的记录和生产会产生错误与误差，而通过结合 BIM 技术不仅可以减少误差还能提高构件的生产效率。

以钢结构构件为例，利用 BIM 技术，可以实现构件较高精度的预制化生产，对于现场施工来说，提高了工程质量，缩短了施工周期，减少了工程材料的不合理损耗，并降低了施工安装中的风险。BIM 技术在预制化生产的常规流程如图 C-40 所示。

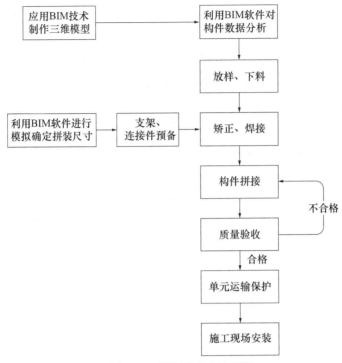

图 C-40　预制化生产流程图

C.3.3.5　BIM 技术在施工阶段的应用

1.施工模拟

由于建筑施工需要各参建单位在有限的施工场地上同时开展工作，是整个项目最为复杂的阶段。人员进场顺序、材料的周转与存放、设备的移动等各类施工要素的不确定性，有很大概率导致时间浪费，实际施工时很难与预先设定的施工计划保持一致。

而通过常用 BIM 软件 Navisworks 中的 Timeliner 功能可以进行直观的工期展示（图 C-41），将项目进度表与 BIM 模型进行关联，清晰地表现项目的设计意图、对比实际进度与计划进度的差异。基于 BIM 技术的施工模拟以表现施工的工作流程为主，因此具有很强的针对性和说明性。现场将施工工程划分成各个阶段，并对每个阶段的施工节点进行了详细划分，结合 Navisworks 软件确保施工计划的合理性同时监控现场情况。

2.智能施工管理及成本控制

BIM 技术在施工管理方面的应用主要有以下几个应用方向：

质量安全管理：通过 BIM 云同步技术，驻场工程师对现场问题进行拍照记录，实时传输到责任人手机，责任人进行整改后拍照上传再由工程师确认是否完成。

构件跟踪管理：建立钢结构信息平台，构件相关制作、物流、验收、安装信息都可上传至平台中，管理人员可以实时查询方便管控。

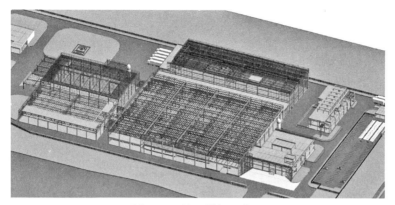

图 C-41　施工模拟示意图

资料协同管理：配置专用服务器，将所有与工程相关资料集成其中，各部门协同维护项目资料，全体成员可实时查看项目资料，提高工作效率。

以上 BIM 技术的应用，提高了工程管理的直观性、及时性与准确性，进而转变成对施工成本的实时的、可视的管控，为施工过程中的重大变更或资金使用情况提供方案评估和预警功能。

C.4　钢结构梁腹板预留洞口深化设计

C.4.1　项目背景

工程名称：F-08-02（320518208601 号）地块项目。

建设地点：太仓市江申西街以西、荆石路以北（图 C-42）。

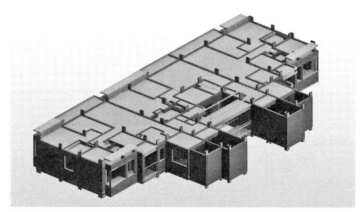

图 C-42　模型图

地上住宅部分：11 号地块 2 号楼 ABC 户型、20 号地块 1 号楼 H 户型、11 号地块 5 号楼 DF 户型、17 号地块 10 号楼 EG 户型。

C.4.2 需求分析

为满足项目户型室内净高，使用BIM软件对本项目不同户型建筑、结构、机电（水暖电）各专业进行建模，结合BIM数字化应用优势对创建完成的各专业模型整合，使全专业模块集成为一体，基于BIM的三维可视化技术首先对机电专业模型进行预排管线，通过对室内净高进行有效的分析与把控，确保户型内部净高满足要求，对无法避免需要穿钢结构梁的管线进行分析，结合现行钢结构构造规范对钢结构梁腹板预留洞口进行深化设计。

C.4.3 BIM管线综合原则

避让原则：大管优先 / 有压让无压 / 低压管避让高压管 / 施工简单避让施工复杂 / 冷水管道避让热水管道。

垂直排列原则：热介质管道在上冷介质管道在下 / 气体管道在上液体管道在下 / 高压管道在上低压管道在下 / 金属管道在上非金属管道在下。

C.4.4 深化设计参考标准

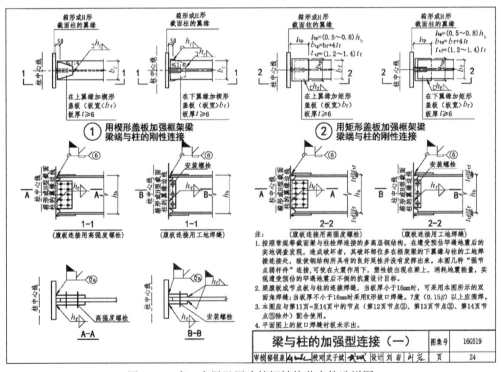

图 C-43　多、高层民用建筑钢结构节点构造详图

C.4.5 深化过程

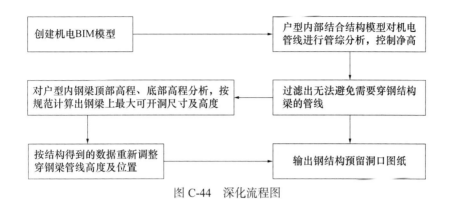

图 C-44 深化流程图

C.4.6 深化成果

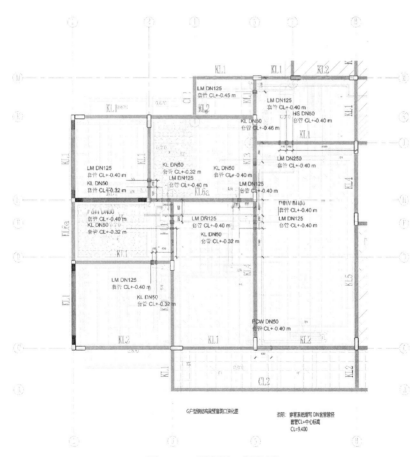

图 C-45 预留洞口深化图

C.5 国产 BIM 软件 PKPM 应用方案（BIM 审图）

本部分将以 PKPM 施工图审查软件为依托，以一个项目实例为基础，讲解用 PKPM 系列软件进行施工图审查的全流程操作。本书编写完成前，PKPM 施工图审查软件处于刚开始应用阶段，审查内容暂不全面，目前仅支持混凝土结构的审查，后续随着软件的开发会增加支持钢结构的审查。因此，此处先以一个混凝土结构建筑为案例，来对施工图审查软件的应用进行讲解。

C.5.1 项目背景

本项目以南京大学苏州校区（东区）-1 号学术交流中心塔楼 1～15 层设计图纸为基础数据，对建筑面积约 30000m^2 的单体，采用 0 版施工图，使用 PKPM-BIM V3.1 进行建筑、结构、机电（水、暖、电）专业 BIM 报建审查（图 C-46）。

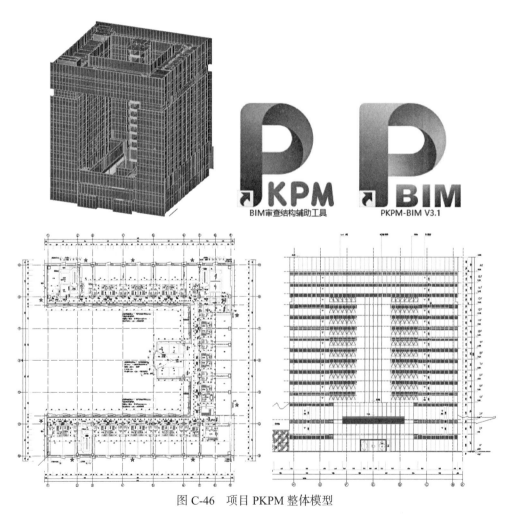

图 C-46 项目 PKPM 整体模型

C.5.2 BIM审图相关标准

BIM报建审批模型创建参照设计图纸，依据以下5项技术导则分别在PKPM-BIM V3.1软件中分专业进行建模：

00- 南京市建设工程BIM智能审查管理系统建模手册-V1.2版

01- 南京市建筑工程施工图BIM智能审查技术导则

02- 南京市建筑工程施工图BIM智能审查数据标准技术导则

03- 南京市建筑工程施工图BIM设计交付技术导则

04- 南京市建筑工程竣工信息模型交付技术导则

C.5.3 模型创建阶段

模型创建阶段依据设计图纸及BIM审查技术导则，使用PKPM-BIM V3.1对建筑、结构、机电（水、暖、电）五大专业进行数字化建模，实现三维BIM模型规范审查、结构计算、机电计算、预埋提资、碰撞检查、可视化表现等模型数字化应用。

C.5.3.1 建筑专业建模要点

建筑专业创建基本构件及区域、通过关联构件、关联计算楼层、指标等方面。一键导出XDB格式进行模型审查。

建筑专业主要构件包括标高与楼层、墙体、门窗、板、楼梯、台阶、坡道、屋顶、幕墙、洞口、房间、区域／面积、栏杆、家具等。

建筑专业构件主要属性包含名称、构件ID、所属楼层、构件基本几何信息、是否承重、内外、耐火极限、燃烧性能、安全等级、防火等级、有效面积等（图C-47～图C-49）。

图 C-47 PKPM 软件楼层管理

图 C-48 PKPM 软件工作面板

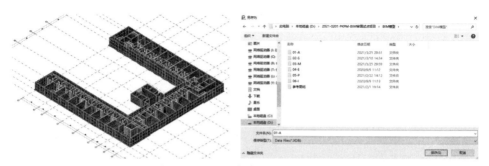

图 C-49　PKPM 软件导出 NJM 文件

C.5.3.2　结构专业导出 BIM 审查模型

结构专业直接读取 PKPM 结构计算软件或 YJK 结构计算软件中模型建模信息与计算结果信息，最终通过交互识图的方式读取二维 DWG 图纸上按照 16G101-1《混凝土结构施工图平面整体表示方法制图规则和构造详图（现浇混凝土框架、剪力墙、梁、板）》表示的模型截面及实际配筋信息，之后将上述信息统一写入 .PDB 文件，再将其导出成为 BIM 审查所需的含模型截面、参数指标、计算配筋和实际配筋等信息的三维模型统一数据格式进行审查（图 C-50、图 C-51）。

图 C-50　结构专业 BIM 审查界面

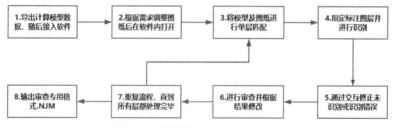

图 C-51　结构专业 BIM 审查流程

C.5.3.3　机电专业 BIM 应用

机电专业依据项目实际情况，创建给水排水系统、消防灭火系统、消火栓给水系统、空调系统、电源情况、电气系统，同时设置建筑防雷相关属性、技术夹层、闷顶或吊顶等参数，填写室外消防用水量、室内消火栓设计流量、自动喷水灭火系统，设置场所火灾危险等级等参数，设置分项计量系统参数，结合模型进行审查（图 C-52）。

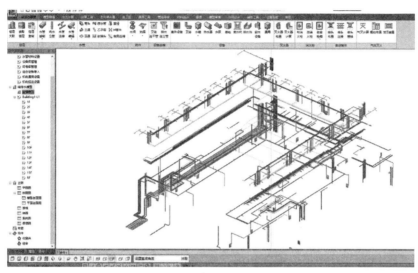

图 C-52　机电专业 BIM 审查模型

C.5.4　规范审查

<table>
<tr><td colspan="2" align="center">BIM 实施软件简介</td><td align="right">表 C-4</td></tr>
<tr><td align="center">审查专业</td><td align="center">可用审查规范</td><td align="center">本项目使用审查规范</td></tr>
<tr><td align="center">建筑专业</td><td>《民防空医疗救护工程设计标准》
《老年人照料设施建筑设计标准》
《档案馆建筑设计规范》
《民用建筑设计统一标准》
《建筑设计防火规范》
《综合医院建筑设计规范》
《住宅建筑规范》
《中小学校设计规范》
《住宅设计规范》
《托儿所、幼儿园建筑设计规范》
《人民防空地下室设计规范》
《旅馆建筑设计规范》
《汽车库、修车库、停车场、设计防火规范》
《办公建筑设计标准》</td><td>《民用建筑设计统一标准》
《建筑设计防火规范》
《办公建筑设计标准》</td></tr>
<tr><td align="center">结构专业</td><td>《高层建筑混凝土结构技术规程》
《建筑抗震设计规范》
《混凝土结构设计规范》</td><td>《高层建筑混凝土结构技术规程》
《建筑抗震设计规范》
《混凝土结构设计规范》</td></tr>
</table>

审查专业	可用审查规范	本项目使用审查规范
给水排水专业	《建筑设计防火规范》 《建筑给水排水设计标准》 《住宅建筑规范》 《住宅设计规范》 《消防给水及消火栓系统技术规范》 《汽车库、修车库、停车场、设计防火规范》 《自动喷水灭火系统设计规范》	《建筑设计防火规范》 《建筑给水排水设计标准》 《消防给水及消火栓系统技术规范》 《自动喷水灭火系统设计规范》
暖通专业	《建筑设计防火规范》 《建筑防烟排烟系统技术标准》 《住宅设计规范》 《通风与空调工程施工规范》 《汽车库、修车库、停车场、设计防火规范》 《地铁设计规范》	《建筑设计防火规范》 《建筑防烟排烟系统技术标准》 《通风与空调工程施工规范》
电气专业	《档案馆建筑设计规范》 《建筑设计防火规范》 《建筑照明设计标准》 《住宅建筑规范》 《住宅设计规范》 《民用建筑电气设计标准》 《教育建筑电气设计规范》 《人民防空地下室设计规范》 《汽车库、修车库、停车场、设计防火规范》 《火灾自动报警系统设计规范》	《建筑设计防火规范》 《建筑照明设计标准》 《民用建筑电气设计标准》 《火灾自动报警系统设计规范》

C.6 国产 BIM 软件 PKPM 应用方案
（装配式钢结构全流程案例）

本部分将以装配式钢结构设计软件 PKPM-PS 和钢结构深化设计软件 PKPM-DetailWorks 为依托，以一个典型的钢框架实例为基础，讲解用 PKPM 系列软件进行装配式钢结构设计的全流程操作。

C.6.1 工程概况及结构设计

C.6.1.1 工程概况

在本实例中许多设计参数将采用程序的默认参数，实际工程设计时，应按照实际的工程情况进行输入。

某 4 层钢框架，长度为 33.6m，宽度为 14.4m，两个结构标准层，柱子采用 $H600 \times 400 \times 20 \times 25$，主梁采用 $H500 \times 300 \times 11 \times 18$，次梁采用 $H400 \times 200 \times 8 \times 10$，各层层高为 3.3m，具体荷载数值见结构设计部分。基本风 $0.5kN/m^2$，设防烈度为 7

度，第一组，场地土类别为Ⅱ类（图C-53、图C-54）。

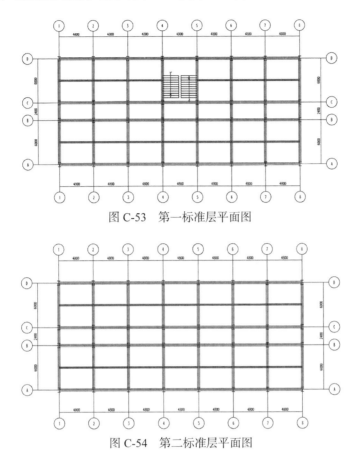

图C-53　第一标准层平面图

图C-54　第二标准层平面图

C.6.1.2　结构设计

1. 结构建模

PKPM-PS 支持三种结构建模的方法。分别为：

（1）通过程序内置 PMCAD 进行结构建模。

（2）通过程序提供建模工具，布置轴网，布置梁板柱支撑等结构构件，完成结构模型的创建。

（3）如果已经存在经过结构计算的 PMCAD 模型，通过程序的"导入 PM"功能直接导入模型进行结构三维设计。

本实例采用程序内置的 PMCAD 进行结构建模，如图 C-55 所示，打开 PKPM-PS 软件，点击"结构建模"下的"打开 PM"，跳转到 PM 界面按照"建立轴网""构件定义及布置""荷载布置""楼层组装"等步骤完成建模工作（图 C-56～图 C-58）。

2. 结构计算及结果查看

对于已经建立好的模型进行相关计算参数设置，具体可以参考《钢结构设计标准》《建筑抗震设计规范》等国家标准进行设置（图 C-59）。

图 C-55　打开 PM 建立模型

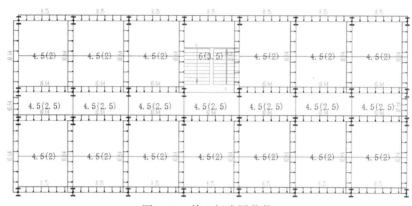

图 C-56　第一标准层荷载

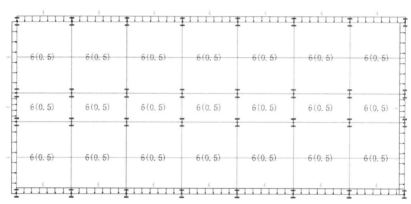

图 C-57　第二标准层荷载

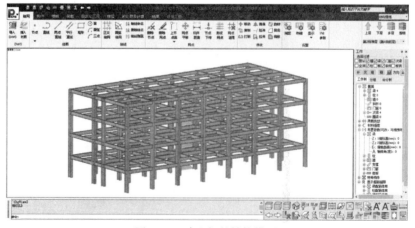

图 C-58　建立好的结构模型

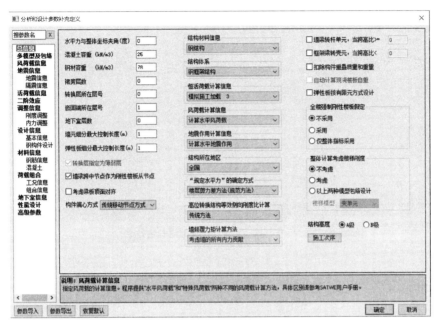

图 C-59　定义设计参数

结构体系、模拟施工加载方式、风荷载、地震荷载等选项设置好以后，直接点击"生成数据加全部计算"即可，然后到结果中进行振型、位移、内力、钢构件验算、结构整体指标等结果的查看，并对结构和构件进行相应的调整，以确保计算结果满足相应规范的要求（图 C-60～图 C-62）。

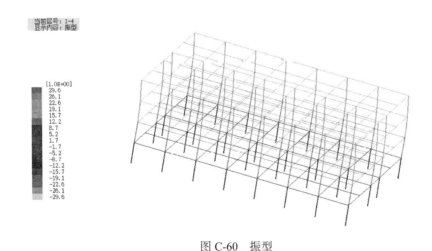

图 C-60　振型

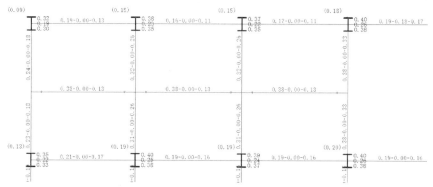

图 C-61　钢构件验算结果

指标项		汇总信息
总质量(t)		2140.39
质量比		1.00 < [1.5] (2层 1塔)
最小刚度比1	X向	1.00 >= [1.00] (4层 1塔)
	Y向	1.00 >= [1.00] (4层 1塔)
最小刚度比2	X向	1.00 > [1.00] (4层 1塔)
	Y向	1.00 > [1.00] (4层 1塔)
最小楼层受剪承载力比值	X向	0.96 > [0.80] (1层 1塔)
	Y向	0.96 > [0.80] (1层 1塔)
结构自振周期(s)		T1 = 0.6578(X)
		T2 = 0.4300(Y)
		T3 = 0.4214(T)
有效质量系数	X向	100.00% > [90%]
	Y向	100.00% > [90%]
最小剪重比	X向	5.51% > [1.60%] (1层 1塔)
	Y向	6.57% > [1.60%] (1层 1塔)
最大层间位移角	X向	1/1116 < [1/250] (2层 1塔)
	Y向	1/2007 < [1/250] (2层 1塔)
最大位移比	X向	1.02 < [1.50] (4层 1塔)
	Y向	1.22 < [1.50] (1层 1塔)
最大层间位移比	X向	1.03 < [1.50] (4层 1塔)
	Y向	1.22 < [1.50] (1层 1塔)

图 C-62　结构整体指标汇总

C.6.2　装配式钢结构设计

本节主要包括以下内容：钢结构节点设计、预制构件设计、施工图绘制、算量统计。

C.6.2.1　钢结构节点设计

1. 模型导入

在内置的 PMCAD 中完成结构建模及计算后，直接点击左上角的"×"，退出程序返回 PKPM-PS 界面，并导入已经建立好的模型及结算结果（图 C-63、图 C-64）。

图 C-63　无需重新导入

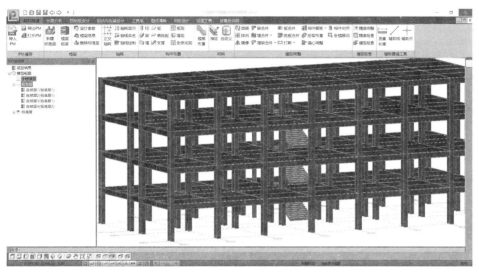

图 C-64　PKPM-PS 模型

2. 钢结构节点设计

首先进行节点的参数设置，依次点击菜单"钢结构连接设计"－"连接参数"，按照相关要求设置连接参数和设置连接形式（图 C-65～图 C-67）。

图 C-65　连接参数

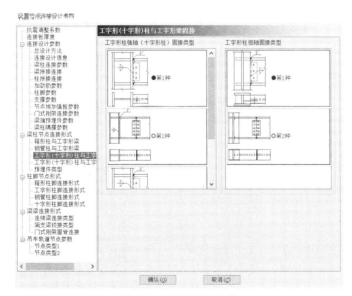

图 C-66　设置连接参数

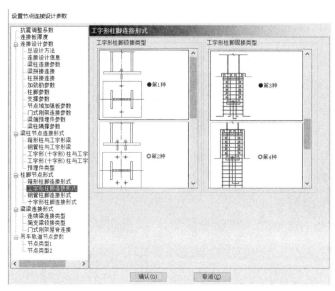

图 C-67　设置连接形式

　　然后点击"连接设计"-"全楼连接设计",即可完成整栋楼所有钢结构节点的连接设计(图 C-68～图 C-71)。

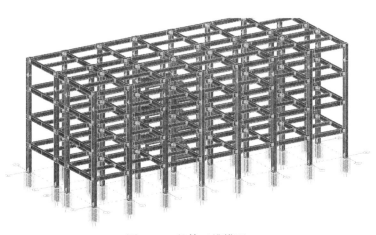

图 C-68　整体三维模型

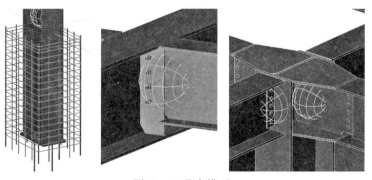

图 C-69　节点模型

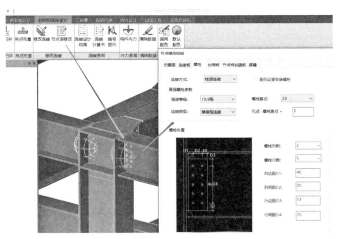

图 C-70　连接修改

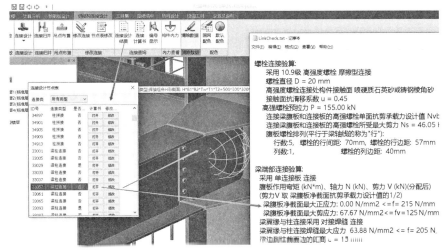

图 C-71　连接节点快速定位及计算结果查看

C.6.2.2　预制构件设计

1. 预制楼板拆分设计

PKPM-PS 提供了钢筋桁架叠合板、全预制板、钢筋桁架楼承板、组合楼板等多种楼板供设计师选择，设计师可以按照参数化的布置方式进行相关拆分操作，同时程序提供单块楼板的施工阶段验算书供设计师查看。这里选用钢筋桁架楼承板为例对第一自然层的结构楼板进行拆分（图 C-72、图 C-73）。

2. 预制墙板拆分设计

PKPM-PS 提供了蒸压加气混凝土板、水泥纤维板、岩棉复合夹芯板、压型钢板等多种墙板供设计师选择，设计师可以按照参数化的布置方式进行相关拆分操作，同时程序提供墙板中龙骨的受力验算功能。这里选用岩棉复合夹芯板为例对第一自然层的结构墙板进行拆分（图 C-74～图 C-78）。

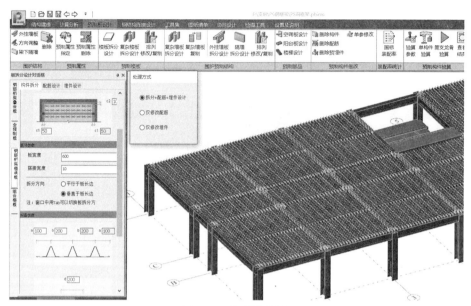

图 C-72　板拆分设计

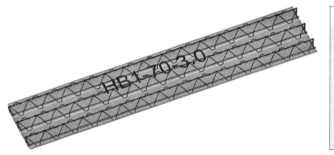

图 C-73　钢筋桁架楼承板三维模型

图 C-74　墙板拆分

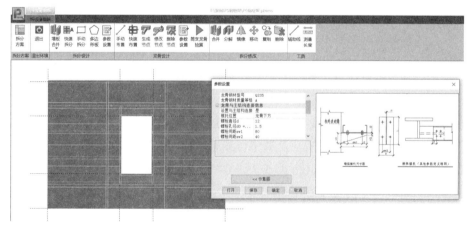

图 C-75　墙板拆分参数设置

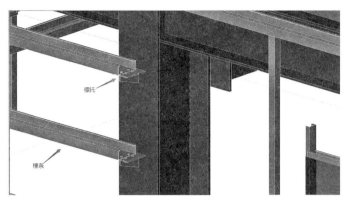

图 C-76　节点三维模型

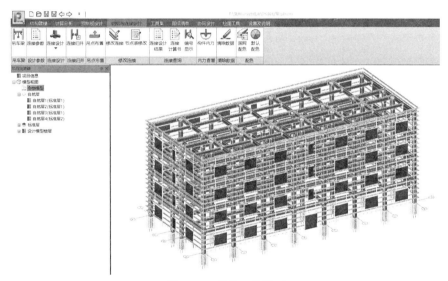

图 C-77　整体三维模型

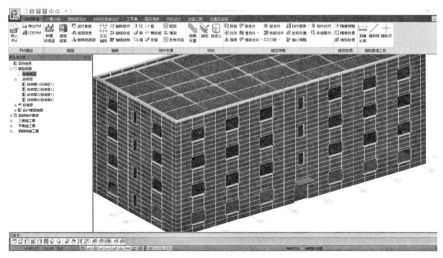

图 C-78　岩棉复合夹芯板三维模型

3. 预制楼梯拆分设计

PKPM-PS 程序提供预制空调板、阳台板、楼梯的参数化拆分，这里以楼梯为例（图 C-79、图 C-80）。

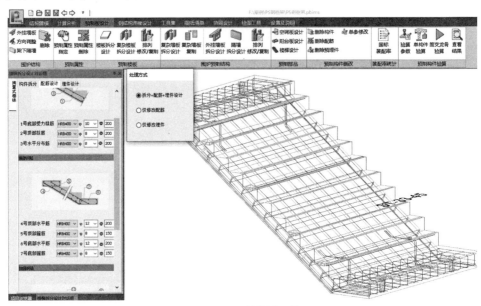

图 C-79　预制楼梯配筋

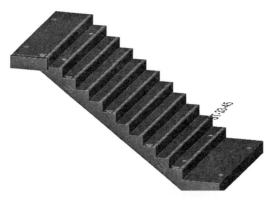

图 C-80　预制楼梯拆分设计

C.6.2.3　钢结构施工图

基于已有设计模型结果，PKPM-PS 可以进行正向三维出图。在出图之前，可以对施工图纸进行相应的出图设置，比如图幅比例、线型文字、钢梁单线、双线表达等。点击钢结构施工图，即可生成全楼钢结构施工图纸和节点图纸（图 C-81～图 C-84）。

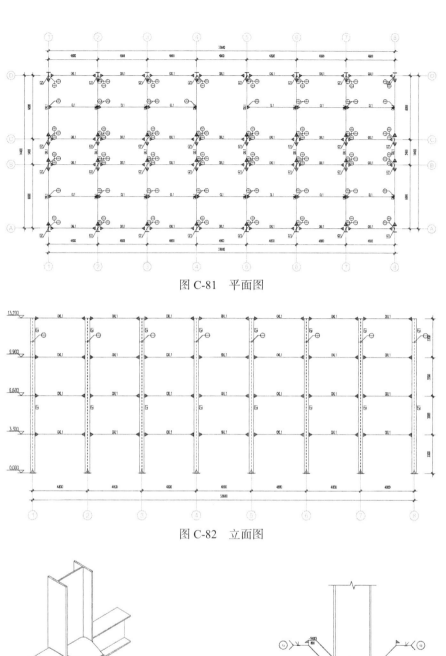

图 C-81 平面图

图 C-82 立面图

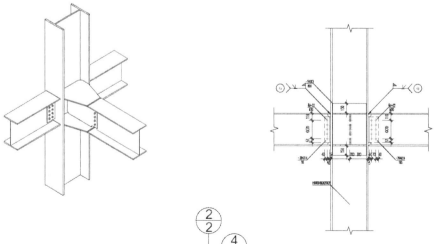

图 C-83 梁柱节点详图

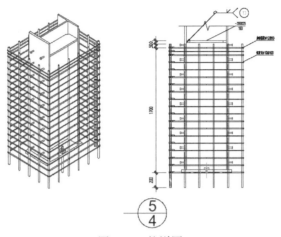

图 C-84　柱详图

C.6.2.4　围护结构施工图、三板施工图

点击预制构件施工图，即可自动绘制外墙平面布置图、外墙檩条布置图等施工图纸（图 C-85～图 C-90）。

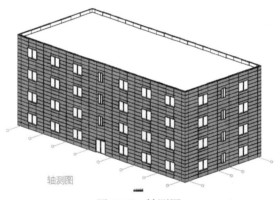

轴测图

图 C-85　轴测图

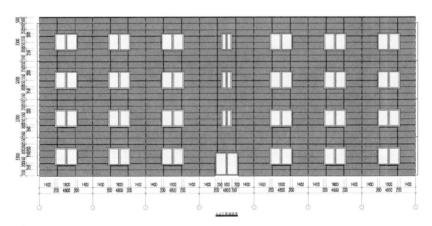

图 C-86　条板布置图

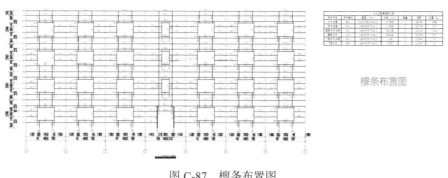

图 C-87　檩条布置图

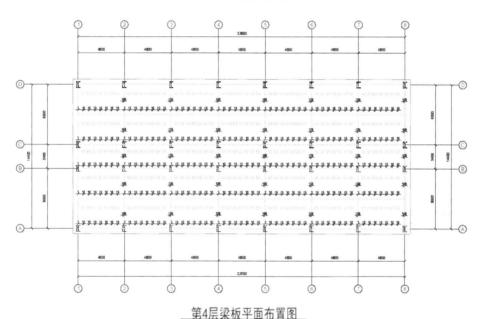

图 C-88　梁板平面布置图

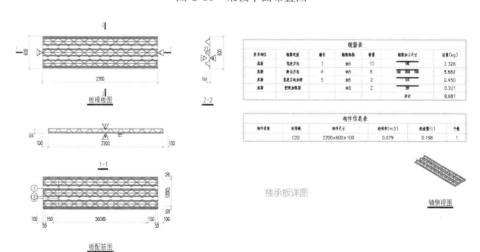

图 C-89　楼承板详图

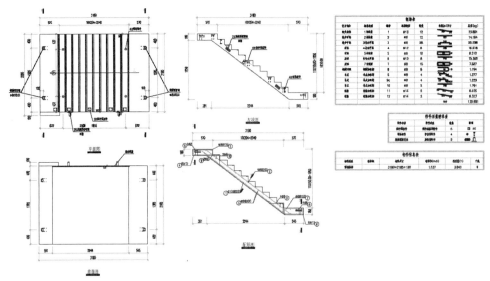

图 C-90　预制楼梯详图

C.6.2.5　算量统计

1.钢结构算量统计

程序统计钢结构用量时提供毛重、净重、损耗系数等参数的填写，用户可以根据具体的需求进行统计方式的选择。当然如果想得到非常准确的用钢量，还得通过深化设计的模型进行统计，后面将会介绍（图 C-91）。

算量统计清单

构件名称	构件编号	截面 (mm)	长度 (mm)	数量	材质	总重 (kg)	重量损耗 (...	含损耗总重 (kg...	总面积 (m...	面积损耗 (...	含损耗总面积 (...
钢柱	GZ1	H600X400X400X20X25X...	2000	32	Q235	15574	0	15574	176.6	0	176.6
	GZ1	H600X400X400X20X25X...	11200	32	Q235	87217	0	87217	989.2	0	989.2
钢梁	GL1	H400X200X200X8X10X10	4800	53	Q235	14059	0	14059	392.8	0	392.8
	GKL1	H500X300X300X11X18X...	2400	32	Q235	9588	0	9588	161.7	0	161.7
	GKL1	H500X300X300X11X18X...	4800	112	Q235	67117	0	67117	1132.2	0	1132.2
	GKL1	H500X300X300X11X18X...	6000	64	Q235	47941	0	47941	808.7	0	808.7
零件板		70X28	70	64	Q235	69	0	69	0.6	0	0.6
		95X14	394	128	Q235	527	0	527	9.6	0	9.6
		144X8	464	128	Q235	537	0	537	17.1	0	17.1
		165X14	394	96	Q235	686	0	686	12.5	0	12.5
		187X18	550	16	Q235	233	0	233	3.3	0	3.3
		190X18	550	48	Q235	709	0	709	10.0	0	10.0
		190X25	550	64	Q235	1313	0	1313	13.4	0	13.4
		440X40	700	32	Q235	3095	0	3095	19.7	0	19.7
		464X14	662	84	Q235	2836	0	2836	51.6	0	51.6
		464X14	665	252	Q235	8546	0	8546	155.5	0	155.5
		480X12	490	64	Q235	1418	0	1418	30.1	0	30.1
		540X3	650	16	Q235	132	0	132	11.2	0	11.2
		540X3	800	48	Q235	488	0	488	41.5	0	41.5
		550X18	567	168	Q235	7403	0	7403	104.8	0	104.8
		550X18	570	504	Q235	22326	0	22326	316.0	0	316.0

图 C-91　钢结构算量统计

2.预制构件算量统计（图 C-92、图 C-93）

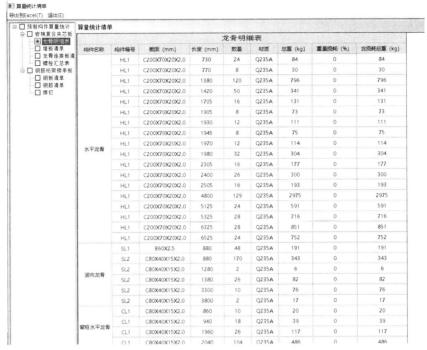

图 C-92　预制构件算量统计

墙板清单

规格 (mm*mm)	数量	总面积 (m2)	面积损耗 (%)	含损耗总面积 (m2...)
200 X 1570	1	0.3	0	0.3
350 X 1570	98	53.9	0	53.9
350 X 1970	32	22.1	0	22.1
500 X 1570	42	33.0	0	33.0
500 X 1970	12	11.8	0	11.8
500 X 2370	2	2.4	0	2.4
550 X 320	24	4.2	0	4.2
550 X 720	32	12.7	0	12.7
550 X 1370	202	152.2	0	152.2
550 X 1570	594	512.9	0	512.9
550 X 1970	224	242.7	0	242.7
550 X 2370	32	41.7	0	41.7
合计	1295	1089.8	0	1089.8

图 C-93　墙板算量统计

C.6.3　钢结构深化设计

C.6.3.1　深化模型建立

传统的深化设计是以钢结构的施工图为基础，通过翻模的方式将施工图细化为可以达到工厂加工与现场安装精度的深化模型。本节采用另一种方式，即直接将 PKPM-PS 的结构模型转化为 PKPM-DetailWorks 的深化模型（图 C-94）。

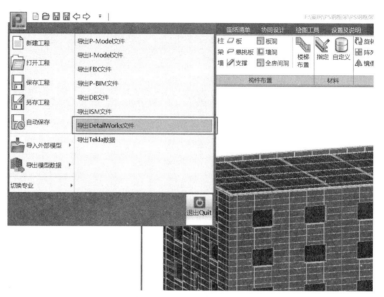

图 C-94　导出深化模型

在 DetailWorks 里,可以像 AutoCAD 那样对模型进行灵活编辑,并且提供了丰富的组件库,包括梁柱节点、梁梁节点、柱脚节点、门钢节点、维护节点等。帮助用户提高翻模效率,或者对已接入到 DetailWorks 里的结构模型的细节进行快速调整,从而得到深化模型(图 C-95)。

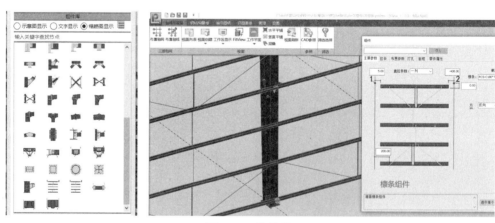

图 C-95　构件库

本节以 PKPM-PS 对接过来的钢结构主体模型为例介绍后续的钢结构深化流程(图 C-96)。

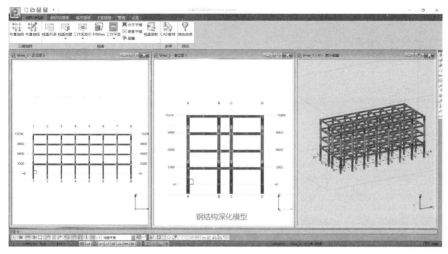

图 C-96　钢结构深化模型

C.6.3.2　钢结构详图生成

1. 模型检查与调整

无论是采用翻模方式还是导入结构模型的方式，都需要对已经建立好的模型进行相关的检查与调整，包括：

（1）零件截面、材质、控制尺寸、螺栓种类等的检查与调整；

（2）构件本身的检查与调整，主要是针对零构件漏焊、错焊、为了方便安装从而调整焊接位置和顺序等情况；

（3）节点组件的检查与调整：参见相关详图图集和依据实际加工和安装需求；

（4）碰撞检查与调整：例如部分重合、重复建模、螺栓未打穿零件等；

（5）零构件字首的刷改：方便给零构件分类（图 C-97）。

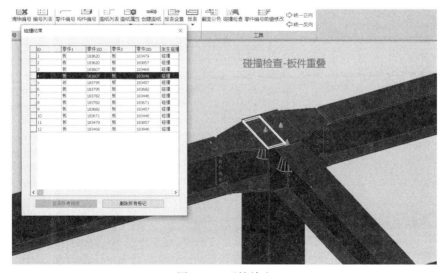

图 C-97　碰撞检查

2. 出详图及调图

在完成深化模型的建立、检查、调整等相关流程之后，就可以进行出图和调图工作了。首先进行编号设置、编号和图纸设置（图 C-98）。

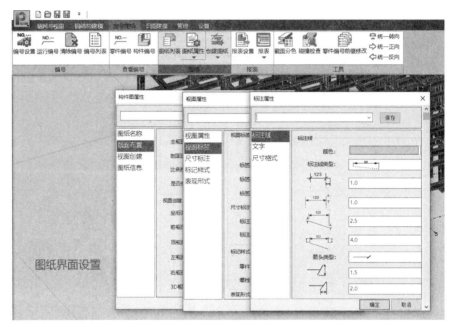

图 C-98　图纸界面设置

然后依据需要生成布置图、构件图、零件图等图纸，并进行相应的调图工作。调图主要包括添加剖面、零构件编号、尺寸、焊缝、标高、螺栓标记、细部放大视图等（图 C-99～图 C-103）。

用户可将深化模型与详图用于后续对接生产加工、指导现场安装的依据。

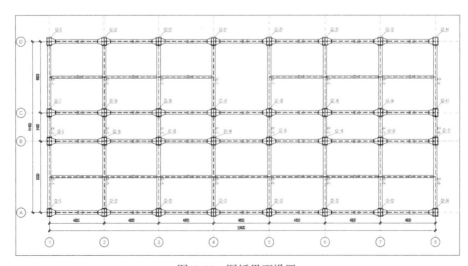

图 C-99　图纸界面设置

构件表

构件编号	规格	长度	宽度	高度	材质	数量	单重(kg)	总重(kg)	表面积(m²)
GL-1	H500*300*11*18	5390	320	520	Q235B	4	675.69	2702.75	12.11
GL-3	H500*300*11*18	3660	300	500	Q235B	27	456.94	12337.32	8.16
GL-2	H500*300*11*18	1770	300	500	Q235B	7	220.98	1546.85	3.96
GL-5	H500*300*11*18	5390	320	520	Q235B	10	680.95	6809.52	12.26
GL-6	H500*300*11*18	3660	300	500	Q235B	1	456.94	456.94	8.16
GL-4	H400*200*8*10	4770	200	400	Q235B	13	263.61	3426.92	7.72
A-3	300	30	6	300	Q235B	208	0.42	88.17	0.02
GZ-3	H600*400*20*25	6118	890	771	Q235B	2	1788.23	3576.46	21.68
GZ-5	H600*400*20*25	6118	890	892	Q235B	1	1853.14	1853.14	22.75
GZ-7	H600*400*20*25	6118	890	892	Q235B	1	1853.14	1853.14	22.75
GZ-12	H600*400*20*25	6118	1320	771	Q235B	7	1935.11	13545.75	23.86
GZ-16	H600*400*20*25	6118	1320	892	Q235B	6	2000.02	12000.13	24.93
GZ-18	H600*400*20*25	6118	1320	892	Q235B	5	2000.02	10000.10	24.93
GZ-21	H600*400*20*25	6118	1320	771	Q235B	5	1935.11	9675.54	23.86
GZ-33	H600*400*20*25	6118	1320	892	Q235B	1	2000.02	2000.02	24.93
GL-9	H500*300*11*18	5370	300	500	Q235B	2	670.43	1340.85	11.96
GL-8	H500*300*11*18	1770	300	500	Q235B	1	220.98	220.98	3.96
GZ-34	H600*400*20*25	6118	896	771	Q235B	1	1748.60	1748.60	21.20
GZ-41	H600*400*20*25	6118	890	822	Q235B	1	1850.11	1850.11	22.69
GZ-37	H600*400*20*25	6118	890	892	Q235B	1	1853.14	1853.14	22.75
GZ-44	H600*400*20*25	6118	890	771	Q235B	1	1730.33	1730.33	20.75

图 C-100 构件表

构件材料表

构件编号	零件编号	规格	长度	材质	数量	单重(kg)	总重(kg)	表面积(m²)
GL-3	P8	H500*300*11*18	3660	Q235B	1	455.08	455.08	8.16
单构件统计							455.08	8.16
总重				110X 455.08 = 50058.82				

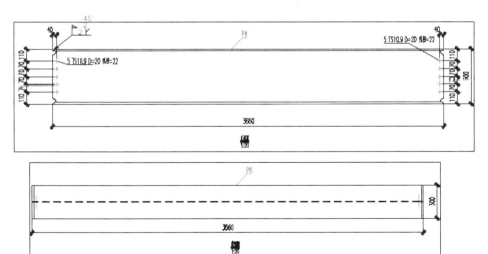

图 C-101 构件图一

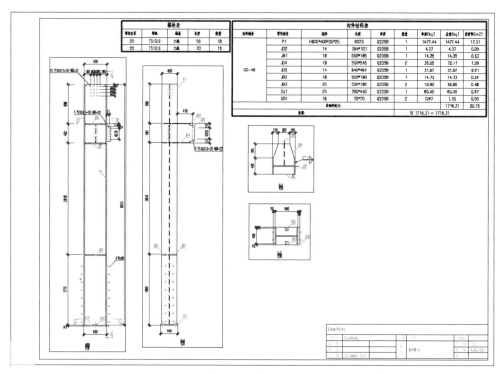

图 C-102　构件图二

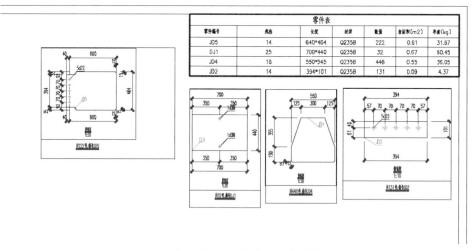

图 C-103　零件图——多件图

C.6.3.3　算量统计

由于深化模型是与实际建筑相一致的,所以按照深化模型进行钢材的算量统计是非常精确的。当深化模型完成,并且已经运行了编号操作就可以在"报表"菜单栏下对钢构件进行算量统计（图 C-104～图 C-108）。

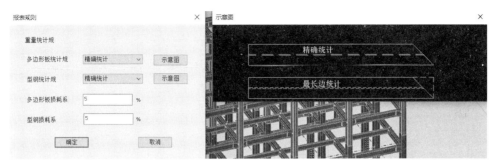

图 C-104　算量统计

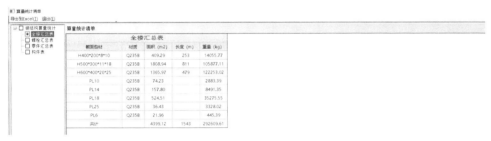

全楼汇总表

截面型材	材质	面积 (m2)	长度 (m)	重量 (kg)
H400*200*8*10	Q235B	409.29	253	14055.77
H500*300*11*18	Q235B	1808.94	811	105877.11
H600*400*20*25	Q235B	1365.97	479	122253.02
PL10	Q235B	74.23		2883.39
PL14	Q235B	157.80		8491.35
PL18	Q235B	524.51		35275.55
PL25	Q235B	36.43		3328.02
PL6	Q235B	21.96		445.39
共计		4399.12	1543	292609.61

图 C-105　全楼汇总表

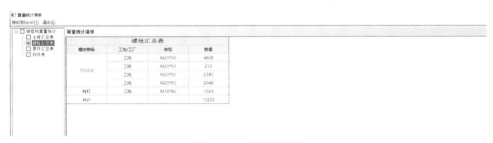

螺栓汇总表

螺栓等级	工地/工厂	类型	数量
TS10.9	工地	M20*30	4608
	工地	M20*50	212
	工地	M20*55	2380
	工地	M20*70	2048
栓钉	工地	M16*80	1024
共计			10272

图 C-106　螺栓汇总表

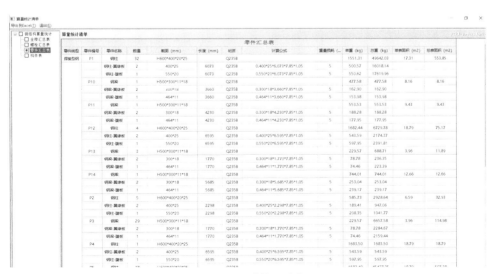

图 C-107　零件汇总表

图 C-108　构件汇总表

　　报表主要包括四个部分：全楼汇总表、螺栓汇总表、零件汇总表、构件汇总表，并且可以按照钢材的损耗率进行统计。主要统计零构件的材质、截面、尺寸、重量、表面积等参数。在零件汇总表中如果用户选用的是焊接型 H 型钢，程序会将腹板和翼缘分别拆解进行统计，方便加工厂进行统计与提料。

附录 D 图 表 索 引

章节	序号	名称	所在页码
第 1 章	1	图 1-1 建筑专业与其他各专业之间协同要点	9
	2	图 1-2 标准化的结构体构件	14
	3	图 1-3 标准化建筑单体模块的不同组合形式	14
	4	图 1-4 标准化率与标准化设计的关系	15
	5	图 1-5 钢柱位置三维示意图	16
	6	图 1-6 钢柱位置平面示意图	16
	7	表 1-1 国际上 BIM 的定义	1
	8	表 1-2 国内对 BIM 的定义	2
	9	表 1-3 常用 BIM 设计建模软件	3
	10	表 1-4 常用 BIM 设计计算分析软件	4
	11	表 1-5 个人计算机硬件配置	5
	12	表 1-6 集中数据服务器硬件配置	7
	13	表 1-7 云桌面软硬件配置	8
	14	表 1-8 集中数据服务器配置	8
	15	表 1-9 导入与链接模式分类表	10
	16	表 1-10 中心文件模式与文件链接模式分类表	10
	17	表 1-11 数据交互方式分类表	11
	18	表 1-12 IFC4 格式定义对象及数量统计表	11
	19	表 1-13 构件编码字段释义表	16
	20	表 1-14 模型深度表达方式	17
	21	表 1-15 模型精细度基本等级划分	17
	22	表 1-16 几何表达精度的等级划分	17
	23	表 1-17 信息深度的等级划分	18
	24	表 1-18 国标相关模型精细度示例	18
	25	表 1-19 建筑信息模型精度等级	18
	26	表 1-20 建筑项目各阶段基于 BIM 技术的基本应用	19
	27	表 1-21 模型深度表达术语	20
	28	表 1-22 项目全生命周期阶段划分	20
	29	表 1-23 Revit 建模通用规则表	21

章节	序号	名称	所在页码
第1章	30	表1-24 结构系统建模规则表	22
	31	表1-25 围护系统建模规则表	24
	32	表1-26 内装修系统建模规则表	25
	33	表1-27 自定义族文件命名规则表	25
	34	表1-28 系统族命名规则表	26
	35	表1-29 项目文件分类及命名规则表	26
	36	表1-30 图纸命名规则表	27
	37	表1-31 命名规则对BIM全流程的影响汇总表	27
第2章	38	图2-1 初步设计BIM基础型应用工作流程图	30
	39	图2-2 模型拆分示例	31
	40	图2-3 Rhinoceros软件	37
	41	图2-4 Rhinoceros在建筑实践上的应用	37
	42	图2-5 Rhinoceros用户界面	38
	43	图2-6 Grasshopper插件	39
	44	图2-7 Grasshopper插件启动	39
	45	图2-8 Grasshopper用户界面	40
	46	图2-9 Rhinoceros中的四种基本对象	41
	47	图2-10 京东智慧城项目效果图	42
	48	图2-11 项目CAD图纸	43
	49	图2-12 导入DWG文件后的TOP视图	43
	50	图2-13 轮廓曲线	43
	51	图2-14 移动立面轮廓曲线	44
	52	图2-15 旋转立面轮廓曲线	44
	53	图2-16 更换曲线颜色	44
	54	图2-17 曲面生成	45
	55	图2-18 Grasshopper生成表皮曲面	45
	56	图2-19 曲面斑马纹分析	45
	57	图2-20 获取水平环向曲线	46
	58	图2-21 求得水平环向曲线	46
	59	图2-22 生成切割曲线	47
	60	图2-23 分割后曲线	47
	61	图2-24 生成凯威特网格	47
	62	图2-25 凯威特网格划分结果	49
	63	图2-26 联方网格点	49

章节	序号	名称	所在页码
第2章	64	图 2-27 Python 脚本选定网格点	49
	65	图 2-28 构建环向杆件	50
	66	图 2-29 联方网格划分结果	50
	67	图 2-30 参数化模型	52
	68	图 2-31 Midas 数据接口实现流程图	52
	69	图 2-32 获取点数据	53
	70	图 2-33 点编号索引	53
	71	图 2-34 区分编号信息	53
	72	图 2-35 得到编号数据	54
	73	图 2-36 编号数据结构	54
	74	图 2-37 截面属性语法	54
	75	图 2-38 对单元进行截面的分配	55
	76	图 2-39 材料属性语法	55
	77	图 2-40 利用"Boolean"电池控制文本生成	56
	78	图 2-41 导入后的计算模型	56
	79	表 2-1 初步设计 BIM 基础应用成果输出	31
	80	表 2-2 初步设计阶段模型标准	32
	81	表 2-3 BIM 问题核查常见内容	32
第3章	82	图 3-1 设计人员与建模人员双重构架	65
	83	图 3-2 软件用户界面	82
	84	图 3-3 导入数据界面	83
	85	图 3-4 TS3D 软件应用场景	83
	86	图 3-5 正向设计建筑三维模型	86
	87	图 3-6 正向设计团队架构图（各部分人数根据项目情况配置）	86
	88	图 3-7 正向设计工作流程图	87
	89	图 3-8 正向设计时间甘特图（各阶段时间根据项目情况配置）	90
	90	图 3-9 正向设计模型细节展示	91
	91	图 3-10 建筑空间评估	92
	92	图 3-11 管线综合应用	92
	93	图 3-12 建筑 BIM 正向设计成果	92
	94	图 3-13 结构 BIM 正向设计成果	93
	95	图 3-14 设备 BIM 正向设计成果	94
	96	表 3-1 施工图设计阶段模型精度等级表	60
	97	表 3-2 施工图设计阶段具体应用点	64

章节	序号	名称	所在页码
第3章	98	表3-3 多专业协同流程	65
	99	表3-4 施工图阶段模型成果输出表	67
	100	表3-5 施工图设计阶段模型标准	68
	101	表3-6 施工图设计阶段模型建立及参数加载的操作表	69
	102	表3-7 施工图设计阶段幕墙模型建立及参数加载的操作表	72
	103	表3-8 施工图设计阶段GRC模型建立及参数加载的操作表	74
	104	表3-9 机电管线综合深化步骤及注意事项	76
	105	表3-10 机电管线综合深化基本原则	77
	106	表3-11 建筑空间净高分析步骤及注意事项	79
	107	表3-12 BIM生成施工图注意事项	80
	108	表3-13 BIM生成施工图输出流程	81
	109	表3-14 BIM交底内容表	82
	110	表3-15 建筑专业图纸内容	87
	111	表3-16 结构专业图纸内容	88
	112	表3-17 给水排水专业图纸内容	88
	113	表3-18 暖通专业图纸内容	89
	114	表3-19 电气专业图纸内容	89
第4章	115	图4-1 模型整体策划应用流程	96
	116	图4-2 工程属性对话框	103
	117	图4-3 轴线工具创建基础轴线	103
	118	图4-4 对象的通用定位属性	105
	119	图4-5 对象的通用属性对话框	107
	120	图4-6 参考模型在模型视图中显示	108
	121	图4-7 部分系统节点	109
	122	图4-8 节点属性对话框及解释	110
	123	图4-9 碰撞校核管理器对话框	110
	124	图4-10 创建报告对话框	111
	125	图4-11 创建出的报表示例	112
	126	图4-12 模板编辑器对话框	113
	127	图4-13 创建"materia list"用于统计材料用量	113
	128	图4-14 Tekla Structures模型	114
	129	图4-15 输出到IFC对话框	115
	130	图4-16 使用数控设备加工异形、曲面板件	116
	131	图4-17 输出NC文件对话框	117

章节	序号	名称	所在页码
第 4 章	132	图 4-18　NC 文件设置及 tekla_dstv2dxf.exe 程序	118
	133	图 4-19　不同类型图纸的属性对话框	122
	134	图 4-20　指定创建的图纸视图以及使用的属性	122
	135	图 4-21　构件图属性及视图属性对话框	124
	136	图 4-22　图纸列表对话框	124
	137	图 4-23　图纸列表局部——显示图纸状态	124
	138	图 4-24　图纸尺寸标注跟随模型变化更新	125
	139	图 4-25　COG 尺寸设置对话框	127
	140	图 4-26　COG 标注设置创建不同内容	127
	141	图 4-27　保存符号属性设置	128
	142	图 4-28　指定尺寸原点	128
	143	图 4-29　点击鼠标放置尺寸标注	128
	144	图 4-30　创建的 COD 标注示例	129
	145	图 4-31　焊缝标注含义解释	129
	146	图 4-32　焊缝标注属性对话框	130
	147	图 4-33　打印图纸对话框	130
	148	图 4-34　设置打印颜色及线宽	131
	149	图 4-35　二次结构 BIM 应用流程	133
	150	图 4-36　Revit 附加模块 BIM5D 插件端口	135
	151	图 4-37　BIM5D 自动排砖功能	135
	152	图 4-38　某厂房项目管线综合模型	149
	153	图 4-39　某厂房项目管线综合支吊架布置模型	149
	154	图 4-40　综合支吊架节点布置模型	149
	155	图 4-41　结构荷载布置详图	150
	156	图 4-42　结构计算简图	150
	157	图 4-43　支吊架节点受力分析图	150
	158	图 4-44　支吊架受力分析计算书	151
	159	图 4-45　深化设计流程	153
	160	图 4-46　创建模架模型	154
	161	图 4-47　品茗软件导入 CAD 图纸前的界面	156
	162	图 4-48　品茗软件导入 CAD 图纸后的界面	156
	163	图 4-49　转换"轴网"	157
	164	图 4-50　转换"柱"	157
	165	图 4-51　转换"墙"	157

章节	序号	名称	所在页码
第4章	166	图 4-52 转换"梁"	158
	167	图 4-53 转换"板"	158
	168	图 4-54 单层三维模型	158
	169	图 4-55 多层三维模型	159
	170	图 4-56 整栋三维模型	159
	171	图 4-57 创建"轴网"	159
	172	图 4-58 创建"墙"	160
	173	图 4-59 创建"柱"	160
	174	图 4-60 创建"梁"	160
	175	图 4-61 创建"板"	161
	176	图 4-62 三维模型	161
	177	图 4-63 导入 CAD 图纸	163
	178	图 4-64 识别梁构件	164
	179	图 4-65 扣件式支撑架模板体系	164
	180	图 4-66 模架参数设置	164
	181	图 4-67 自由端过长自动增设水平杆	165
	182	图 4-68 木模板拼模图	165
	183	图 4-69 模板接触面积统计表	165
	184	图 4-70 模板下料统计表	166
	185	图 4-71 模板拼模 CAD 图	166
	186	图 4-72 模板拼模 CAD 图预览	166
	187	图 4-73 高大模架识别	167
	188	图 4-74 模架体系施工图出图	167
	189	图 4-75 模板支架计算书输出	168
	190	图 4-76 架设工具用量统计	168
	191	图 4-77 钢梁开洞完整节点	168
	192	图 4-78 运行效果	169
	193	图 4-79 模块 1	169
	194	图 4-80 模块 2	169
	195	图 4-81 模块 3	169
	196	表 4-1 文件夹结构表	97
	197	表 4-2 模型文件命名说明	98
	198	表 4-3 模型拆分原则说明	99
	199	表 4-4 模型拆分方法示例	99

章节	序号	名称	所在页码
	200	表 4-5 模型整合原则	100
	201	表 4-6 模型变更处理原则解释	100
	202	表 4-7 模型变更添加步骤演示	101
	203	表 4-8 模型基本检查原则	101
	204	表 4-9 模型交付标准	102
	205	表 4-10 模型交付内容	102
	206	表 4-11 模型维护原则及实施过程	102
	207	表 4-12 Tekla 中钢结构零件的类型及示例	104
	208	表 4-13 Tekla 中混凝土零件的类型及示例	104
	209	表 4-14 不同定位属性设置的效果示例	106
	210	表 4-15 利用 3D DWG 文件帮助曲面建模示例	108
	211	表 4-16 不同定位属性设置的效果示例	114
	212	表 4-17 图纸类型示例	119
	213	表 4-18 尺寸标注按钮对应功能	125
	214	表 4-19 自定义文件名格式参数	132
	215	表 4-20 软件选择方案	133
第 4 章	216	表 4-21 两种 BIM 应用方案对比	134
	217	表 4-22 二次结构建模精细度要求	134
	218	表 4-23 砌块模板设置步骤	136
	219	表 4-24 细部构件调整方法	137
	220	表 4-25 成果输出	138
	221	表 4-26 构件命名规则示例	139
	222	表 4-27 构件命名规则解释	139
	223	表 4-28 系统命名规则示例	139
	224	表 4-29 系统命名规则解释	139
	225	表 4-30 机电建模型图例	140
	226	表 4-31 给水排水系统模型元素基本信息	141
	227	表 4-32 建筑电气系统模型元素基本信息	142
	228	表 4-33 暖通空调系统模型元素基本信息	143
	229	表 4-34 资料收集应注意的问题	145
	230	表 4-35 某厂房项目的深化设计实施步骤	145
	231	表 4-36 某综合体项目的深化设计实施步骤	146
	232	表 4-37 综合支吊架设计应用方案	148
	233	表 4-38 标高管理软件应用方案	151

章节	序号	名称	所在页码
第 4 章	234	表 4-39　其他应用成果	152
	235	表 4-40　深化设计常用软件方案	153
	236	表 4-41　智能构件族主要参数	154
	237	表 4-42　深化设计成果	155
	238	表 4-43　深化设计成果总结	161
	239	表 4-44　Dynamo 详细节点展示	170
	240	表 4-45　Revit 中实际使用步骤	171
	241	表 4-46　深化设计应用成果	173
第 5 章	242	图 5-1　进入 BIM 平台软件的数据和模型	176
	243	图 5-2　企业定额数据维护	176
	244	图 5-3　装备库平台维护	177
	245	图 5-4　装配现场模型搭建	183
	246	图 5-5　一台塔式起重机所覆盖范围内的装配单元	183
	247	图 5-6　钢结构构件制造应用流程	190
	248	图 5-7　施工模拟	192
	249	图 5-8　钢结构项目安装应用流程	193
	250	图 5-9　钢结构资源管理应用流程	195
	251	图 5-10　施工进度管理 BIM 应用操作流程	198
	252	图 5-11　施工成本管理 BIM 应用操作流程	203
	253	图 5-12　专项施工方案模拟机优化管理业务流程	204
	254	图 5-13　三维、四维技术交底管理业务流程	205
	255	图 5-14　碰撞检测及深化设计管理业务流程	206
	256	图 5-15　危险源辨识及动态管理业务流程	207
	257	图 5-16　安全策划管理业务流程	207
	258	图 5-17　数字化建造全过程	220
	259	图 5-18　项目某构件施工工序路线	220
	260	图 5-19　信息交流模式	222
	261	表 5-1　装配式建筑构件清单及属性信息表	176
	262	表 5-2　工程量清单（BOQ）	176
	263	表 5-3　装备库示意表	177
	264	表 5-4　吊装设备类型及特点表	177
	265	表 5-5　塔式起重机常用规格表（部分）	180
	266	表 5-6　场地模型搭建方法	184
	267	表 5-7　制造过程中的数据类型	191

章节	序号	名称	所在页码
	268	表 5-8　构件制造数据输入要求	191
	269	表 5-9　项目安装数据输入要求	193
	270	表 5-10　材料管理数据输入要求	195
	271	表 5-11　资源管理步骤表	196
	272	表 5-12　进度管理流程表（基于 iTWO）	197
	273	表 5-13　成本管理步骤表（基于 iTWO）	198
	274	表 5-14　成本管理内容表	201
	275	表 5-15　成本管理各项计算表	202
	276	表 5-16　成本控制实施表	202
	277	表 5-17　不同工作模式下专项施工方案模拟及优化管理的特征分析列表	205
	278	表 5-18　推荐模型截面编码表	209
	279	表 5-19　常用材质表	210
第 5 章	280	表 5-20　钢结构深化设计模型主要内容	210
	281	表 5-21　竣工模型发展过程表	211
	282	表 5-22　施工应用模型的需求	211
	283	表 5-23　模型与信息沉淀内容表	212
	284	表 5-24　深化设计交付成果	214
	285	表 5-25　材料管理成果交付	215
	286	表 5-26　构件制作成果交付	215
	287	表 5-27　项目安装成果交付	216
	288	表 5-28　武汉中心项目钢结构节点示例	217
	289	表 5-29　BIM 应用软件	218
	290	表 5-30　模型碰撞校核 1	219
	291	表 5-31　模型碰撞校核 2	219
	292	表 5-32　工程可视化管理	221
	293	表 5-33　桁架节点优化	222
	294	图 6-1　基础模型创建流程图	226
	295	图 6-2　客户端界面展示	229
	296	图 6-3　网页端界面展示	229
第 6 章	297	图 6-4　设备管理	231
	298	图 6-5　能耗管理	232
	299	表 6-1　BIM 运维管理系统架构	224
	300	表 6-2　BIM 运维模型核查汇总表	225

章节	序号	名称	所在页码
第 6 章	301	表 6-3 BIM 运维模型核查操作表	225
	302	表 6-4 模型轻量化处理方法	226
	303	表 6-5 数据采集技术指标表	227
	304	表 6-6 BIM 运维基本功能模块及内容	229
第 7 章	305	图 7-1 BIM 端插件界面	234
	306	图 7-2 某市装配式建筑信息服务与监管平台	240
	307	表 7-1 企业级与政府级平台功能表	233
	308	表 7-2 某市装配式建筑信息服务与监管平台 BIM 端应用表	235
	309	表 7-3 某市装配式建筑信息服务与监管平台 Web 端应用表	241

参 考 文 献

［1］《建筑信息模型应用统一标准》GB/T 51212—2016［S］.

［2］《建筑信息模型分类和编码标准》GB/T 51269—2017［S］.

［3］《建筑信息模型施工应用标准》GB/T 51235—2017［S］.

［4］《建筑信息模型设计交付标准》GB/T 51301—2018［S］.

［5］《建筑工程设计信息模型制图标准》JGJ/T 448—2018［S］.

［6］《制造工业工程设计信息模型应用标准》GB/T 51362—2019［S］.

［7］《工程建设项目业务协同平台技术标准》GJJ/T 296—2019［S］.

［8］《江苏省民用建筑信息模型设计应用标准》DGJ32/TJ 210—2016［S］.

［9］《工程勘察设计数字化交付标准》DB32/T 3918—2020［S］.

［10］《民用建筑信息模型设计标准》DB11/T 1069—2014［S］.

［11］《上海市建筑信息模型技术应用指南（2017版）》［S］.

［12］《建筑信息模型应用标准》DG/TJ 08—2201—2016［S］.

［13］《天津市民用建筑信息模型设计应用标准》DB/T 29—271—2019［S］.

［14］《浙江省建筑信息模型（BIM）技术应用导则（2016版）》［S］.

［15］《建筑信息模型（BIM）应用统一标准》DB33/T 1154—2018［S］.

［16］《福建省建筑信息模型（BIM）技术应用指南（2017版）》［S］.

［17］《湖南省建筑工程信息模型施工应用指南（2017版）》［S］.

［18］《湖南省BIM审查系统技术标准》DBJ43/T 010—2020［S］.

［19］《民用建筑信息模型（BIM）设计技术规范》DB4401/T 9—2018［S］.

［20］《建筑信息模型（BIM）施工应用技术规范》DB4401/T 25—2019［S］.

［21］《重庆市建筑工程信息模型实施指南（2017版）》［S］.

［22］《陕西省建筑信息模型应用标准》DBJ61/T 138—2017［S］.

［23］《装配式建筑信息模型应用技术规程》DB21/T 3177—2019［S］.

［24］李云贵.建筑工程设计BIM应用指南（第二版）［M］.北京：中国建筑工业出版社，2017.

［25］李云贵.建筑工程施工BIM应用指南（第二版）［M］.北京：中国建筑工业出版社，2017.